기기분석 핸드북 1

유기·분광분석 편

오승호 역

Handbook of Instrumental Analysis

카와사키 히데야·나카하라 요시오·하세가와 켄 편

化学同人

신일서적(주)

집필자 일람

1장 田村耕平(日本分光光分析ソリューション部)
専門は分析化学(主に赤外・ラマン分光), 有機化学

2장 平野朋広(徳島大学大学院社会産業理工学研究部)
専門は高分子合成, 高分子キャラクタリゼーション

2장 浅野敦志(防衛大学校応用科学群応用化学科)
専門は高分子構造, NMR分光学

3장 川﨑英也(関西大学化学生命工学部)
専門は界面コロイド化学, 分析化学

3장 山本敦史(公立鳥取環境大学環境学部)
専門は環境分析化学, 食品分析化学

4장 森澤勇介(近畿大学理工学部)
専門は分子分光学, 分光分析化学

5장 高柳正夫(東京農工大学大学院連合農学研究科)
専門は分子科学, 分析化学

6장 水谷泰久(大阪大学大学院理学研究科)
専門は振動分光学, 生物物理化学

7장 河合明雄(神奈川大学理学部)
専門は光化学, レーザー分光学

부록 奥野恒久(和歌山大学システム工学部)
専門は物理有機化学, 有機結晶化学

부록 楠川隆博(京都工芸繊維大学大学院工芸科学研究科)
専門は分子認識化学, 超分子化学

부록 中原佳夫(和歌山大学システム工学部)
専門はナノ材料化学, 分析化学

『기기분석 핸드북』 시리즈 간행에 있어서

『기기분석 핸드북』 시리즈에서는 화학연구에 빼놓을 수 없는 분석기기를, 처음 다루는 초보자도 알 수 있도록, 3분책으로 해설했습니다. 일본분석화학회 킨키지부의 유지 선생님들의 편집에 의해, 각각의 기기의 전문 분들이 집필해 주실 수 있어, 초학자부터 현장의 연구자까지, 폭넓은 요구에 응할 수 있는 내용으로 되어 있습니다.

【유기 · 분광 분석편】
적외선 분광법
NMR 분광법
질량 분석법
가시·자외선 분광법, 형광
근적외선 분광법
라만 분광법
ESR 분광법
스펙트럼에 의한 화합물의 구조 결정법

【고분자 · 분리분석법】
유기 원소 분석
가스 크로마토그래프법
고속 액체 크로마토그래프법
박층, 종이, 컬럼 크로마토그래프법
전기영동
동적 광산란법(DLS), 겔 침투 크로마토그래피(GPC)
표면 플라즈몬 공명(SPR)
선광도와 원편광 이색성법(CD)
전기화학

【고체 · 표면 분석편】
열 분석법
시료 준비
원자 흡광 분석법
ICP 발광 및 질량 분석법
형광 X선 분석법
X선 회절법
X선 광전자 분광법
광학 현미경
전자 현미경
프로브 현미경

본 시리즈의 전작이라 할 수 있는 『제2판 기기분석의 지렛대』 시리즈(1996년)의 간행 이후 약 4반세기가 지나 그 후계로서 새롭게 본시리즈가 써내려갔습니다. 레이와 시대에도 분석기기의 발전은 계속되어 갑니다. 이 시리즈가 그 일에 도움이 되기를 바랍니다.

2020년 3월

화학동인 편집부

머리말

현재 기기분석은 자연 과학분야나 공학분야에서 없어서는 안되는 것이 되고 있다. 분석기기의 눈부신 진보에 따른 고감도·고분해능 분석이 이뤄진 극미량 시료에서도 화학물질의 구조 결정이나 정량이 가능하게 되어, 이것이 과학의 발전에 기여했다. 분석기술 및 기기개발은 "지금까지 볼 수 없었던 것을 본다"는 것을 가능하게 함으로써 인류의 발전에 크게 기여했다. 분석기술 및 기기분석과 관련된 노벨상 수상자가 많은 점에서도 기여의 크기를 알 수 있기 때문에 이 책 『기기분석 핸드북 1 유기·분광분석편』은 유기화합물의 분자구조 해석이나 정량법을 배우는 이공계 학생을 위한 텍스트 혹은 분석기기를 사용하는 기업의 초중급자를 위한 기기취급 안내서가 될 것을 염두에 두고 기기분석에 관한 기초적인 사항을 정리한 것이다. 이 책에서는 유기화합물의 기기분석에 사용되는 분광법(자외·가시분광법·적외/근적외분광법· 라만분광법·형광분광법), 자기공명법(NMR·ESR) 및 질량분석(MS)을 다루었다.

본서에서는 "기초부터 배운다"를 제일로 생각하고 각각의 기기분석법의 원리장치의 개요, 특징을 세심하게 해설했다. 이 책의 큰 특징은 기기분석의 측정 조작 방법 및 측정시 주의사항 시료의 전처리 및 스펙트럼 읽는 법 등에 대해서, 그림과 사진을 많이 이용하여 이해할 수 있도록 한 데 있다. 그래서 기기분석을 이용하여 측정할 때의 키포인트가 무엇인가, 어떤 점을 주의하고 측정하고 데이터를 어떻게 분석해야 할지를 이해할 수 있는 매우 유용한 기기분석 핸드북이다. 또한 고분자 분리분석이나 고체표면의 분석에 대해서는 시리즈 『기기분석 핸드북 2 고분자·분리분석편』 및 『기기분석 핸드북 3 고체·표면분석편』을 참조하기 바란다. 대학에서 연구를 시작하는 학생, 기업에서 기기분석의 업무에 관계 실무자에게 본서가 실험 현장에서 기본으로 돌아가면서 참고할 수 있는 핸드북으로서 도움이 되면 편자 일동에게 뜻밖의 기쁨이 될 것이다. 마지막으로 본서의 취지를 이해하시고 집필한 저자 여러분에게 깊은 감사를 드리고 싶다. 또 화학동인 편집부의 오바야시 후미히코님께서 이 책의 기획에서부터 출판에 이르기까지 애쓰심에 감사드린다.

2020년 3월

유기·분광 분석편　편자

카와사키 히데야

나카하라 요시오

하세가와 켄

역자 소개

오승호
吳承鎬

- 성균관대학교 화학공학과 졸업
- 화공기술사
- 기술지도사(화공분야)
- 현대자동차㈜ 기술연구소 근무(1986~1990)
- 현대정공㈜ 중앙실험실 근무(1990~1993)
- 한국 다이오넥스㈜ 학술부 이사
- 써모사이언티픽 코리아㈜ 학술지원부 상무(2011~2017.10)
- 연세대학교 약학대학원 제약산업학 협동과정 기기분석학 강사 (2021년-현재)
- 현재 기기분석, 시료전처리, 연구실 안전 전문강사로 활동 중
- 연락처– 이메일: shoh2121@hanmail.net 전화: 010–8937–7860

■ 저서

- 기기분석을 위한 시료전처리 기초와 실무(기기분석 전문가 커뮤니티) – 2003년
- 이온 크로마토그래프, 국가연구시설장비진흥센터 – 2014년

■ 역서

- 분석시료 전처리 핸드북 (아카데미 서적/2008년)
- 현장에서 도움되는 화학분석의 기초 (신일북스/2010년)
- ICP 발광분석 ·ICP 질량분석의 기초와 실제 (신일북스/2010년)
- 조금 상세한 액체 크로마토그래피 (신일북스/2011년)
  [I 아무도 가르쳐 주지 않는 노하우, II 검출편, III 전처리편, IV 분리편]
  – 2012년 대한민국 문화체육관광부 우수학술도서 선정 –
- 가스 크로마토그래피 자유자재 Q&A [준비, 시료도입편/분리, 검출편]
- (신일북스/2011년)
- 도움되는 이온크로마토그래피 (신일북스/2012년)
- 도움되는 기체 크로마토그래피 (신일북스/2012년)
- 분석화학 실기 시리즈 원자흡광 분석 (신일북스/2012년)
- 기기분석 실기 시리즈 ICP 발광분석법 (신일북스/2013년)
- 유도결합 플라즈마 질량분석법 (신일북스/2013년)
  – 2014년 대한민국 학술원 우수학술도서 선정 –
- 화학실험에 있어서 사고예와 안전 (신일서적㈜/2013년)
- 크로마토그래피에 의한 이온성 화학종의 분리분석 (신일서적㈜/2015년)
- 분석화학 실기 시리즈 ICP 발광분석법(개정판) (신일서적㈜/2015년)
- 분석화학 실기 시리즈 ICP 열분석 (신일서적㈜/2015년)
- 현장에서 도움되는 화학분석의 기초(제2판) (신일서적㈜/2016년)

- 이공계를 위한 화학 (신일서적㈜/2017년)
- LC/MS, LC/MS/MS의 메인테넌스와 트러블 해결 (신일서적㈜/2017년)
- LC/MS, LC/MS/MS Q & A (I) (신일서적㈜/2017년)
- 현대 질량분석학 (신일서적㈜/2017년)
- 도움되는 화학시리즈 분석화학 (신일서적㈜/2018년)
- 기초부터 배우는 분석화학 (신일서적㈜/2018년)
- 화학 시작의 첫걸음 분석화학 (신일서적㈜/2018년)
- 질량분석의 원류 [기초부터 배우는 매스 스펙트로메트리] (신일서적㈜/2018년)
- 질량분석학 [기초편] (신일서적㈜/2018년)
- 바이오 의약품의 품질관리 전략 [Qulity by Design을 도입한 제조 품질관리] (신일북스/2018년 12월)
  – 2019년 세종도서 우술학술도서 선정 –
- 매스 스펙트로메트란 무엇인가 (신일북스/2018년 12월)
- 화학 안전 노트 (신일북스/2019년)
- 이온 크로마토그래피 (신일북스/2019년)
- 화학 실험 현장의 안전 공학 (성안당/2019년)
- 안전한 화학실험을 위한 수칙 (성안당/2019년)
- 화학실험실의 안전 (성안당/2019년)
- 입문 기기 분석 화학 (신일북스/2019년)
- LC/MS, LC/MS/MS Q & A [II–중급] (신일서적㈜/2020년)
- 분석화학 실기 시리즈 [응용분석편 4 고분자 분석] (2020년)
- 플라스틱 분석 입문 (신일서적㈜/2021년)
  – 2021년 세종도서 우술학술도서 선정 –
- 고분자 첨가제 분석 가이드북 (신일서적㈜/2021년)
- 이것이라면 알 수 있다. [Mass Spectrometry] (신일서적㈜/2021년)
- LC/MS, LC/MS/MS 기초와 응용 (성안당/2021년)
- 현장에서 도움이 되는 환경분석의 기초 (성안당/2021년)
- 현장에서 도움이 되는 수질분석의 기초 (성안당/2021년)
- 현장에서 도움이 되는 대기 분석의 기초 (성안당/2021년)
- 현장에서 도움이 되는 화학 분석의 기초기술과 안전 (성안당/2021년)
- 가스 크로마토그래피 (신일서적㈜/2021년)
- 전기화학분석 (신일서적㈜/2021년)
- 형광 X선 분석 (신일서적㈜/2021년)
- 고상 추출 (SPE) 가이드북 (신일서적㈜/2022년)
- LC/MS, LC/MS/MS에 있어서의 스펙트럼 해석 (신일서적㈜/2022년)
- LC/MS, LC/MS/MS Q & A [III–고급] (신일서적㈜/2022년)
- 흡광·형광분석 (신일서적㈜/2022년)
- 유도결합 플라즈마 질량분석 (신일서적㈜/2022년)
- 바이오 의약 (신일서적㈜/2024년)

목 차

※ 부록 '스펙트럼에 의한 화합물의 구조 결정법'을 화학동인 웹사이트에서 다운로드 할 수 있습니다.

부록 다운로드 안내

부록 '스펙트럼에 의한 화합물의 구조 결정법'을 다운로드할 수 있습니다. 아래 URL에 접속해 주세요. QR코드에서도 접속할 수 있습니다.

https://www.kagakudojin.co.jp/book/b482362.html

다양한 스펙트럼에서 구조를 결정하는 흐름이 연습 문제 형식으로 알기 쉽게 예시되고 있습니다.

1 적외분광법

1.1 처음에

적외선 분광법(infrared spectroscopy)은 측정 대상(샘플)에 적외선을 조사하여 그 흡수를 측정하는 기법이다. 적외선 흡수가 일어나는 파장 대역을 분석함으로써 분자 결합의 진동이나 회전에 관한 정보를 얻을 수 있으므로 분자의 구조 해석에 이용된다. 더불어 흡수량을 봄으로써 정량 분석에도 이용되고 있다. 또한 적외선을 뜻하는 영어단어인 “infrared”에서 유래하여 “IR”로 불리는 경우가 많다.

적외선 분광법은 학생 실험에서는 합성한 물질이 상정한 것임을 확인하기 위해 사용되는 경우가 많지만 실제 용도는 그것에만 그치지 않는다. 공업 분야 연구 분야에서는 ① 수용한 원료가 적정한 것인지를 확인하거나(확인시험) ② 제품이 규격에 부합하는지 판정하거나(품질관리) ③ 이물질 혼입이 일어났을 때나 불량품의 원인 특정(불량해석) ④ 가열냉각 시 시간 변화 추적 등에 활용 사례를 들 수 있다. 사용되고 있는 업계도 의약품 식품, 고분자, 화학, 반도체, 범죄수사 등 다방면에 걸쳐 있어 공업 분야 연구 분야가 없어서는 안 될 분석방법 중 하나이다.

1.2 적외선 분광법의 원리

빛은 전자파로도 작용하며, 그 파장에 따라 분류된다(그림 1.1) 이들 빛은 그 파장에 따른 에너지를 가지고 있으며, 물질에 조사함으로써 반사·굴절·산란·흡수 등의 현상이 일어나는 것으로 알려져 있다. 가시광선보다 파장이 긴 영역의 적외선은 근적외선·원적외선으로 세분화된다. 이 가운데 중적외선이라 불리는 파장이 2.5 μm (2500 nm)~25 μm (25000 nm)인 영역은 주로 원자간 결합의 진동(분자진동)에 대응하는 에너지를 가지고 있다. 이 때문에 적외선을 물질에 조사하면 적외선의 일부가 흡수하는 동시에 분자진동이 유도된다. 각각의 분자 진동에 대응하는 에너지 위치에서 흡수가 일어났고 그 파도 장은 분자 진동의 종류(작용기)에 고유하다. 그러므로 물질마다 특유의 흡수 패턴을 보이다 이를 플롯한 것이 적외선 흡수 스펙트럼(그림 1.2)이다. 스펙트럼의 세로축에는

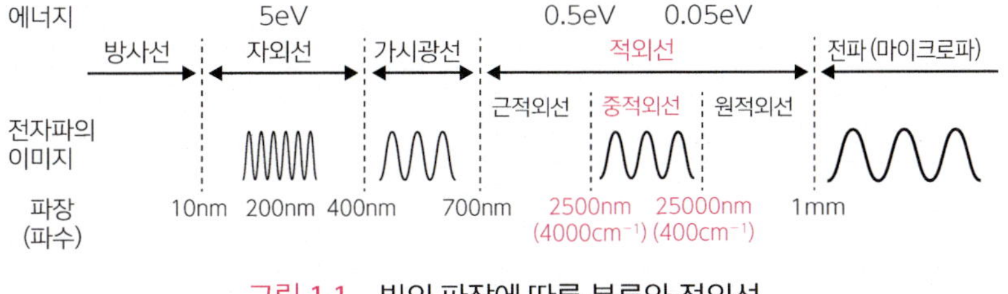

그림 1.1 빛의 파장에 따른 분류와 적외선

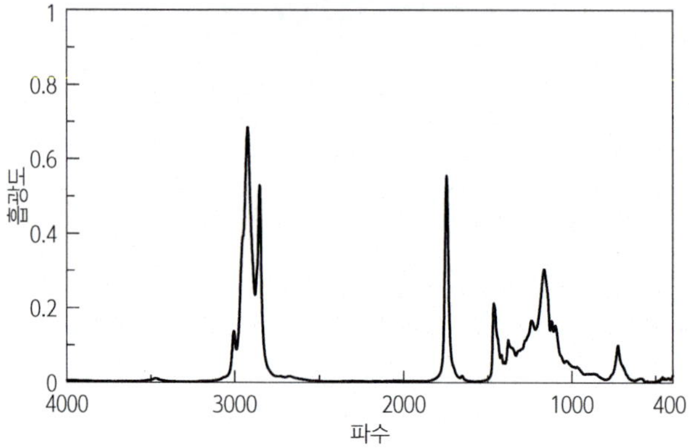

그림 1.2 적외선 흡수 스펙트럼 (식용유)

주로 흡광도(absorbance일반적으로 Abs로 표기한다)가 사용되지만, 일부에서는 투과율(transmittance, 일반적으로 %T로 표기한다) 또는 반사율(reflectance, 일반적으로 %R로 표기한다)이 이용되는 경우도 있다(1.7.1항 참조). 가로축에는 파장의 역수인 파수(cm^{-1}, 주 : 국내에서는 “카이저”라는 것도 있지만 국제적으로는 “웨이브 넘버” 등이 사용되고 있다. 파수 표시는 스펙트럼의 보기 쉬움, 파수와 빛의 에너지는 비례 관계가 되는 점에서 파장 표시보다 뛰어나다. 그러므로 본장에서는 이후 모든 스펙트럼의 가로축에 파수를 이용한다. 분자 구조별의 흡수가 일어나 파수의 상세는 1.6.3항을 참조하기 바란다.

1.3 적외선 분광법으로 분석할 수 없는 것

1.3.1 유기물의 정성분석

유기물은 수많은 화학 결합을 가지므로 포함되는 작용기와 결합의 종류로 시작하여 결정성 지향성 시스-트랜스 이성질체 및 수소 결합, 치환기의 위치 등을 조사할 수도 있다. 실제 분석에서는 보다 상세하게 해석하기 때문에 라만 분광법, NMR, 질량 분석법, 원소 분석 등을 병용할 수 있다. 또 기존 물질의 스펙트럼과 비교에 의한 정성(동정)도 가끔 행해진다. 또한 기존 물질이나 데이터베이스에 채록된 스펙트럼과 비교 방법에 대해서는 1.6.4항에 상세한 내용을 기술하고 있다.

1.3.2 무기물의 정성분석

무기물도 유기물 같이 화학 결합을 가지지만 많은 무기물의 흡수는 원적외선 영역(400 cm 더 낮은 파수 측)에 나타난다. 이 영역을 측정하려면 대규모 장치가 필요하기 때문에 유기물만큼 널리 이용되지 않는다. 또 금속 단체는 적외선을 반사하기 때문에 분석할 수 없다.

1.3.3 기체·액체의 측정

전용 기체 전지를 이용하여 기체(가스·증기)측정도 가능하다. 단, 적외선의 흡수는 분자의 진동에 따라 쌍극자 모멘트(분자 내 전하의 편향)가 변화하는 경우에만 일어나기 때문에 질소분자(N_2)나 염소분자(Cl_2) 등의 등핵 2원자 분자는 적외선 분광법으로는 분석할 수 없는 점에 주의가 필요하다.

또한 등핵 2원자 분자는 라만 분광법(6장)으로 검출 가능하다. 액체도 1.5절에서 기술한 여러 가지 방법으로 측정할 수 있다. 주의할 점으로는 적외선을 강하게 흡수하는 유리 용기를 사용할 수 없다는 점, 물도 적외선을 강하게 흡수하기 때문에 묽은 수용액 등의 분석도 어렵다는 점 등을 들 수 있다. 이러한 분석으로는 유리나 물의 영향을 받기 어려운 라만 분광법(6장)이 이용될 수 있다.

1.3.4 정량분석

함유 성분의 농도 정량이나 반응 진행도의 정량적인 평가를 실시할 수 있다. 이 경우는 기본적으로 스펙트럼의 세로축을 단위가 없는 무명수의 흡광도(absorbance)로 할 필요가 있다. 1.7.1항에 상세 내용을 기재한다.

1.3.5 미량물의 측정

측정 기법을 적절히 선택하면 샘플이 순품일 경우 수 μg 정도로도 충분히 측정할 수 있다. 그러나 첨가물이나 불순물이 측정 대상일 경우 목적 물질이 일반적으로 몇 퍼센트 정도 포함되어 있어야 검출할 수 있다.

1.4 장치의 개요

적외선 분광 측정에 사용되는 장치인 적외선 분광 광도계에는 주로 분산형 적외선 분광 광도계(이하 분산형 IR)와 푸리에 변환 적외선 분광 광도계(이하 FT-IR)의 2종류가 있다. 이하에 각각의 특징과 구조를 기술한다.

1.4.1 분산형 IR

분산형 IR은 광원으로부터의 빛을 샘플에 조사한 후 회절격자(그레이팅이라고도 한다)나 프리즘 및 슬릿과 같은 광학 소자에 의해 파장별로 나누어(분광이라고 한다), 분광된 빛을 검출한다. 장치의 구조(광학계)는 4장의 가시·자외선 분광 광도계와 기본적으로 동일하므로 그쪽도 참조하기 바란다. 분산형 IR은 장치 구조가 간단하고 FT-IR보다 저렴해 1954년 국내 생산이 시작된 이래 1980년대까지만 해도 적외선 분광광도계의 주류였다. 그러나, 전 파수 영역을 측정하는데 몇 분 걸리는 것에 더해, 분광된 극히 일부의 빛을 검출하는 것으로부터 광원으로부터의 빛의 이용 효율이 낮다는 과제가 있었다. 이로 인해 FT-IR의 부상과 함께 최근에는 더 적은 활약을 하고 있다.

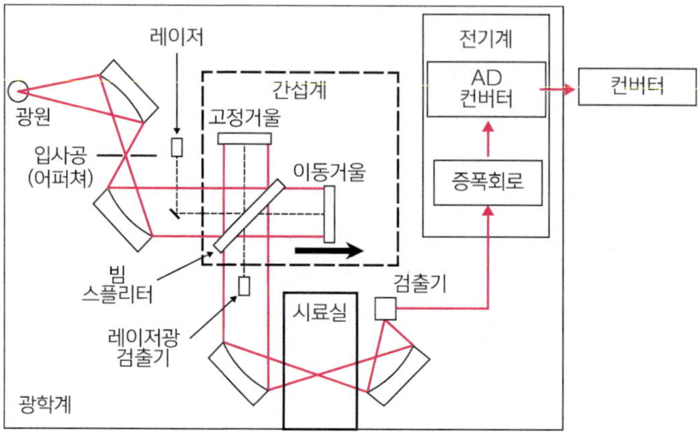

그림 1.3 FT-IR의 개략

1.4.2 FT–IR

FT-IR이란 'Fourier transform infrared spectrometer'를 줄인 것이다. 회절격자나 프리즘을 사용하지 않고 대신 푸리에 변환이라는 수학적 처리를 이용하여 스펙트럼을 얻는 것으로 컴퓨터의 처리능력의 진화와 함께 급속한 발전을 이루었다.

(1) 장치의 개요

일반적인 FT-IR의 개략은 그림 1.3과 같다. FT-IR은 광원·간섭계·시료실·검출기로 이루어진 광학계와 증폭회로와 AD 컨버터로 이루어진 전기계로 구성된다. 이에 더해, 신호 연산 장치 제어를 수행하기 위한 컴퓨터(PC)가 필요하다.

광원에서 출사한 적외선은 입사공(어퍼처)을 통해 간섭계에 도입된다. 입사공은 간섭계에 입사하는 빛을 가급적 완전한 평행광으로 맞추어 빛을 간섭에 의해 변조시키기 위한 기구이다. 간섭계는 이동, 고정거울, 빔 스플리터(이하, BS)의 세 개의 광학소자로 구성된다. BS는 절반의 광량을 투과하고 절반의 광량을 반사하는 광학소자로, BS를 투과한 빛은 이동거울 쪽으로, 반사된 빛은 고정거울 쪽으로 나아간다. 이동거울은 시간 경과에 따라 그림 1.3의 태선 화살표 방향으로 이동한다. 이어서 이동거울 및 고정거울에서 각각 반사된 빛은 다시 BS로 되돌아가는 이때 BS와 이동거울 및 BS와 고정거울 사이의 광로차(거리)가 시간 경과에 따라 변화하므로 빛의 간섭이 이동거울의 위치(또는 시간)의 함수로 얻어진다. 이 함수는 인터페로그램(interferogram, 이하 IF) 또는 간섭도형이라 불린다. 시료실을 통과한 후의 IF는 검출기에서 검출되고 전기 신호로 변환된 후에 증폭 회로·AD 컨버터에서 디지털화된다. 그 후 IF는 PC에서 푸리에 변환을 행함으로써 스펙트럼으로 변환된다. 또한, 보통 편도 한 번 움직일 때마다 하나의 스펙트럼을 얻을 수 있다.

(2) 푸리에 변환이란

레이저와 같은 단색광(한 파장만의 빛)을 이동거울이 계속 이동하는 간섭계에 입사시

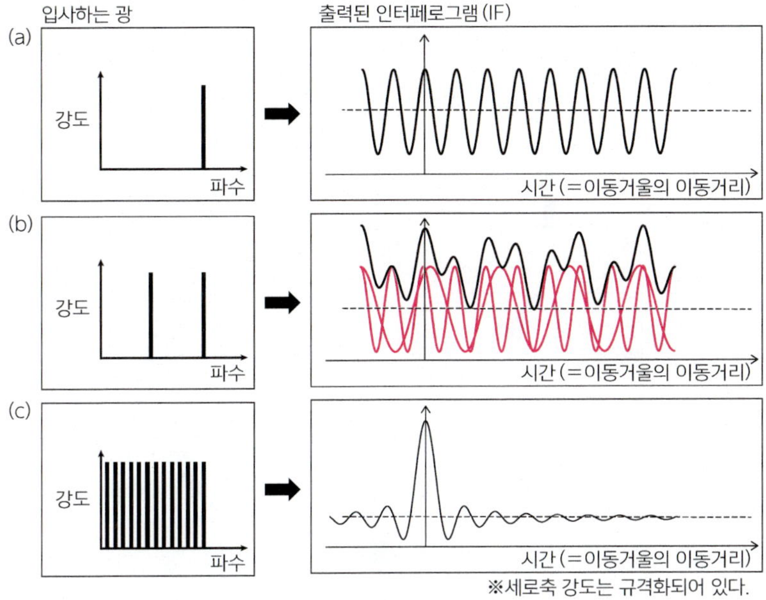

그림 1.4 간섭계에 빛이 입사했을 때 출력되는 인터페로그램
(a) 단색광의 경우, (b) 이색광의 경우, (c) 연속광의 경우

켰다고 가정하면 시간을 가로축으로 한 단순한 여현파(cos 함수)를 얻을 수 있다(그림 1.4(a)). 다음으로 두 파장의 빛(이색광)을 이동거울이 계속 이동하는 간섭계에 입사시켰다고 가정하면 두 파장이 중첩된 합성파를 얻을 수 있다(그림 1.4(b)).

한편, FT-IR의 광원으로부터 출사되는 연속광(측정하는 모든 파수 영역에서 연속적으로 강도를 갖는 광)을 간섭계에 입사시키면, BS로부터 이동거울까지의 거리와 BS로부터 고정까지의 거리가 같을 경우는 모든 빛이 서로 강하게 된다. 그러나 거리가 동일하지 않으면 각 파수의 빛이 서로 복잡하게 간섭하기 때문에 그림 1.4(c)와 같이 시간이 경과함에 따라 급격히 감쇠하는 간섭파(연속광의 IF)가 출력된다.

실제 장치에서는 광원으로부터의 연속광과 함께 단색광(632.8 nm(빨간색)의 He-Ne 레이저가 주로 사용되지만 최근에는 반도체 레이저도 사용된다)도 동시에 간섭계에 도입한다. 이 단색광은 바로 그림 1.4(a)와 같으며, 이 단색광의 강도가 서로 세지는 점을 검출함으로써 이동거울의 위치를 제어하는 잣대로 사용된다(주 : 즉 이 단색광(레이저)은 샘플에 조사하기 위한 것이 아니므로 얻을 수 있는 스펙트럼에는 직접적으로 영향을 주지 않는다. 이 레이저를 광원으로 스펙트럼을 얻고 있다고 오해할 수 있으므로 주의).

다음으로 전기 신호로서 채택된 연속광의 IF는 푸리에 변환에 의해서 파수별 신호 강도로 변환된다. 즉, 여기서 말하는 푸리에 변환이란 그림 1.4 오른쪽 상태(세로축이 강도이고 가로축이 시간의 IF)에서 그림 1.4 왼쪽 상태(세로축이 광량이고 가로축이 파수의 스펙트럼)로 되돌리는 수학적 처리에 상당한다.

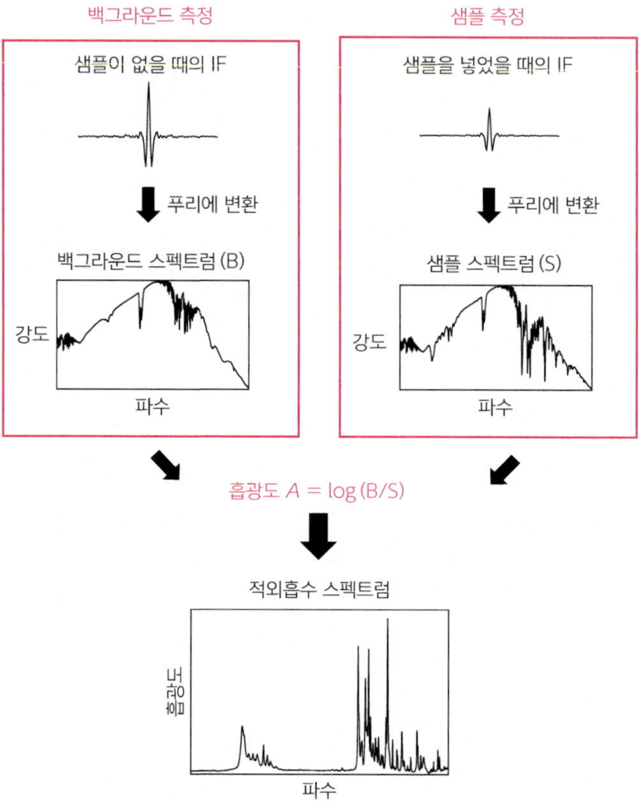

그림 1.5 FT-IR로 스펙트럼을 얻을 때까지

(3) 적외선 흡수 스펙트럼을 얻을 때까지

샘플을 시료실에 넣어 측정한 스펙트럼에는 광원의 파수별 에너지 분포 BS 검출기 등의 광학소자의 광학적 특성, 대기 중의 수증기나 이산화탄소 등의 흡수 영향이 포함되어 있다. 이러한 영향을 제거하기 위해 시료실에 샘플이 없는 상태에서 스펙트럼을 측정하고(그림 1.5 왼쪽 위), 이어서 샘플을 시료실에 넣어 측정을 실시한다(그림 1.5 오른쪽 상단) 이들을 각각 싱글빔 측정이라고 부른다. 백그라운드 스펙트럼과 샘플의 싱글빔 스펙트럼(각 B 및 S로 한다)을 얻은 후 그림 1.5에 나타내는 계산을 함으로써 세로축을 흡광도로 한 스펙트럼(그림 1.5 아래)을 얻을 수 있다.

일반적인 FT-IR에서는 푸리에 변환의 처리나 백그라운드 스펙트럼과 샘플링 팩터의 연산이 자동으로 이루어지므로 이러한 계산 처리를 측정자가 실제로 수행하는 경우는 적다.

(4) FT-IR의 이점

상기와 같이 FT-IR은 복잡한 구성이나 계산처리를 필요로 하지만 분광소자나 슬릿을 사용하지 않으므로 밝고 결과적으로 낮은 노이즈 레벨(주 : 스펙트럼의 질을 나타내는 척도로서 신호강도(S)와 노이즈 레벨(N)의 비를 취한 것이 자주 사용된다. S/N 혹은 SN비라고 불린다)의 스펙트럼을 얻을 수 있다. 덧붙여, 파장 스캔을 행하는 분산형 IR보다 매우 짧은 시간에 스펙트럼을 취득할 수 있다. 구체적으로는 이동을 고속으로 주사함으로써 장치에 따라서는 1초에 수 십 개의 스펙트럼을 취득하여 고속의 경시변화를 추적하는 것도 가능하다. 즉 FT-IR은 측정에 시간이 많이 걸리고 감도도 낮다는 분산형 IR 과제를 해결한 장치라 할 수 있다.

(5) FT-IR 특유의 측정 조건

FT-IR은 이동거울을 움직여 얻을 수 있는 간섭파(IF)를 푸리에 변환하여 스펙트럼을 얻는 프로세스를 필요로 하므로 분산형 IR과는 다른 측정 조건의 설정이 포함된다. 여기서는 대표적인 설정 항목이다. ① 파수 분해 ② 적산횟수 ③ 아포다이제이션 함수 ④ 제로필링에 대해 설명한다.

또한, 실제로 장치를 사용할 때는 아래의 설명뿐만 아니라 FT-IR 제조사의 사용설명서와 실험실마다 작성된 절차서도 참고하여 분석을 진행하는 것이 좋다.

① 파수 분해: 가로 축 데이터 간격의 세밀함을 설정하는 항목으로 이동거울을 이동시키는 거리와 관련이 있다. 이동거울을 오래 이동시킬수록 높은(더 세밀한) 분해를 얻을 수 있다. 그러나 그만큼 측정에 시간이 걸리기 때문에 일반적인 유기물 측정에서는 분해 4 cm^{-1} 또는 분해 2 cm^{-1} 정도면 충분하다(주 : FT-IR의 경우 분해 ○ cm^{-1}란 ○ cm^{-1} 간격으로 늘어선 2개의 선 스펙트럼을 2개로 인식할 수 있다, 혹은 폭이 ○ cm^{-1}인 밴드를 검출할 수 있다는 것을 의미한다. 이 때문에, 실제로 얻을 수 있는 스펙트럼의 가로축 데이터 간격은 설정한 분해의 값에 대해 2배 세세하다). 한편, 기체 측정에서는 분자의 진동뿐만 아니라 회전의 영향이 포함되는 것에 기인하여 폭이 좁은 날카로운 흡수 밴드가 다수 나타나기 때문에 1 cm^{-1} 이하의 높은 분해를 설정하는 경우가 많다.

② 적산 횟수: 이동거울이 편도 1회 움직이면 스펙트럼을 1개 얻을 수 있는데, 이를 반복하여 얻을 수 있는 복수의 스펙트럼을 적산하여 평균화함으로써 노이즈 레벨을 저감할 수 있다. 평균 스펙트럼을 얻기 위한 측정 횟수를 설정하는 항목이 적산 횟수이다. 노이즈 레벨은 적산 횟수의 제곱근에 비례하여 개선한다. 즉, 적산횟수 1회에 대해, 4회라면 2배 100회라면 10배 노이즈가 저감된다. 적산횟수의 적정값은 장치의 성능에 따르기 때문에 일률적으로는 말할 수 없지만, 합성한 화합물이 올바르게 되어 있는지의 확인 정도라면 몇 번이면 충분한 경우도 많다. 한편, 미량의 첨가물 검출이나 박막 시료 등, 미소한 밴드를 평가하는 경우는 수 100회 이상의 적산을 행하기도 한다.

③ 아포다이제이션 함수: 푸리에 변환의 적분 범위는 본래 무한대이다. 그러나 이동을 무한원까지 이동시킨 IF를 얻는 것은 불가능하다. 이 때문에, 얻어진 IF를 그대로 푸리에 변환하면 완전한 계산을 할 수 없고, 흡수 밴드의 자락이 물결치는 스펙트럼이 되

어 버린다. 이를 방지하기 위해 IF 전체에 특수한 형상의 함수를 곱하는 처리를 하여 가능한 한 스펙트럼에 불편함이 생기지 않도록 하고 있다. 이 처리에 사용하는 것이 아포다이제이션 함수이다. 직사각형 형상의 함수, 삼각형 형상의 함수나 cos 함수 기반의 것 등이 존재하며, 직사각형 함수는 밴드가 보다 날카롭게 검출되고 삼각형 함수에서는 노이즈가 경감된다. 이에 반해 cos 함수 기반의 것은 양자의 중간 성질을 가지므로 일반적으로 많이 이용되고 있다. 이와 같이 아포다이제이션 함수는 밴드 형상에 직접 영향을 미치므로 데이터 간에 피크 강도 등을 비교할 때에는 동일한 함수를 사용해야 한다.

④ 제로필링: 데이터를 매끄럽게 표시시키기 위한 설정이다. ①에서 기술한 바와 같이 이동거울을 길게 움직이면 IF의 데이터 포인트 수가 많아지고 푸리에 변환하여 얻을 수 있는 스펙트럼의 가로축 파수 간격은 보다 세밀해진다. 한편, 제로필링은 실제로 취득한 IF의 양 말단에 강도가 0인 포인트를 추가함으로써 외관상의 IF의 점수를 2배 이상으로 늘리는 처리를 행한다. 이로써 본래의 데이터보다 가로축 파수 간격이 보다 세밀한 스펙트럼을 얻을 수 있는 캐릭터이다. 여기서 주의하고 싶은 것은 제로필링 처리를 하여 얻을 수 있는 스펙트럼의 가로축 파수 간격은 미세하게 되어 있지만 IF에 유의한 데이터 포인트를 추가한 것은 아니기 때문에 실제 분해는 향상되지 않는다는 것이다. 어디까지나 제로 필링은 스펙트럼을 보다 매끄럽게 하기 위해서 실시하는 처리이다.

1.5 각종 측정법과 주의사항

적외선 분광 측정(이하, IR 측정)을 성공적으로 수행하기 위해서 중요한 것으로서 ① 적절한 광학계(측정 방법)의 선택 ② 샘플의 적절한 전처리를 들 수 있다. 본 절에서는 측정법별 특징과 주의사항에 대해 기술한다. IR 측정에서는 해석 이상으로 이러한 전처리가 중요하다. IR 측정에 있어서의 측정 방법에는 많은 종류가 있는데, 적외선을 샘플에 투과시키는 「투과법」과, 적외선을 샘플 표면에서 반사시켜 측정하는 「반사법」으로 크게 나뉜다. 아래 표 1.1, 표 1.2에 샘플별로 적합한 측정기법의 대략적인 분류를 나타내므로 참고하기 바란다. 각각의 수법에 대해 투과법은 1.5.2항, 반사법은 1.5.3항에서 개략적으로 설명했다.

1.5.1 측정에 있어서 주의사항

각 측정법에 공통적인 몇 가지 주의사항을 들어 본다.

(1) 대기의 영향

IR 측정에서는 광원에서 검출기 사이에 있는 모든 물질의 적외 흡수가 검출되기 때문에 대기 중 주로 수증기와 이산화탄소 흡수의 영향을 받는다. 백그라운드 측정과 샘플 측정 사이에 호기 등에 의해 수증기나 이산화탄소의 농도가 변동한 경우에는 스펙트럼에 수증기나 이산화탄소의 흡수 밴드를 볼 수 있다(그림 1.6a). 이를 경감하려면 백그라

표 1.1 샘플에 따른 주된 측정수법(투과법)

측정수법	필요한 부속품	측정 대상	특징 · 주의점
KBr 정제법	정제성형기·샘플홀더	분쇄 가능한 고체	가장 표준적인 투과 측정법 흡습성이 있는 시료에는 적합하지 않다
뉴졸법	조립셀·창판	분쇄 가능한 고체	흡습성 시료도 측정할 수 있다 탄화수소의 정보는 평가할 수 없다
드롭 캐스트법	창판·홀더	휘발성 유기 용매에 녹는 적당한 두께로 할 필요가 있는 고체·비휘발성 액체	적당한 두께로 할 필요가 있다 함수물의 측정 시에는 창판에 제약이 있다
액막법	조립셀·창판	불휘발성 액체	창판에 시료를 끼워 측정한다 함수물의 측정 시에는 창판에 제약이 있다
용액법	고정셀	용약중의 첨가물 휘발성 액체	점성이 높은 시료에는 적합하지 않다 정량 분석에도 이용된다
가스측정	기체셀	희가스 등 핵 2원자 분자가 아닌 셀이나 창판을 부식시키지 않는 기체	농도에 따라 셀의 길이를 바꿀 필요가 있다 정량 분석에도 이용된다

표 1.2 샘플에 따른 주된 측정수법(반사법)

측정수법	필요한 부속품	측정대상	특징 · 주의점
전반사법 (ATR법)	ATR 부속품	대부분의 고체 액체 (분말 탄성/점성 물질 불용불융물질 등)	두께를 불문하고 분석할 수 있는 표면 분석이다. 시료에 따라 프리즘을 선택할 필요가 있다. 정량 분석에도 이용된다. 일부 부속품은 가열 측정 및 배향 평가를 할 수 있다.
확산반사법 (DR법)	확산반사 부속품	분말, 분말화할 수 있는 것·표면 수식한 것·촉매	분말 자체뿐만 아니라 표면 수식이나 부착물의 유무 등을 고감도로 검출할 수 있다.
정반사법	반사부속품(저입사각도)	표면이 평활한 물체	스펙트럼이 미분형이 되므로 정성분석 시에는 K-K 변환이 필요함
반사흡수법 (RA법)	반사부속품(고입사각도)	금속판 상의 박막 부착물	극박막을 가장 고감도로 측정할 수 있다. 막이 너무 두꺼우면 흡수가 포화되어 적용 불가

운드 측정과 샘플 측정을 시간을 두지 않고 실시한다. 자주 백그라운드 측정을 실시한다. 장치 내부를 적외 흡수가 없는 질소가스 등으로 치환하여(퍼지라고 한다), 측정을 하는 데이터 처리(1.6.1항 참조)에 의해 대기에 의한 영향을 스펙트럼에서 차감하는 등의 대책이 있다. 일부 장치는 대기의 적외 흡수의 영향을 제거하기 위해 장치 내부를 진공으로 만드는 장치를 마련하기도 한다.

(2) 샘플의 두께

일반적인 유기물을 투과법으로 측정할 경우 샘플의 두께가 10 μm를 초과하면 적외

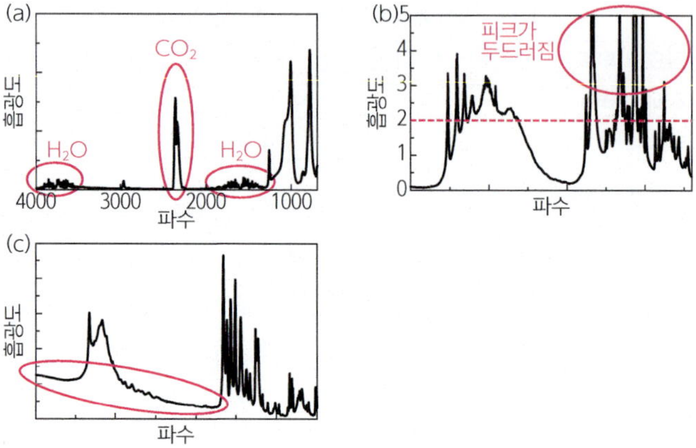

그림 1.6 나쁜 스펙트럼의 예
(a) 대기의 영향을 받고 있다, (b) 흡수가 포화되어 있다, (c) 기준선이 구부러져 있다.

흡수가 너무 강하여 흡수 포화가 일어나 피크가 포화 상태가 될 수 있다(그림 1.6b). 이러한 상태에서는 정확한 피크파수 위치를 검출할 수 없다, 데이터 처리가 제대로 되지 않는 등의 문제로 인해 정성분석 정밀도가 현저히 저하된다.

정성분석에 견디는 스펙트럼을 얻으려면 착안하고 있는 파수 영역의 흡광도가 대략 2 이하의 범위 내에 들어가도록 농도를 낮추거나 샘플의 두께를 얇게 하는 등의 대책이 필요하다. 덧붙여 ATR(전반사)법은 표면 분석 수법이므로 샘플의 두께의 제약은 받지 않는다.

(3) 샘플의 표면 상태 입경

흡수가 없는 파수 영역에서의 스펙트럼의 세로축(베이스라인)은 이상적으로는 흡광도가 0으로 평탄해진다. 그러나 실제로는 샘플의 입경이 파장보다 크거나 샘플 표면의 거칠어짐에 따라 빛의 산란이 일어나 베이스라인의 휘어짐이 생겨 피크 위치 특정이 곤란해질 수 있다(그림 1.6c). 또한 굴절률을 변동시키는 카본이 포함되어 있어도 베이스라인이 휘어진다.

대책으로는 샘플을 충분히 으깨는 것, 기준선을 보정하기(1.6.1항 참조) 등이 있다.

1.5.2 투과법

투과법에서는 샘플을 적절한 농도로 희석하거나 두께를 조정할 필요가 있다. 이 때문에 샘플을 재회수하는 것이 어렵다.

(1) KBr(브롬화칼륨) 정제법

주로 분말의 정성분석에 이용되며 잘게 분쇄한 분말을 KBr분말과 섞어 희석하고 가압하여 디스크(알약)화한 것을 측정한다. 샘플량이 미미하더라도 정밀도 좋게 스펙트럼을 얻을 수 있음에 더해 분쇄된 분말이 무배향으로 존재하기 때문에 샘플의 분자배향의

표 1.3 주된 정제 성형기와 필요한 KBr양 및 압력

성형기 종류	정제의 직경	필요한 시료량	필요한 KBr량	프레스 압력
정제 성형기	10 mm	500 μg	150 mg	70 kN (약 7 tf)
마크로 정제 성형기	5 mm	100 μg	20 mg	10 kN (약 1 kf)
	3 mm	약 10 μg	7-10 mg	4 kN (약 400 kgf) (핸드프레스로 대응가)
	2 mm	수 μg	3-5 mg	

영향을 받지 않고 물질 고유의 스펙트럼을 얻을 수 있다. 이 때문에 종래부터 널리 이용되고 있는 표준적인 수법이다.

또한, KBr이 희석에 이용되는 것은 적외선을 거의 흡수되지 않고 쉽게 부서지기 쉬운 특징을 갖기 때문이다(주 : 샘플이 염산염 등 브롬 이외의 할로겐 원소를 포함할 경우, KBr와 샘플 사이에 할로겐 교환 반응이 일어나 본래와는 다른 스펙트럼 형상이 될 수 있다. 예를 들어 염산염과 같이 염화물 이온을 포함하는 샘플의 경우, KBr 대신 KC1 (염화칼륨) 등을 이용하여 알약을 제작하면 할로겐 교환 반응을 회피한 본래 스펙트럼을 얻을 수 있다).

표 1.3에 각 정제 성형기와 필요한 프레스 압력, KBr의 양에 대해 정리했다. 또한, 어떤 경우에도 필요한 샘플량은 KBr의 질량에 대해 1% 정도이다. 의외로 적다고 생각할 수도 있지만, 이것으로 충분하다.

정제 제작 절차의 주의사항을 이하에 기술한다.

① KBr은 흡습성이 강하다(주 : 당류 등 샘플이 흡습성을 갖는 경우는 샘플이 비정질 상태가 되어 스펙트럼 형상이 달라질 수 있다. 또한 물의 흡수와 흡수파수가 겹치는 하이드록시기(O–H)의 평가는 곤란하다)이므로 조작은 신속하게 하고 손이 축축한 상태나 대화를 하면서(다액 비말이 튀기 때문에)의 조작은 피한다.
② KBr은 마노 막자사발에 넣고 충분히 분쇄한다. 절구통을 절구 벽면에 힘차게 문지르면 분쇄가 쉽다. 벽면에 부착된 분말을 스파텔로 모아 여러 번(3회 정도) 반복해 분쇄하면 좋다.
③ 백그라운드 측정은 KBr만으로 샘플 측정 시와 같은 치수의 정제를 제작하여 측정한다.
④ 샘플 측정용 정제 작성 시에는 먼저 샘플을 마노 막자사발에 넣고 충분히 분쇄한 후 KBr을 넣는다, 혼합한 후 ②와 마찬가지로 충분히 분쇄한다. 분쇄가 불충분하면 스펙트럼터의 기준선이 휘어지는 원인이 된다(그림 1.6c).
⑤ 정제 성형기의 개요와 정제 제작 순서를 그림 1.7에 나타낸다.
⑥ 사용 후 알약 성형기는 KBr 알약을 스파텔이나 금속막대 등으로 완전히 떼어낸다. KBr가 부착된 상태에서는 녹의 원인이 되므로 물에 적신 와이퍼로 여러 번 닦은 뒤 에탄올이나 아세톤 등 수용성 용매로 적신 와이퍼로 닦아 건조시킨다. 보관은 데시케이터에서 실시하는 것이 바람직하다.
⑦ 사용 후에는 흡습을 피하기 위해 KBr을 신속하게 데시케이터에 넣어 보관한다.

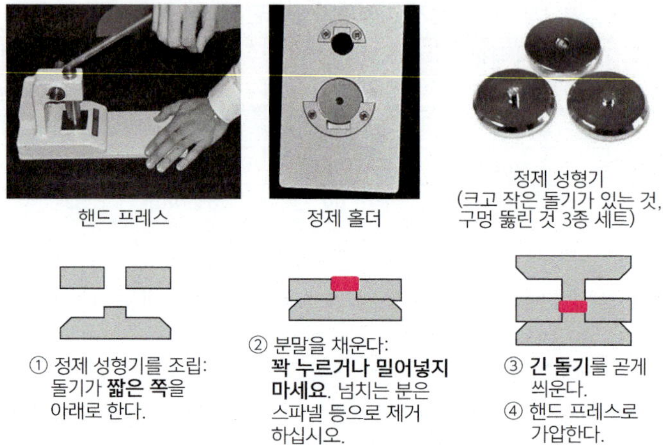

그림 1.7 정제 성형기의 개요와 조작 순서

(2) 뉴졸법

흡습성이 있는 분말 시료의 측정에 이용된다. 마노 막자사발로 충분히 분쇄(순서는 위의 KBr 정제법 참조)한 샘플을 뉴졸(nujol, 유동 파라핀)과 혼합하여 2매의 적외선에 투명한 창판에 끼워 셀에 조립한 상태로 측정한다. 셀을 조립할 때는 너무 조여 창판을 깨지 않도록 주의한다.

필요한 시료량은 보통 10 mg 정도이며, 이에 비해 뉴졸은 한두 방울 정도이다. 백그라운드 측정은 창판 한 장만으로 하면 된다. 또한 뉴졸은 탄화수소 화합물이므로 뉴졸법으로는 탄화수소기의 적외 흡수 영역(3000~2800 cm^{-1}, 1500~1300 cm^{-1})을 해석할 수 없다.

(3) 드롭 캐스트법 · 용액막법

드롭 캐스트법은 비휘발성 액체나 휘발성 용매에 가용한 고체의 측정에 이용된다. KBr 등의 창판에서 백그라운드 측정을 해 놓고 그 창판 위에 시료를 놓는다. 시료가 고체일 경우에는 그 위에서 휘발성 용매를 늘어뜨려 용해시키고 용매가 휘발하여 박막이 된 샘플을 측정한다(그림 1.8 왼쪽). 또한 두께가 적절하도록 판을 손상시키지 않도록 충분히 주의하여 스파텔 등으로 늘리면 된다. 액막법은 불휘발성 액체를 측정하는 방법으로, 불휘발성 액체를 2장의 창판으로 끼워 셀에 조립한 상태에서 측정한다(그림 1.8 오른쪽). 셀을 조립할 때는 너무 조여서 창판을 깨지 않도록 주의한다.

(4) 용액법

셀 길이가 고정된 셀(고정셀, 구조는 그림 1.8 오른쪽 조립셀과 동일)에서 주로 용매 중의 용질을 측정하는 셀의 두께(광로길이)가 고정되어 있으므로 정량 측정에도 이용된다(1.7.1항 참조). 용매 중의 용질 측정을 측정하는 경우의 백그라운드 측정은 용매만으로 셀을 채운 상태에서 실시한다. 휘발성 액체 자체를 측정하는 데 사용할 수 있다. 이때 백

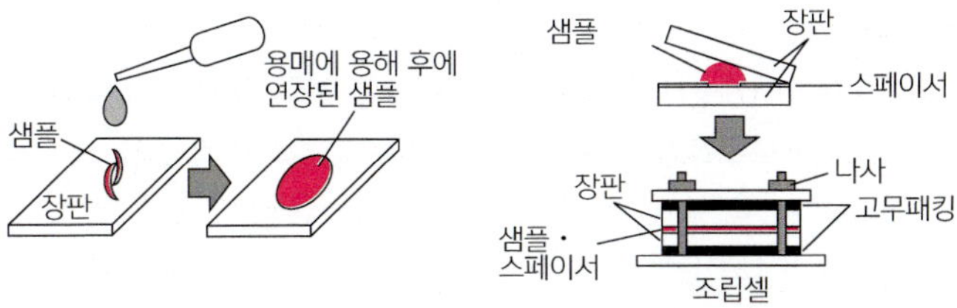

그림 1.8 드롭 캐스트법(왼쪽)과 액막법(오른쪽)

그라운드 측정을 셀이 빈 상태에서 실시하면 공기와 셀 창마루의 굴절률 차이가 큰 것에 기인하여 셀 내에서 빛이 간섭하여 스펙트럼에 간섭 줄무늬가 생기거나 베이스라인의 위치가 크게 어긋나므로 적극적으로 이용하는 것은 피하고 싶다.

측정에 있어서 용액은 주사기 등으로 주입하고 측정 후에는 측정에 사용한 용매로 수차례 세척해 둔다. 사용한 용매가 비휘발성인 경우는 휘발성 용매로 재세정한다. 이어서 이연구 등을 이용하여 내부를 건조시켜 데시케이터에 보관하면 된다.

샘플에 물이 포함된 경우에는 물에 불용한 창판이 사용되고 있는 셀(주 : KBr 외에 일반적으로 사용되는 창판으로 물에 잘 녹지 않는 것으로는 대략 1100 cm^{-1}에서 고조파 측을 측정할 수 있는 CaF_2(불화칼슘)나 대략 660 cm^{-1}에서 고조파 측을 측정할 수 있는 Si(실리콘), 400 cm^{-1}에서 고조파 측을 측정할 수 있는 KRS-5(브롬화탈륨과 요오드화탈륨의 혼정, 탈륨에는 독성이 있으므로 창판이 깨졌을 때 분말을 흡입하지 않도록 주의한다) 등이 있다를 사용할 필요가 있다.

사용하는 용매는 용질과 반응하지 않고 완전히 용해되고 또한 샘플이 주목하는 흡수파수와 용매의 흡수파수가 겹치지 않는 것이 요구된다. 또한, 이러한 조건을 충족시키기 쉬운 용매로서 자주 사용되는 것으로 사염화탄소·클로로포름·이황화탄소·메탄올·아세톤·테트라하이드로퓨란(THF) 등이 있다. 그러나 이들 중 상당수는 극물인데다 인체에 미치는 영향과 환경부하가 높아 최근에는 용액법의 사용 빈도 자체가 저하되고 있다.

(5) 가스 측정

전용 가스셀을 이용하여 측정을 한다. 가스셀의 광로길이는 짧은 것으로 5 cm 정도, 긴 것으로는 수 10 m에 이르는 것도 있다(주 : 이러한 장광로 셀은 내부에 미러가 설치되어 있어 셀 내부에서 적외선이 여러 번 접힘으로써 광로를 벌어들이기 때문에 수 10 cm 정도의 크기에 들어간다). 가스에 따라 부식성도 있으므로 간판이나 셀 자체를 손상시키지 않는 것을 확인할 필요가 있다. 측정할 수 있는 농도는 가스의 종류·셀의 광로길이에 의하지만 농도가 낮은 곳에서는 수 ppm 정도 이용된다.

1.5.3 반사법

반사법은 투과법과 달리 샘플의 전처리가 불필요한 경우가 많아 기본적으로 비파괴 측정이다. 본 항에서는 가장 많이 사용되고 있는 ATR법을 중심으로 확산반사법·정반사법·고감도 반사법에 대해 설명한다.

(1) 전반사(ATR)법

'ATR'이란 'attenuated total reflection'의 약자로 전반사를 이용한 기법이다. 일본어 이름인 '전반사법'보다 'ATR법'으로 불리는 경우가 많다. 샘플을 희석하거나 디스크화하는 전처리가 불필요하고 시료 형상이나 두께를 불문하고 측정할 수 있어 최근에는 FT-IR 측정 기법 중 가장 많이 사용되고 있다.

① ATR법의 원리

전반사란 고굴절률 매질측에서 저굴절률 매질측으로 일정한 각도(임계각) 이상으로 빛을 입사시키면 빛이 계면에서 100% 반사되는 현상이다. 그러나 반사계면에 착안하면 실제로는 그림 1.9 왼쪽에 나타낸 바와 같이 빛의 전기장이 계면에 도달했을 때 약간이나마 저굴절률측의 매질에 파고든다(스며든다). 여기서, 고굴절률측의 매질로서 적외흡수가 없는 결정(이하 프리즘이라 한다)을 두고, 저굴절률측의 매질로서 샘플을 프리즘에 밀착시킨 상태로 하면, 파고든 전기장이 샘플로 흡수된다. 이렇게 전반사광을 이용하여 샘플의 적외흡수를 적당히 약화시켜 측정할 수 있다.

ATR 측정을 실시하려면 프리즘과 샘플 사이에서 전반사 조건을 만족시키는 것이 요구된다(즉, 그림 1.9 우측 상단의 조건식을 만족한다). 일반적인 ATR 부속품의 조건으로서 입사각을 45° 프리즘의 굴절률을 2.4(다이아몬드 ZnSe(셀렌화아연)의 경우)로 가정하면 샘플의 굴절률이 1.7 이하일 때 전체 반사조건을 만족함을 알 수 있다. 유기물의 굴절률은 1.5 내외이므로 일반적인 ATR 부속품에서는 대부분의 유기물을 측정할 수 있음을 의미한다.

다음으로 전기장이 파고드는 깊이에 대해 언급한다. 파고드는 깊이는 그림 1.9 우측 하단의 조건식에 의해 결정된다. 상세한 것은 비교적 사랑하지만, 이 식이 의미하는 바는 저파수 쪽일수록 파고드는 것이 크다. 적외선의 입사각이 얕을수록 파고드는 것이 크고 프리즘의 굴절률이 작을수록 파고드는 것이 크다는 것이다. 여기에 앞의 일반적인 조건을 대입하면 굴절률이 1.5인 샘플의 경우로 대략 1~2 μm 정도 표면에 적외선이 침투하는 것을 알 수 있는 즉, ATR법은 샘플이 두꺼울 때에도 표면에서만 정보를 취득하고 있다는 것이다.

② 측정할 수 있는 샘플

①의 원리에서 언급한 바와 같이 프리즘과 샘플이 밀착된 상태로 만들어지며, 전체

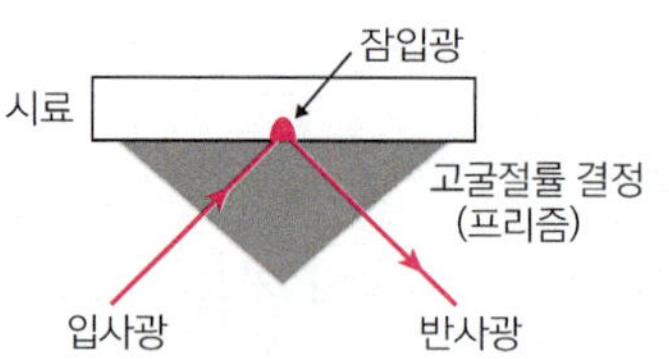

전반사 조건

$$\sin\theta \geq \frac{n_2}{n_1}$$

잠입 깊이 (d_p)

$$d_p = \frac{\lambda}{2\pi n_1}\left[\sin^2\theta - \left(\frac{n_2}{n_1}\right)^2\right]^{-\frac{1}{2}}$$

θ : 입사각
n_1 : 프리즘 굴절률
n_2 : 시료 굴절률
λ : 파장

그림 1.9 ATR법의 개략

반사 조건을 충족하는 샘플이면 ATR 측정을 할 수 있으므로 분말·고체·액체·겔상 물질·탄력성 있는 고무 등 매우 폭넓은 샘플에 적용할 수 있다. 색이 칠해져 있어도 문제는 없다. 주의를 요하는 것으로는 굴절률이 높은 카본을 포함한 고무나 반도체 프리즘을 손상시킬 수 있는 단단한 분말, 프리즘이나 주위를 부식시킬 수 있는 산·염기성 샘플 등을 들 수 있다. 이러한 샘플 측정에 있어서는 ④의 프리즘의 구분도 참고하기 바란다.

③ 측정 순서(그림 1.10)

ATR 측정에서는 FT-IR의 시료실에 ATR 부속품을 설치하고 프리즘이 붙어 있지 않은 경우 장착한다. 프리즘 표면이 더러워진 경우 에탄올이나 아세톤으로 적신 와이퍼로 부드럽게 닦아낸다. 강하게 문지르면 프리즘의 종류에 따라 손상되므로 주의한다(주 : 휘발성 용매의 증기가 FT-IR 내에 박혀 버리면 얻을 수 있는 스펙트럼에도 용매 증기의 적외 흡수가 잠시 나타나므로 시료실 내에서 대량의 용매가 휘발되도록 닦지 않는 것이 좋다).

다음으로 백그라운드 측정을 실시한다. 프리즘 상에 아무것도 없는 상태(즉 공기)로 측정한다. 샘플 누름이 있는 경우에는 누름을 프리즘으로부터 떼어 놓는다.

이어서 샘플을 프리즘 위에 올린다. 샘플이 액체나 겔 모양이고 밀착성이 좋은 경우는 올리기만 하면 된다. 육안으로 타고 있음을 알 수 있는 수준이면 양으로 충분하다. 샘플이 고체·분말·탄력성이 있는 물질의 경우는 샘플 누름을 이용하여 프리즘에 충분히 밀착시킨다(주 : 최근의 ATR 부속품에는 프리즘을 파손하지 않도록 일정 이상의 힘을 가하지 않는 기구가 샘플 누름에 설치되어 있는 것도 많은데, 이러한 기구가 없는 경우는 너무 힘을 주어 프리즘을 파손하지 않도록 주의할 필요가 있다). FT-IR 측정 소프트웨

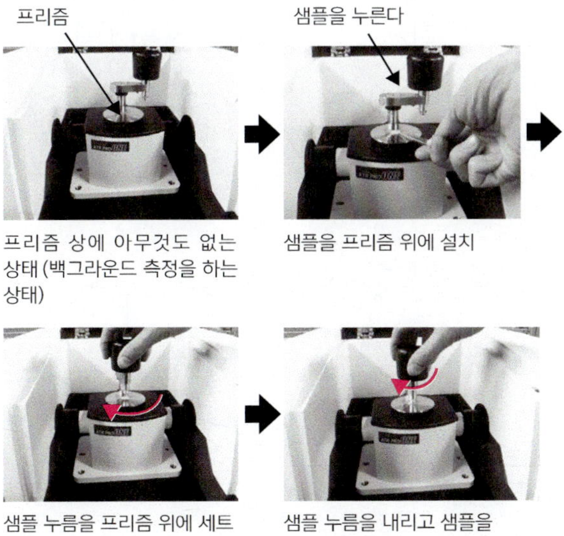

프리즘 상에 아무것도 없는 상태 (백그라운드 측정을 하는 상태)

샘플을 프리즘 위에 설치

샘플 누름을 프리즘 위에 세트

샘플 누름을 내리고 샘플을 프리즘에 밀착

그림 1.10 ATR 부속품에 샘플 설치

어에 실시간으로 미리보기 스펙트럼을 표시하는 기능이 있는 경우에는 미리보기를 보면서 적절한 스펙트럼 강도가 되는지 확인하면서 밀착시키는 것이 좋다.

샘플 측정이 끝나면 샘플 누름과 샘플을 프리즘에서 제거하고 프리즘을 세척한다(세정방법은 상기 참조).

④ 프리즘의 종류와 구분

ATR 측정에 이용되는 프리즘에는 다이아몬드, 셀렌화아연(ZnSe), 게르마늄(Ge) 등이 있다. 이들의 특징과 각각에 적합한 샘플을 표 1.4에 정리하였다.

실례를 그림 1.11에 나타낸다. 샘플의 소성을 알 수 없거나 일반적인 유기물의 경우 침투가 Ge보다 큰 다이아몬드 ZnSe가 좋다(그림 1.11a). ZnSe는 가격면에서 유리하지만 단단한 샘플에는 적합하지 않으며, 저파수 측정에서는 다이아몬드가 유리하다(주 : ZnSe 자체의 위험성은 낮지만 산과 반응하면 유해한 셀렌화수소가 발생하므로 취급·

표 1.4 주된 ATR 프리즘 재질과 특징

프리즘 재질	굴절률	잠입깊이 (1000 cm^{-1})	전반사하는 샘플 굴절률	숙련된 샘플 및 적용 사례	서투른 샘플·주의점
다이야몬드	2.4	2.0 μm	1.7 이하	일반 유기물 단단한 샘플 타 프리즘보다 저파수 측을 측정할 수 있다.	고굴절률 샘플 2000 cm^{-1} 부근에 흡수가 있기 때문에 이 영역의 노이즈가 크다. (니트릴, 이소시아네이트 등의 경우 적산 횟수를 많이)
ZnSe	2.4	2.0 μm	1.7 이하	일반 유기물	고굴절률 샘플, 딱딱한 샘플, 산 염기성 샘플에 침범당함
Ge	4.0	0.6 μm	2.8 이하	고굴절률 샘플(카본 함유, 반도체 등) 다른 프리즘보다 최표면만의 정보를 얻을 수 있다	딱딱한 분말상 샘플 산·염기성 샘플에 약 피크 강도가 약하다

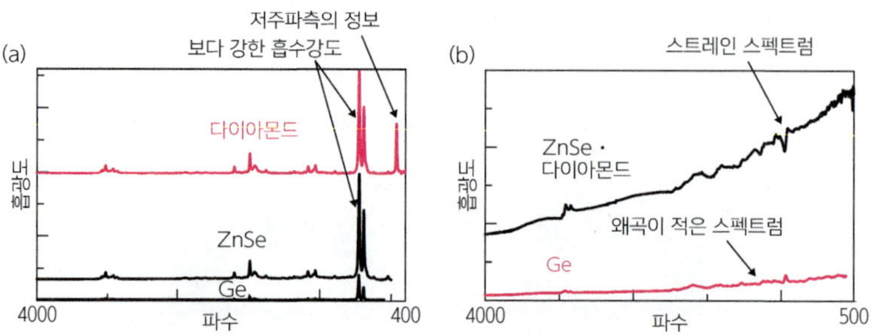

그림 1.11 ATR법으로 얻은 스펙트럼의 예
(a) 톨루엔, (b) 카본 함유 고무

처분 시에는 주의를 요한다). 샘플이 카본을 포함하고 있거나(검은 샘플), 굴절률이 높은 경우 다이아몬드 ZnSe에서는 전체 반사 조건을 충족하지 못해 스펙트럼이 뒤틀린다. 한편 Ge에서는 피크 강도는 약해지지만 변형 없는 스펙트럼을 얻기 쉽다(그림 1.11b).

이와 같이 샘플의 경도나 굴절률에 따라 프리즘을 구분하는 것은 ATR법으로 올바르고 질 좋은 스펙트럼을 얻는데 매우 중요한 일이다.

⑤ ATR법의 주의점

ATR법은 간편한 측정방법이지만 표면분석이라는 점이나 1.6.1항의 (3)에 나타낸 바와 같이 KBr 정제법과는 다른 스펙트럼을 얻을 수 있다는 점에 주의가 필요하다. 그러므로 KBr 정제법을 완전히 대체할 수 있는 것은 아니라는 점을 염두에 두기 바란다.

(2) 확산 반사법

확산 반사(diffuse reflectance)법은 분말을 측정하는 기법이다. 분말에 적외선을 조사하면 표면에서 그대로 반사되는 빛이나 샘플 내부로 파고들어 투과·산란반사를 반복해 표면으로 나오는 것이 있다. 이 빛은 확산반사광이라 불리며, 확산 반사법은 확산 반사광의 흡수 BENEO를 측정하는 기법이다(그림 1.12). 확산 반사법은 분말 자체를 측정할 수도 있지만, 분말의 표면 수식상태 평가나 배위자의 탈리 흡착 평가에도 이용된다. 확산 반사법의 측정에는 확산 반사 부속품이 필요하지만 가열하여 온도에 따른 변화를 모니터하는데 대응한 부속품도 있다.

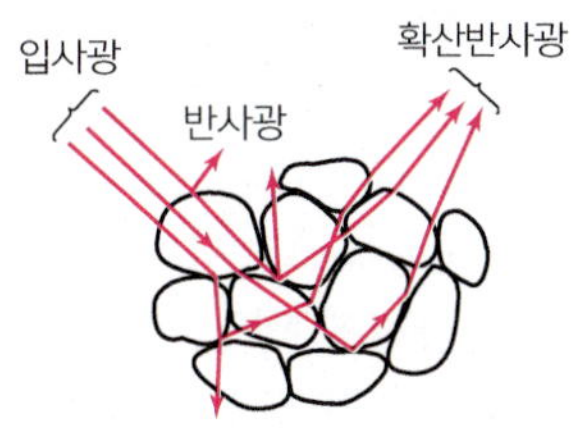

그림 1.12 확산반사(DR) 법의 개요

일반적인 측정 절차는 다음과 같다. 샘플 분쇄 조작은 KBr 정제법과도 공통되므로 1.5.2항의 절차나 주의사항을 참조하기 바란다.

① FT-IR 시료실에 확산반사 부속품을 설치하고 샘플 설치 위치에 마노 막자사발로 충분히 부순 KBr를 갈아서 백그라운드 측정을 한다.
② 샘플을 준비한다. 시료를 분쇄할 수 있는 경우는 마노 막자사발로 충분히 분쇄한다. 분말 자체를 측정할 경우에는 분쇄한 후 KBr와 혼합·분쇄하여 희석한다. 희석 농도는 KBr 정제법보다 진하게 한다(KBr의 질량에 대해 몇 % 정도). 또한 표면 수식이나 표면 흡착물을 측정할 경우에는 희석하지 않고 측정한다. 분말을 샘플 설치 위치에 갈아서 샘플 측정을 한다. 흡수가 약한 경우가 많으므로 노이즈 레벨을 낮추기 위해 적산 횟수는 KBr 정제법이나 ATR법보다 넉넉하게 설정하는 것이 무난하다.
③ 측정 후에는 샘플을 솔 등으로 제거하고 세척해 둔다.
④ 확산 반사법으로 얻은 스펙트럼은 흡수가 강한 피크가 다른 측정기법에 비해 약하게 나타나는 특징이 있다. 이 때문에 정량적인 취급을 하고 싶은 경우에는 Kubelka-Munk 변환(K-M 변환)을 실시함으로써 세로축과 농도가 비례한 강도로 할 필요가 있다.

1

(3) 정반사법

정반사법은 반사 부속품을 사용하여 측정을 실시한다. 샘플 표면의 반사 스펙트럼을 측정하는 기법이다(그림 1.13). 샘플 표면의 반사 스펙트럼을 측정하면 굴절률의 실제 부분이 스펙트럼에 나타나기 때문에 미분형이 된다. 이대로는 KBr 정제법 등에서 얻을 수 있는 흡수 스펙트럼과 비교하기 어렵고, 거기서 흡수에 관한 정보(굴절률의 허부)만을 얻는 처리[Kramers-Kronig 변환(K-K 변환)]를 함으로써 KBr 정제법 등에서 얻을 수 있는 흡수 스펙트럼과 동일하게 취급할 수 있다.

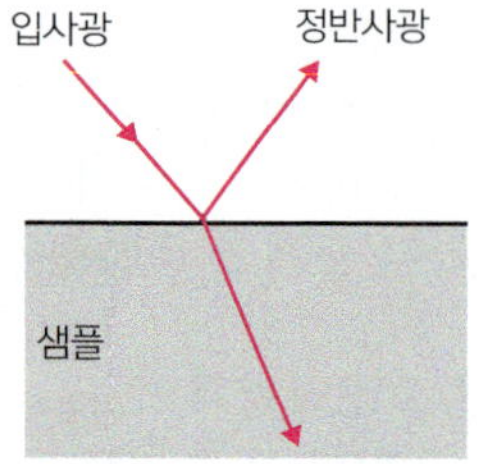

그림 1.13 정반사법 개요

또한, 정반사법의 백그라운드 측정은 오염이 없는 알루미늄이나 금의 미러를 부속품에 설치하여 실시한다.

(4) 반사 흡수법

반사 흡수(reflection-absorption, 이하 RA)법은 반사부속품을 이용하여 금속판상의 극박(두께 수 nm~100 nm 정도)을 측정하는 기법인 RAS(reflection-absorption pectroscopy)로서는 가장 고감도이며 단분자막에서도 쉽게 검출 가능하다. RA법에서는 입사면에 평행한 전기장의 편광(p편광)을 입사시키고 반사면에서 입사광과 반사광의 전기장이 간섭하여 증강됨으로써 높은 감도를 얻을 수 있다(그림 1.14) 그림에서 알 수 있듯이 입사각이 클수록 증강효과도 커짐에 따라 최고 85° 정도의 입사각을 갖는 부속품이 판매되고 있다. 또한 그림 1.14의 합성된 진동 전장 방향은 금속판에 수직이기 때문에 금속판에 수직한 방향의 전이 모멘트(분자진동의 방향)만이 선택적으로 스펙트럼에 나타난다(RA법의 표면 선택률). 금속판 상의 박막의 스펙트럼을 측정하는 방법이라 불리기도 한다.

또한, 100 nm~5 μm 정도의 비교적 두꺼운 막을 금속면 상에서 측정하는 경우에는

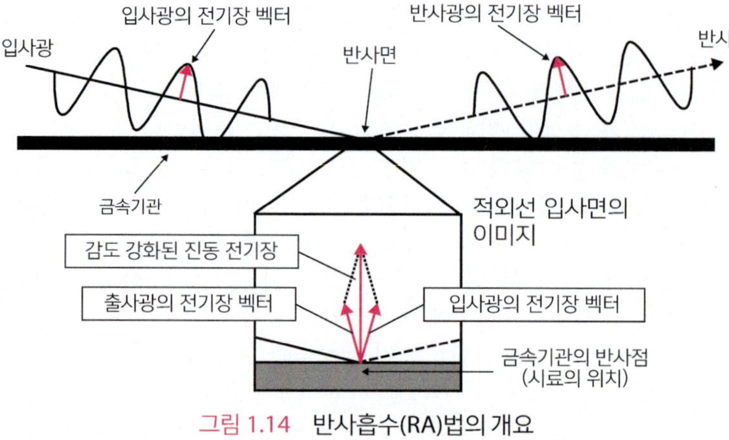

그림 1.14 반사흡수(RA)법의 개요

정반사법으로 이용되는 것과 같은 입사각이 얕은 반사 부속품을 이용하여 흡수 스펙트럼을 얻기도 한다. 이 경우는 감도 증강 효과를 거의 얻지 못해 RA법이라고 부르지 않지만 비교적 두꺼운 금속판 상의 막 흡수 스펙트럼을 간편하게 취득할 수 있다. 이때의 백그라운드 측정은 오염이 없는 알루미늄이나 금의 미러를 부속품에 설치하여 실시한다.

1.6 스펙트럼의 해석

본 절에서는 얻어진 스펙트럼을 해석하는데 있어서 필요한 데이터 처리나 피크의 견해에 대해 설명한다. 또한 정성분석에서의 각 피크의 귀속 및 데이터베이스를 이용한 정성분석 방법에 대해서도 설명한다.

1.6.1 데이터 처리

각 수법으로 얻은 스펙트럼은 그대로 해석이 가능한 경우도 있고, 어떠한 보정을 하지 않으면 해석이 어려운 경우도 있다. 본 항에서는 해석 시 사용빈도가 높은 데이터 처리방법에 대한 절차나 주의사항을 설명한다.

(1) 대기 보정

1.5절에서도 언급되었지만, 광원에서 검출기 사이에 존재하는 공기 중의 수증기나 이산화탄소의 적외 흡수 정보가 얻어지는 스펙트럼에 겹쳐 해석을 방해할 수 있다(그림 1.6a). 많은 FT-IR의 해석 소프트웨어에는 이러한 수증기나 이산화탄소의 영향을 스펙트럼에서 공제하는 기능이 구비되어 있다. 특별한 조건 설정 없이 빼셈 처리가 가능하므로 사용하면 좋다. 다른 데이터 처리에 앞서 이 처리를 실시하는 편이 해석상의 불편이 발생하기 어렵다. 또한 이 처리가 대기의 영향을 완전히 제거할 수는 없다는 것을 명심한다.

(2) 기준선 보정

KBr 정제법 등에서는 측정까지의 대기시간이나 샘플 제작 시 KBr의 흡습의 균형이나 샘플의 입경 등에 따라 베이스라인이 휘어지는 경우가 있다. 베이스라인이 휘어져 있으면 피크 높이를 측정하기 어려운 등 해석이 어려워지는 요인이 된다. 스펙트럼의 세로축 표시 범위의 절반을 넘는 극단적인 휘어짐이 있는 경우는 샘플 제조도 포함하여 재측정을 검토하는 것이 좋다.

그러나 피크를 판별할 수 있는 정도라면 베이스라인을 보정함으로써 해석하기 쉬운 스펙트럼을 얻을 수 있다(그림 1.15b). 베이스라인 보정이란 스펙트럼 상에 포인트를 복수 지정하여 그것들을 묶은 선의 흡광도를 0으로 하는 처리이다. 베이스라인 보정을 할 때는 흡수 밴드가 있는 파수 위치에 포인트를 치면 밴드 형상이 바뀌게 된다. 정성분석·정량분석 모두 결과에 영향을 주므로 밴드가 있는 부분에 포인트를 주지 않도록 유의한다(그림 1.15a).

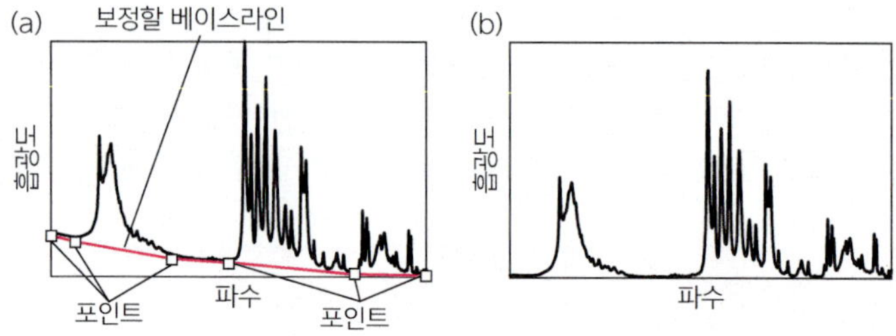

그림 1.15 기준선 보정
(a) 기준선을 치는 방법 (b) 보정 후 스펙트럼

(3) ATR 스펙트럼 보정

ATR법은 샘플 형태를 불문하고 측정할 수 있기 때문에 많이 사용되지만 스펙트럼의 취급에는 이하의 점에 주의해야 한다.

- 침투 깊이가 파수에 의존(저파수 쪽이 크다)하기 때문에 저파수 측의 피크 강도가 상대적으로 커진다.
- 시료의 굴절률 분산의 영향을 받아 KBr 정제법 등 다른 방법의 스펙트럼과 비교하면 피크 위치가 쉬프트한다.

이 때문에 투과법 등으로 측정된 스펙트럼과 ATR법으로 얻은 스펙트럼을 비교하면 같은 샘플이라도 불일치가 생긴다(그림 1.16a). 많은 FT-IR에서는 이를 보정하는 기능이 해석 소프트웨어에 구비되어 있다(주 : ATR 보정 기능은 침투 깊이만 보정하는 것과 피크 쉬프트도 포함한 보정을 실시하는 것이 있다).

제조사의 설명서를 보고 어떤 기능이 갖춰져 있는지를 확인해 두면 된다. 또한 피크 쉬프트도 정정할 경우에는 프리즘의 굴절률이나 샘플면에 대한 적외선 입사각 정보가 필요하므로 미리 확인하는 동시에 흡광도가 음이 되는 포인트가 없도록 기준선 보정을 실시해 두면 보정이 잘 된다) 이를 이용함으로써 ATR법의 스펙트럼을 투과법의 스펙트럼에 가까운 상태로 보정할 수 있으며(그림 1.16b), 데이터베이스 검색의 정밀도 향상을 전

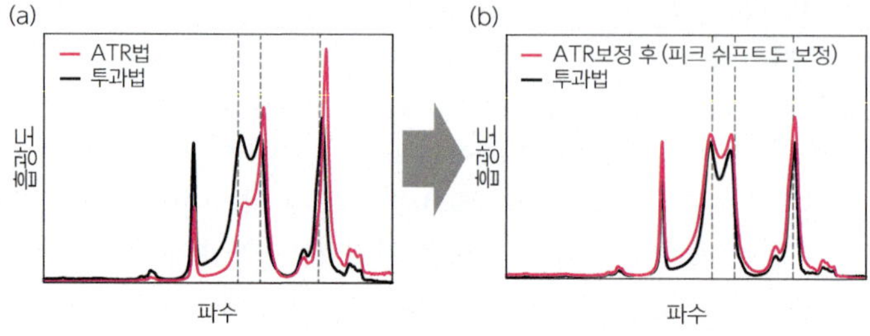

그림 1.16 ATR법 스펙트럼 특징과 ATR 보정의 효과
(a) ATR법과 투과법의 스펙트럼, (b) ATR 보정 후와 투과법의 스펙트럼.

망할 수 있으며 투과법의 스펙트럼과의 비교도 용이해진다.

덧붙여 ATR법으로 측정된 스펙트럼끼리 비교하는 것이라면 정성·정량에 관계없이 ATR 보정을 실시할 필요는 없다.

(4) 차 스펙트럼

정성분석을 실시할 때 주목 피크 이외의 흡수 정보(첨가제나 바탕의 기판 정보). 용매 등)가 스펙트럼 상에 겹쳐 버리는 경우가 있다. 실제 현장에서 말하면 불량 해석에 있어서 스펙트럼이 이상부와 정상부 쌍방의 정보를 포함하여 얻어진 경우나 반응 전후의 비교에서 스펙트럼 상의 변화의 차이가 근소한 경우 등이다. 그 결과, 목적으로 하지 않는 성분의 피크 정보에 끌려가 해석이 잘 되지 않을 수 있다. 이러한 경우에는 목적 외의 성분의 순품의 스펙트럼도 미리 취득해 두고, 그 스펙트럼(반응 전후 비교를 실시할 경우는 반응 전의 스펙트럼)과의 차분을 취함으로써 목적 성분의 정보를 포함한 잔차 스펙트럼을 얻는 방법이 있다. 이렇게 해서 얻을 수 있는 스펙트럼을 차 스펙트럼이라고 한다.

차 스펙트럼을 얻을 때는 반드시 세로축을 흡광도(확산반사법의 경우는 K-M 변환한 상태)로 하고, 착안하고 있는 피크 이외의 밴드가 사라지도록 빼셈하는 계수를 조정한다. 일부 피크 쉬프트가 있는 경우 등으로 완전히 마감하지 못할 경우 가장 큰 피크가 사라지도록 하면 된다. 이렇게 얻어진 차이 스펙트럼을 재해석하면 정밀도를 높인 정성분석을 기대할 수 있다. 덧붙여 차 스펙트럼의 연산은 측정 방법이나 파수 분해, 아포다이제이션 함수 등의 측정 조건을 갖춘 스펙트럼 간에 실시하지 않으면 잘 되지 않는다.

1.6.2 피크의 해석

흡수 피크를 해석할 때 사용 빈도가 높은 정보는 ① 피크 파수 위치 ② 피크 높이 ③ 피크 면적 ④ 반값 폭이다. 이러한 읽기 방법에 대해 설명한다. 또한 어느 경우든 주목 피크의 흡수 강도가 흡광도에서 1을 넘으면(K-M 변환 후의 값입니다 이상) 이들 검출 정밀도나 값의 신뢰성은 저하되므로 농도나 두께에는 주의하여 샘플을 조정한다.

① 피크의 파수 위치: 세로축이 흡광도이므로 흡수 피크는 위로 볼록하다. 주목 피크 극대부의 파수값을 읽는다.

② 피크높이(그림 1.17a): 피크높이를 논의할 때는 물론 세로축을 흡광도(확산 반사법의

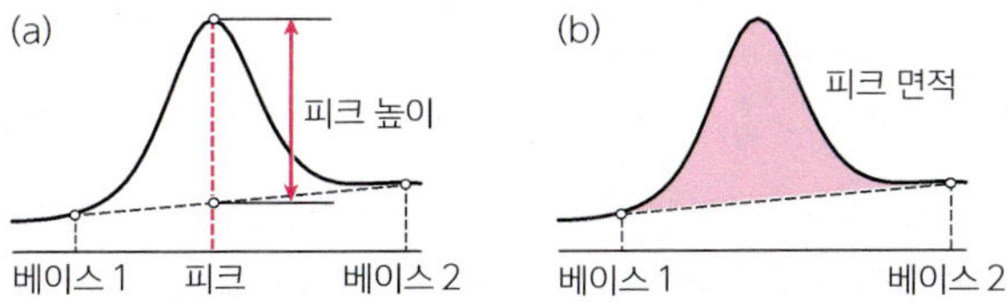

그림 1.17 피크 높이 면적을 구하는 방법
(a) 높이, (b) 면적

1

경우는 K-M 변환한 상태)로 하고, 주목 피크의 양 끝단의 극소로 되어 있는 파수위치 또는 베이스라인이 평탄해지는 파수위치를 지정하고, 그 2점 사이를 연결하여 베이스로 한다. ①의 방법으로 구한 피크 톱에서 바로 아래로 선을 긋고 베이스와의 교점과의 선분 길이를 피크 높이로 한다. 밴드가 겹치는 등 2점의 베이스를 잡기 어려운 경우에는 영향이 적은 1점을 지정하여 바로 옆 방향으로 그은 직선을 베이스로 하기도 한다.

③ 피크면적(그림 1.17b): 피크면적을 산출하므로 세로축을 반드시 흡광도(확산반사법의 경우는 K-M 변환한 상태)로 하고 ②와 마찬가지로 베이스를 당겨 베이스와 흡수 피크에 둘러싸인 부분을 적분한다. 여기서 구한 값을 피크 면적으로 한다. 베이스를 잡은 두 점의 파수 위치 간에 적분하는 것이 기본이지만 밴드가 겹치는 등으로 베이스 위치와 적분 범위를 별도로 지정하기도 한다.

④ 반값 폭: ②에서 2점 베이스로 구한 피크 높이의 절반이 되는 세로축 위치에서의 밴드 폭이 반값 폭이 된다. 반값 폭은 샘플의 결정성을 평가하는 지표 등으로 이용된다. 반값 폭을 논의할 때도 세로축을 흡광도(확산반사법의 경우는 K-M 변환한 상태로 한다.

또한 서로 중첩된 밴드를 해석하는 경우에는 가우스 함수 로렌츠 함수 등으로 피팅 계산을 실시하여 밴드의 분리를 도모하고, 각각의 밴드의 피크파수 위치·피크 높이·피크 면적 반값폭을 산출하는 것도 이루어진다.

1.6.3 피크의 귀속과 해석

원자간 결합의 진동은 주로 1.18에 나타내는 것과 같은 신축 수축에 의한 것(신축진동)이나 꺽임에 의한 것(변각진동) 등이 있다. 실제로 해석하는데 있어서는 「특성 흡수대」라고 불리는 4,000~1,500 cm와 「지문 영역」이라고 불리는 1,500 cm 이하의 두 영역으로 나누어 보는 경우가 많다.

특성 흡수대는 주로 관능기의 신축 진동이 나타나므로 샘플의 계통을 판별하는데 사용된다. 주위 환경에 관계없이 같은 종류의 관능기라면 대체로 같은 파수 영역에 흡수

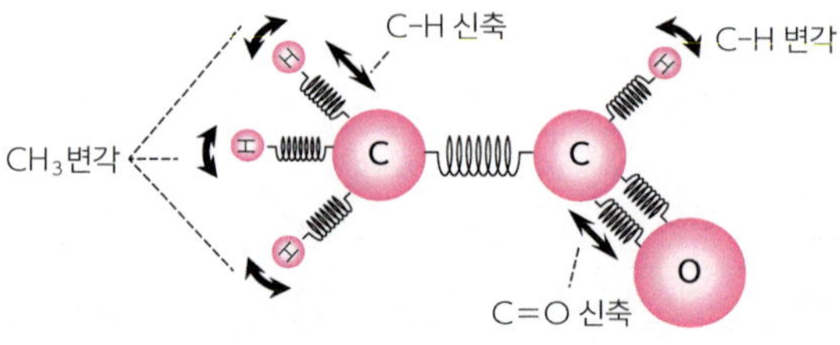

그림 1.18 신축진동과 변각진동
아세트알데히드의 예.

피크가 나타나므로 단순히 피크 위치를 읽는 것으로 대략적인 화학 구조를 예상할 수 있다. 반면 지문 영역은 주로 변각 진동이 복잡하게 나타나기 때문에 개별 피크의 상세한 귀속은 어렵다. 그러나 물질마다 특유의 흡수 패턴을 보이기 때문에 인간의 지문처럼 샘플을 특정할 목적으로 이용된다. 또한 일반적으로 결합과 관련된 원자의 질량이 클수록, 혹은 결합 차수가 작을수록 피크는 저파수 쪽에 나타난다.

실제 미지 샘플의 스펙트럼을 해석하는 데 있어서의 포인트를 이하에 든다.

① 특성 흡수대의 피크에 착안하여 어떠한 관능기가 포함되어 있는지를 판별한다. 또한 큰 흡광도의 피크부터 평가하는 편이 전체 상을 잡기 쉽다.
② 같은 파수 영역에 후보가 되는 관능기가 여러 개 있는 경우, 다른 알려진 스펙트럼의 구조도 참고하여 피크 형상이 비슷한지, 그 관능기에 있어야 할 피크가 지문 영역 등의 다른 영역에도 존재하는지를 조사한다.
③ 지문영역을 보고 여러 밴드로 이루어진 패턴이 일치하는 것 같으면 그것을 가지고 화학구조가 일치한다고 판단할 수 있다.
④ 동일 화합물이라도 약간의 불순물이나 샘플의 결정성·배향성의 차이에 의해 스펙트럼 형상이나 반값 폭의 변화가 보이거나 부분적인 불일치를 볼 수 있다. 이런 경우에는 재정제한 후 재측정하거나 차 스펙트럼법에 의한 해석 등을 검토한다.

실제 흡수 피크 중 대표적인 것을 표 1.5에 나타낸다. 또한 표 1.5는 흡수가 나타나는 대략적인 범위를 나타낸 것이지 밴드의 폭을 나타낸 것이 아니므로 주의하기 바란다(피크 위치가 기재된 문헌으로서 나카니시 카오이타 저.「적외선 흡수 스펙트럼 일정성과 연습(개정판)」남강당(1978) 및 N.B. Colthup, J. Optical Soc. America., 40(6), p.397-399, 1950 등도 있다). 또 최근에는 이런 인간이 판정하는 작업을 기계학습(이른바 AI)에 수행하게 함으로써 얻은 스펙트럼을 계통별로 분류하는 소프트웨어도 등장해왔다.

1.6.4 데이터베이스에 의한 미지 샘플 동정

1.6.3항의 방법에서는 미지 샘플의 계통을 예상할 수 있다. 한편, 데이터베이스(라이브러리라고 함)에 채록된 알려진 스펙트럼과 미지 샘플의 스펙트럼을 비교하여 미지 샘플을 동정하는 일도 증가하고 있다. 데이터베이스를 이용한 동정을 실시하는 주의사항을 이하에 기술한다.

① 1.6.1항에서 기술한 데이터 처리를 미리 실시한다. 또한 ATR법의 스펙트럼에 대하여 굴절률 분산 영향을 보정한 데이터는 (ATR법이 아닌) 투과법으로 측정한 데이터로 다룬다.
② 노이즈가 특히 큰 영역(저파수 측이나 대기의 영향을 보정하지 못한 영역 등) 비교범위에서 제외한다.
③ 전용 소프트웨어를 이용할 경우 검색 알고리즘을 적절히 선택한다. 자주 이용되는 것

표 1.5 (1) 주된 적외흡수수의 피크 위치

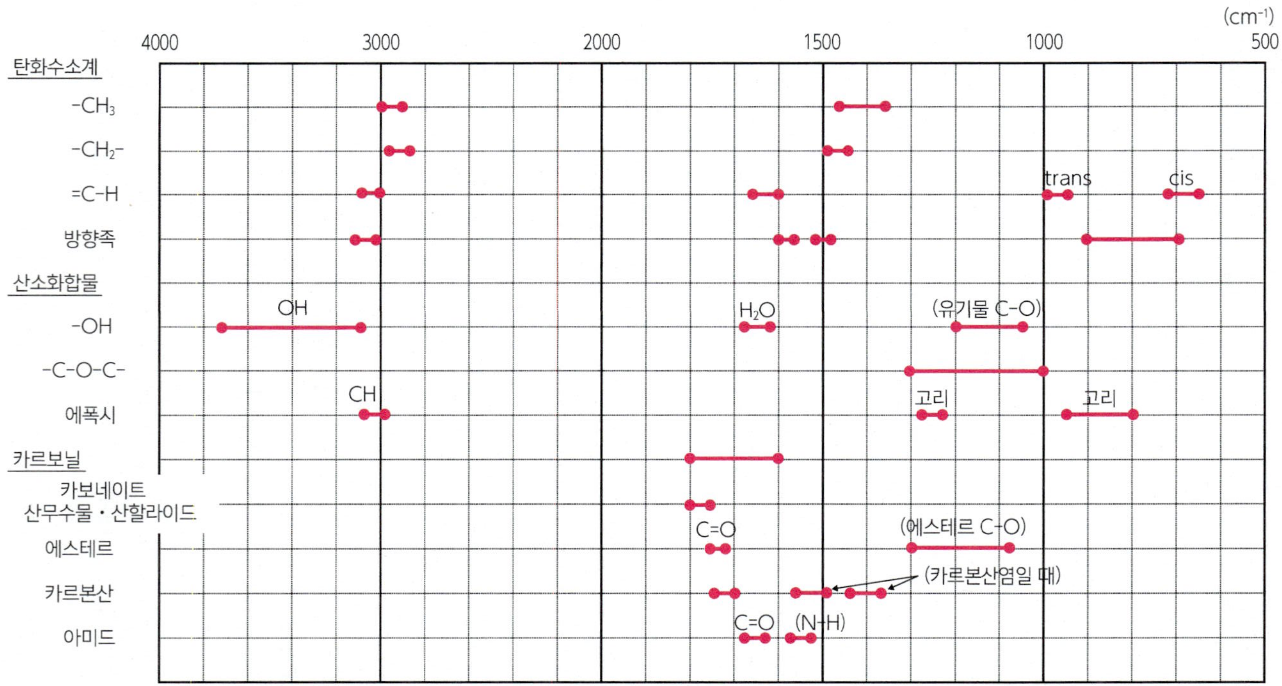

표 1.5 (2) 주된 적외흡수의 피크 위치

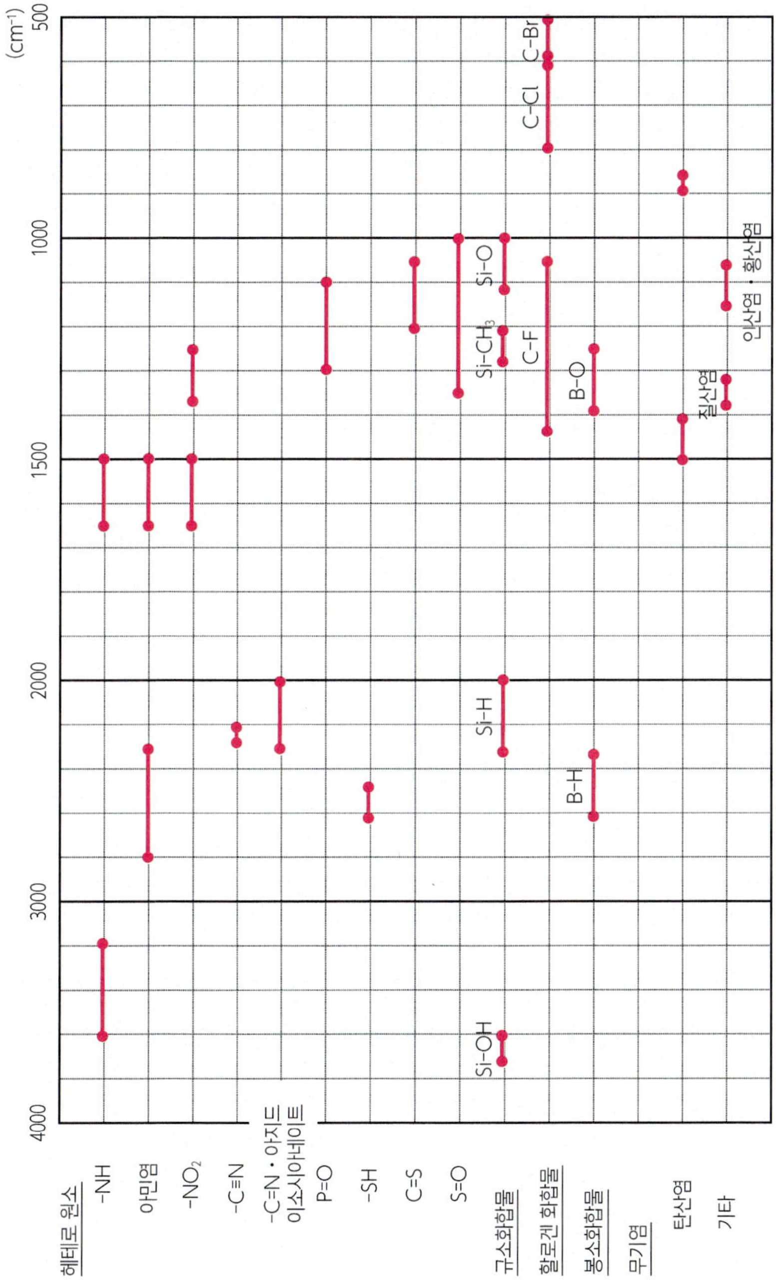

1

으로는 '유클리드 거리, 미분 후의 유클리드 거리(베이스라인의 휘어짐의 영향을 받기 어렵지만 노이즈가 큰 경우에는 부적합)', '상관계수(노이즈의 영향을 받기 어렵다)'의 세 가지가 있다. 의약품이나 결정성이 높은 샘플 등 밴드가 샤프하다면 '미분 후 유클리드 거리', 용액 등 폭이 넓은 밴드가 지배적인 경우는 유클리드 거리, 노이즈가 클 때는 상관계수를 선택하는 것이 일반적이다.

④ 유사한 후보가 여러 명 있을 때는 지문 영역에 주목하여 피크 유무로 판단한다.

⑤ 전용 소프트웨어를 이용할 경우, 결과는 일치도로서 수치로 나타나므로 일정한 객관성은 있지만 일치도가 높은 것으로만 판단하지 않고 실제 스펙트럼을 육안으로 판단한다.

⑥ 데이터베이스 검색을 실시해도 가까운 것이 존재하지 않는 경우는 1.6.3항의 순서로 귀속을 하여 샘플의 계통을 예상한다. 또한 데이터베이스 검색 소프트웨어에는 피크 위치에서 후보가 되는 관능기 분석을 표시하는 기능이 갖추어져 있는 경우가 많다 (주 : 데이터베이스에 포함되지 않은 물질이 정성 대상인 경우 측정자 스스로 데이터베이스에 스펙트럼을 추가하는 일도 종종 이루어진다).

1.7 응용 사례

적외선 분광법은 단순한 정성뿐만 아니라 정량이나 미소물의 측정, 가열 등의 섭동을 주었을 때의 구조 변화를 추적하는 데도 이용된다. 본 절에서는 대표적인 응용 사례를 간단히 언급한다.

1.7.1 정량 분석

정량 분석을 할 때는 대상 성분의 농도를 바꾼 세 가지 이상의 농도 기지의 샘플을 먼저 측정한다. 그 대상 성분에 귀속되는 흡수 피크 중에서 다른 성분의 피크와 겹치지 않고 강도가 크고 사용하기 쉬운 피크의 높이나 면적을 산출하여 플롯하여 검량선을 작성한다. 이 절차는 다른 분석 방법과 기본적으로 다르지 않다.

적외선 분광법으로 정량 분석을 할 때 주의해야 할 점을 들어 둔다.

① 주목하고 있는 피크의 흡광도가 너무 커지지 않도록 한다: 주목 피크의 흡광도가 1(K-M 변환 후의 값으로 3)을 넘으면 정량 결과의 신뢰성이 떨어지는 경우가 있으므로 검량선 작성용 샘플도 포함하여 이를 넘지 않도록 농도나 두께에 주의하여 샘플을 조정한다. 덧붙여 ATR법의 경우는 이러한 고려는 원칙 불필요하다.

② 측정조건이나 부속품은 검량선 작성용 샘플 측정시도 포함해 매번 같은 것을 사용한다: 측정조건이 바뀌면 노이즈 레벨이나 밴드가 나오는 방식도 달라질 수 있어 정량 정밀도의 저하로 이어진다. 또한 셀 등의 부속품도 개체 차이가 없다고는 할 수 없으므로 매번 같은 것을 사용하면 좋다.

③ 스펙트럼의 세로축은 반드시 흡광(확산 반사법의 경우는 K-M변환한 상태): 스펙트럼의 세로축은 투과(반사)광량에 주목할 경우, 광원의 광량을 I_0, 검출기에 들어간 광

량으로 I로 하면 투과율은 $I/I_0 \times 100$로 나타난다. 이 투과율의 역수를 로그 변환한 $\log(I_0/I)$이 흡광도이다.

흡광도(absorbance)는 $\log(I_0/I) = \varepsilon dc$ (ε: 몰흡수계수, d: 샘플의 두께, c: 샘플의 농도)로 쓴다. 즉, 세로축이 흡광도일 때, 피크 강도가 샘플의 농도와 두께에 비례하고, 즉 람베르트·비어의 법칙에 입각한 취급을 할 수 있다. 확산 반사법으로 얻은 스펙트럼을 K-M변환한 상태도 흡수도와 같은 취급이다. 세로축이 투과율·반사율의 경우는 정량 분석에 써서는 안 된다.

④ 샘플의 두께나 전체 양을 맞춘다: 위와 같이 흡광도 값은 샘플의 농도뿐만 아니라 두께의 영향도 받는다. 액체용 고정셀처럼 두께가 일정한 것은 문제가 없지만 필름 형태의 샘플처럼 두께가 일정하지 않거나 KBr 정제법처럼 샘플량이 일정하지 않은 경우에는 샘플의 두께나 전체량의 영향을 보정할 필요가 있다.

가장 많이 이용되는 것이 필름 자체나 첨가량을 일정하게 볼 수 있는 성분의 흡수피크를 레퍼런스로 하여 목적 성분의 흡수 강도와의 비를 취하는 방법이다. 두께나 샘플량에 비례하는 피크를 기준으로 함으로써 두께나 전체 양의 영향을 대체로 취소할 수 있다.

또한 ATR법도 정량분석에 적용 가능하다. 이는 침투 깊이는 샘플의 굴절률에 따라 결정되므로 같은 계통의 샘플이면 두께가 거의 일정하다고 볼 수 있기 때문이다. 샘플을 올려 프리즘과 밀착시키기만 하면(액체의 경우는 샘플을 올려놓기만 하면 됨) 측정할 수 있으므로 다른 측정기법과 비교하면 매우 간편하다.

또한 복수 성분의 정량을 행하거나 다른 첨가 성분이 정량을 방해하는 경우에는 다변량 해석을 이용한 정량 분석도 이루어지고 있다.

1.7.2 적외선 현미경

지금까지의 측정 사례는 모두 적외선 분광 광도계 본체의 시료실에 부속품이나 샘플을 넣어 측정하는 것으로 샘플의 측정 가능한 최소 크기는 수 100 μm 정도였다. 추가적인 미소 영역을 측정할 수 있도록 한 것이 적외 현미경이다. 개요를 그림 1.19에 나타낸다.

스테이지상의 샘플위치에 적외선을 집광하여 5~10 μm 정도의 국소적인 측정을 가능하게 하고 있다. 투과법이나 ATR법 등의 각 측정방법에도 대응하여 스테이지 혹은 광

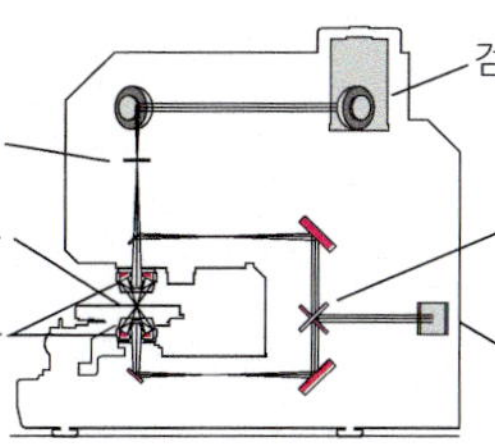

그림 1.19 적외선 현미경의 개요

1

축을 2차원적으로 움직인다(맵핑)로써 면내의 성분분포를 파악할 수도 있다(적외 이미지 측정). 측정부위의 크기는 어퍼처라는 광량 조정기구에 의해 바꿀 수 있다.

일반적인 실체 현미경과 크게 다른 점으로서, 집광하는데 렌즈가 아닌 주로 카세그레인 거울이라는 거울을 사용하고 있는 것을 들 수 있다. 이는 일반적인 대물렌즈는 적외선을 흡수하고 측정하는데 불편하기 때문이다. 또한 검출기에는 액화질소에 의한 냉각을 요하는 고감도 반도체형 MCT 검출기가 주로 이용된다.

1.7.3 시간 분해 측정

적외선 분광법의 측정은 샘플에 열이나 전기장, UV 광 조사 등의 섭동을 주면서 측정할 수도 있다. 이때 일정 간격마다 스펙트럼을 취득함으로써 섭동에 따른 샘플의 시간 변화를 모니터할 수 있다. 일반적인 FT-IR에서는 수 초 단위, 시간 응답이 좋은 검출기를 사용하면 수 10 밀리초 단위, 심지어 특수한 경우에는 10 나노초 단위로의 시간 변화를 추적할 수 있는 경우도 보고되고 있다.

【스펙트럼 데이터베이스의 예】

1) 새들러(Sadtler) 스펙트럼 데이터베이스, Bio-Rad Laboratories사
2) 알드리치 Spectral Viewer, Sigma-Aldrich사
3) 유기화합물 스펙트럼 데이터베이스 SDBS, 산업기술종합연구소
4) NIST Chemistry Web Book, NIST (미국 국립표준기술연구소)

【참고 문헌】

적외선 분광법 전반의 이론이 설명된 것으로서
1) 古川行夫編著,『赤外分光法』, 講談社 (2018)
일반적인 피크 귀속의 상세나 스펙트럼의 예가 기재된 것으로서
2) 堀口博,『赤外吸光図説総覧』, 三共出版 (1977)
3) M. Silverstein 他著,『有機化合物のスペクトルによる同定法 (第8版)』, 東京化学同人 (2016)
정량 분석이나 다변량 해석, 흡수 스펙트럼 해석에 대해 설명된 것으로서
4) 長谷川健,『スペクトル定量分析』, 講談社 (2005)

2 NMR 분광법

2.1 처음에

핵자기공명(NMR) 분광법이란 자기장 안에 놓인 시료에 라디오파(rf)를 조사하여 핵 스핀을 가진 원자핵의 공명 현상을 측정하는 방법이다. 원자핵의 환경(관능기나 화학구조, 입체구조 등)에 따라 공명하는 주파수가 다르기 때문에 가로축이 주파수, 세로축이 강도의 NMR 스펙트럼을 얻을 수 있다. 핵 스핀(I)을 가진 것은 측정 가능하며, 그 중에서도 측정이 용이한 것은 I가 1/2인 원자핵이다(표 2.1) 특히 가장 널리 이용되고 있는 것은 ^{1}H와 ^{13}C 핵이다.

이 두 핵은 유기화합물과 고분자 화합물의 주요 구성 원소이기 때문에 NMR 분광법은 유기구조 해석의 가장 유력한 측정법 중 하나이다[1,2].

표 2.1 I = 1/2의 핵 성질

동위체	천연존재비(%)	NMR 주파수[a](MHz)	상대감도[b]
^{1}H	99,98	400.0	1.0
^{13}C	1.11	100.6	1.76×10^{-4}
^{15}N	0.37	40.5	3.85×10^{-6}
^{19}F	100.00	376.3	0.83
^{28}Si	4.7	79.5	3.69×10^{-4}
^{31}P	100.00	161.9	6.63×10^{-2}

a. 9.4T의 자기장 중 주파수. b. ^{1}H의 감도를 1.0으로 했을 때의 값

핵 스핀 모든 핵은 전하를 가지며, 이 전하가 스핀 운동하면 축 방향으로 자기 모멘트(μ)를 생긴다. 그 각운동량을 스핀수 I로 나타낸다. 같은 원자핵이라도 동위원소에 따라 다른 I를 가진다. 예를 들어 탄소의 경우 ^{12}C는 $I = 0$이지만, ^{13}C는 $I = 1/2$이다. I는 양자수이며 1/2마다의 값밖에 취하지 않는다. 원자핵 안에 존재하는 양성자와 중성자의 수의 합이 홀수라면 반정수($I = 1/2, 3/2, 5/2, \cdots$)가 되고, 짝수라면 정수($I = 0, 1, 2, \cdots$)가 된다. 특히 양성자와 중성자가 모두 짝수이면 $I = 0$이 되며, 그 원자핵은 NMR 불활성이다.

2.2 원리

2.2.1 핵제만 효과

2

I = 1/2인 ^{1}H나 ^{13}C핵의 경우에서 생각한다. 자기모멘트 μ를 가진 핵은 작은 자석처럼 생각할 수 있다. 보통 시료 중의 핵스핀은 여러 방향을 향하고 있으며, 그 에너지는 모두 같다. 그러나 어떤 자기장 B_0 안에 놓이면 B_0와 평행한 스핀(α-스핀)과 역평행한 스핀(β-스핀)의 두 상태로 양자화된다(핵제만 효과, 그림 2.1).

알파-스핀은 베타-스핀보다 약간 에너지가 낮기 때문에 열역학적 평형 상태에서는 알파 상태의 핵이 과도하게 존재하고 각 스핀의 점유수는 Boltzmann 분포를 따른다.

두 스핀 사이의 에너지 차이에 해당하는 에너지를 가진 전자파($\Delta E = h\upsilon = h\upsilon B_0/2\pi$, γ는 자기 회전비)를 흡수하면, α-스핀은 전이하여 β-스핀으로 변한다(여기 상태). 그 후 2열적 평형 상태로 되돌아간다(완화 현상). 이들 일련의 현상을 핵자기 공명이라고 한다.

> **Boltzmann 분포** α-스핀과 β-스핀의 점유수의 비(N_α/N_β)는 볼츠만 상수 k_B를 이용하여 아래 식과 같이 표현된다. 400 MHz에 상당하는 ΔE에 대해 27℃로 계산하면 N_α/N_β = 1.000064가 된다. 이는 2,000,064개의 핵스핀을 생각했을 때 64개만 α-스핀이 과잉 존재함을 나타낸다.
>
> $$\frac{N_\alpha}{N_\beta} = \exp\left(\frac{\Delta E}{k_B T}\right)$$

2.2.2 벡터 모델

상술한 에너지 준위도만으로는 현재 주류인 푸리에 변환(FT) NMR법을 이해할 수 없다. 그래서 핵자기 모멘트 μ를 벡터로 표기하는 벡터 모델을 도입한다.

원자핵의 중심을 원점으로 하여, α 상태에 있는 하나의 핵의 μ벡터를 좌표(실험실 좌

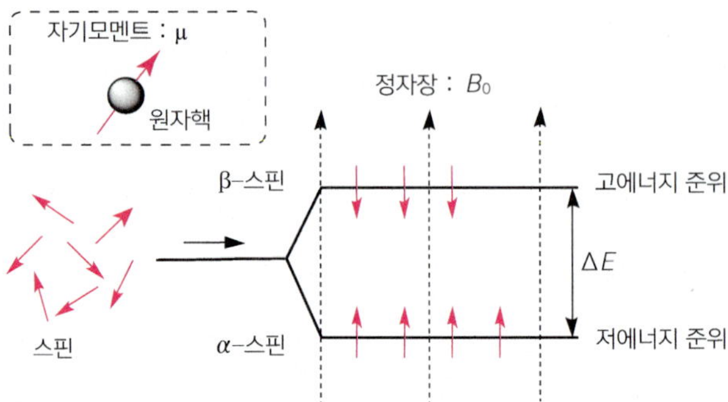

그림 2.1 핵제만 효과에 따라 스핀은 두 에너지 준위로 나뉜다

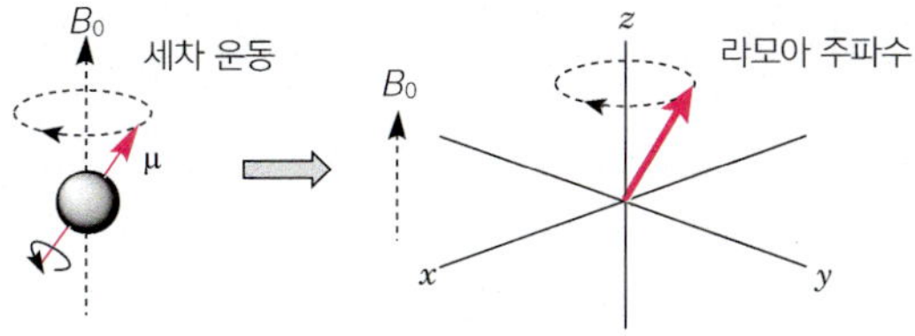

그림 2.2 하나의 α-스핀에 의한 세차운동과 벡터 표기

표계)로 쓰면 그림 2.2와 같다. 그림 2.1에서는 α-스핀은 B_0에 대해 평행이라고 썼지만, 실제로는 외부 자기장에서 토크를 받아 기울어져 원형 궤적을 그리면서 회전하고 있다(세차 운동). 이 세차 운동의 속도를 라모어 주파수라고 한다. 라모어 주파수와 같은 주파수에서 세차 운동과 같은 방향의 회전 자기장이 조사되면 에너지의 흡수가 일어난다(공명).

라모어 주파수 라모어 주파수는 각속도 $\omega = -\gamma B_0$ rad s^{-1} 또는 $\upsilon = -\gamma B_0/2\pi$Hz로 정의된다(공명조건). 여기서 γ는 자기회전비라고 불리며 핵종에 고유한 값이다. 다시 말해, 어떤 외부 자기장 B_0에 놓인 핵의 관측 주파수는 υ의 크기로 결정된다. 세차 운동의 방향은 γ의 부호로 정해지고, γ가 양의 값일 때는 그림 2.2와 같은 방향으로, 음의 값일 때는 역방향으로 회전한다.

회전 자기장 우회전 자기장 벡터와 좌회전 자기장 벡터의 합벡터는 진동 자기장과 같다. 이 때문에 진동 자기장을 조사하면 세차 운동과 같은 방향의 회전 자기장 성분만이 흡수되게 된다.

시료 중에는 다수의 핵이 존재한다. 각각의 μ벡터를 세차운동과 같은 속도로 회전하는 좌표(회전좌표계)로 그리면 그림 2.3과 같다. 불확정성 원리 때문에 위치와 운동량을 동시에 정할 수 없기 때문에 α-스핀은 위의 원추체 주위에, β-스핀은 아래 원추체 주위에 랜덤하게 분포한다. α 상태의 핵이 과도하게 존재하므로 모든 μ벡터를 합치면 축 위

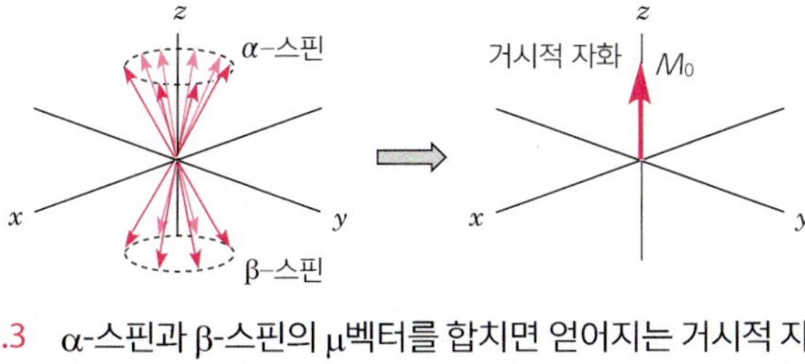

그림 2.3 α-스핀과 β-스핀의 μ벡터를 합치면 얻어지는 거시적 자화 벡터

에 하나의 자화벡터가 남는다. 이는 거시적 자화벡터 M_0이라고 불리며, 고전적 자화벡터 M_0이라고 불린다.

상술한 바와 같이 실험실 좌표계에서는 외부 자기장(z축)에 대하여 옆에서 펄스상으로 조사된 진동 자기장(rf) 중 세차 운동과 같은 방향의 회전 자기장 성분에 의해 공명 현상이 일어난다고 설명할 수 있다. 한편 회전 좌표계에서는 이 공명 현상을 일으키는 회전 자기장 성분(B_1)이 멈춰 보인다(그림 2.4).

예를 들어, B_1이 x축 방향으로 고정되면, M_0은 고전역학의 법칙에 따라 z축을 회전축으로 하여 y축 방향으로 쓰러진다.

rf펄스의 조사가 끝나면 M_0은 열역학적 평형상태로 돌아간다. 이때 된 M_0은 그대로 원래대로 돌아가는 것이 아니라 z축 방향 완화(세로 완화)와 xy 평면 완화(가로 완화)의 두 가지 다른 과정을 거쳐 돌아간다(그림 2.5).

이 완화 과정에서 y축 성분은 지수 함수적으로 감쇠한다. 이를 자유 유도 감쇠(Free Induction Decay: FID)라고 부른다(그림 2.6).

자기회전비 γ와 외부자기장 B_0에 따라 관측 주파수가 결정된다. 그러나 관능기나 화

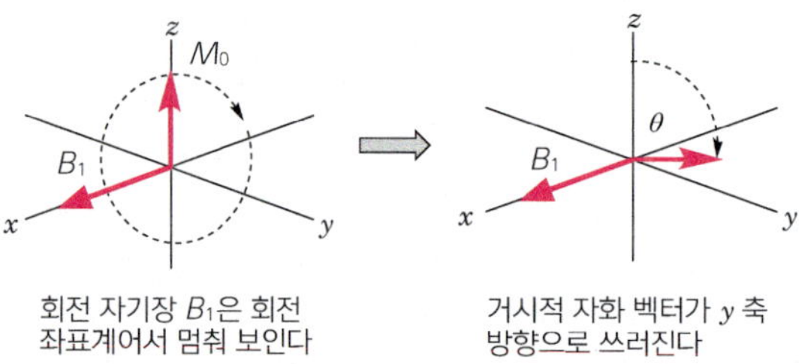

그림 2.4 벡터 모델로 나타낸 NMR 현상

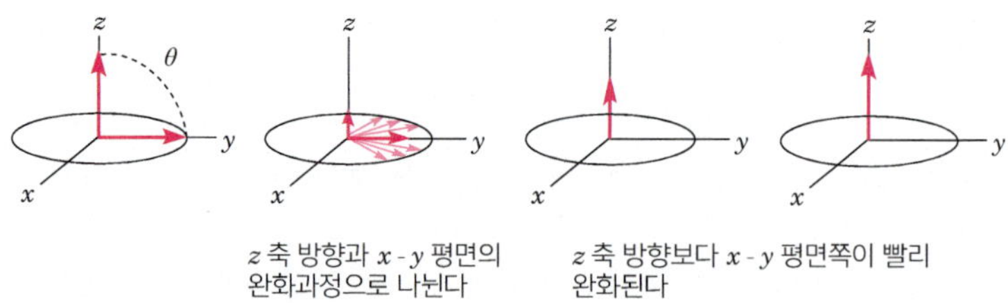

그림 2.5 벡터 모델로 나타낸 완화 현상

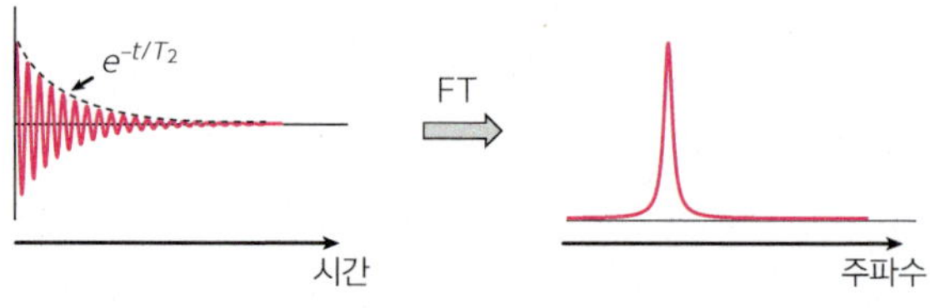

그림 2.6 시간의 함수인 FID를 FT하면 주파수의 함수인 스펙트럼을 얻을 수 있다

학구조, 입체구조 등의 화학적 환경에 따라 실제로 핵이 느끼는 자기장 강도는 B_0로부터 조금 어긋난다(2.4.5항 참조). 그 유효 자기장 강도로 결정되는 것이 공명주파수이다. 공명주파수와 관측 주파수 사이에 차이가 있다면 FID는 그 차이의 주파수로 진동하면서 감쇠한다. 시간의 함수인 FID를 푸리에 변환하면 주파수의 함수로 변환할 수 있고 주파수(화학쉬프트)와 강도를 좌표로 하는 NMR 스펙트럼을 얻을 수 있다.

실험실 좌표계와 회전 좌표계 회전목마를 타고 있는 어린이로 설명되는 경우가 많다. 관측자가 회전목마를 타고 있지 않은 경우에는 그 회전을 따라 어린이가 원을 그리며 돌고 있는 것처럼 보인다(실험실 좌표계) 그러나 관측자도 회전목마를 타면 아이와 같은 각속도, 같은 방향으로 움직이기 위해 어린이는 멈춰 보인다(회전 좌표계). 두 좌표계를 구별하기 위해 실험실 좌표계에는 x, y, z축, 회전 좌표계에는 x', y', z'축이 이용될 수 있다.

화학 쉬프트 NMR에서 관측하고 있는 것은 주파수의 차이이기 때문에 본래라면 가로축은 주파수가 될 것이다. 그러나 그 주파수 차이는 관측 주파수의 $1/10^6$(ppm) 오더이기 때문에 관측 주파수로 나눈 무차원수로서 화학 쉬프트가 이용되고 있는 화학 쉬프트를 이용하는 이점 중 하나는 자기장 강도가 다른 장치로 측정했다고 해도 환경이 같은 핵은 같은 화학 쉬프트에 관측된다는 것이다.

세로 완화와 가로 완화 에너지를 흡수하는 공명현상이 일어나면 그 에너지를 방출해 원상태로 완화해 나간다. 그 완화 속도는 1차 반응으로 취급될 수 있다.

세로 완화: $dM_z/dt = -k_1(M_z - M_0) = -(M_z - M_0)/T_1$

가로 완화: $dM_{x,y}/dt = -k_2 M_{x,y} = -M_{x,y}/T_2$

여기서, 속도 상수 k와 k_2는 1/time 차원을 가지므로, 그 역수를 시정수로 하면 각각 세로완화 시간(T_1) 및 가로완화 시간(T_2)이 정의된다. 특히, T_1는 세로 자화의 회복 과정에 관계하기 때문에 외부 자기장 강도가 강해지면 길어진다. 또한 열평형 상태에서는 원래의 자화 상태로 돌아갈 필요가 있으므로 반드시 $T_1 \geq T_2$가 성립된다.

2.3 장치

FT-NMR은 크게 네 개의 주요 유닛으로 구성된다(그림 2.7).

- 초전도 자석: 니오브 합금 강철선제의 초전도 솔레노이드 자석을 이용하여 강한 자기장을 발생시킨다. 최근에는 누출 자기장을 저감시킨 셀프 쉴드형 자석이 많다.

2

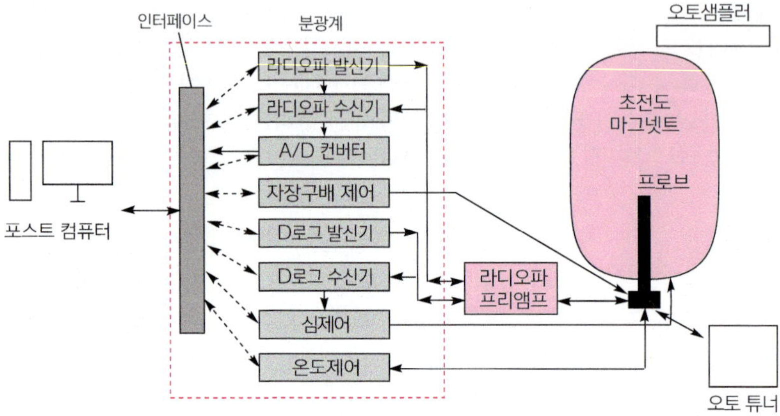

그림 2.7 NMR 장치의 개략도[1)]

- 분광계: rf의 발신·수신이나 잠금 신호의 발신·수신, 자기장 구배 제어, 심 제어, 온도 제어 등을 실시한다.
- 호스트 컴퓨터: 분광계를 제어하기 위한 단말기로 이용된다.
- 프로브: 초전도 마그네트의 하부에서 삽입하여 검출부로 사용한다. 프로브를 교체함으로써 여러 가지 측정이 가능해진다. 예를 들어 용액 NMR에는 용액용 프로브를, 고체 NMR에는 고체용 프로브를 이용한다.

이것 말고도 아래와 같은 부속품이 있다.

- 컴프레서: 샘플의 출납이나 샘플의 회전, 온도 가변 측정을 위해 공기를 보낸다.
- 오토샘플러: 특히 용액 NMR의 경우에는 샘플 튜브+홀더를 여러 개 준비하여 샘플을 자동으로 출납할 수 있다.
- 자동 튜너: 프로브 튜닝을 자동으로 할 수 있다.

자기장 강도의 증가와 함께 분해능이나 감도가 상승한다. 일반적으로 장치의 크기는 자기장 강도(T)가 아닌 ^{1}H의 관측 주파수를 이용하여 표현되는 경우가 많다. 최근에는 400~600 MHz의 장치가 자주 사용되지만 800 MHz를 넘는 초고자장 NMR도 사용할 수 있게 되었다(현 시점의 최대는 1,200 MHz).

2.4 용액 NMR

시료의 조제 측정 조건 설정 → 측정 → 데이터 처리 흐름에서 NMR 스펙트럼을 얻을 수 있다. 구체적인 흐름도는 그림 2.8과 같다.

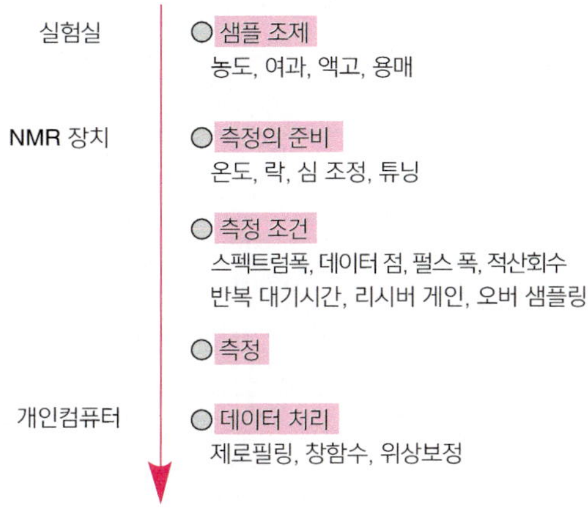

그림 2.8 용액 NMR 측정 절차

2.4.1 시료 조제

(1) 시료관

파이렉스제의 직경 5 mm, 길이 180 mm의 시료관을 이용하는 경우가 많다. 캡이 달려 있으므로 반드시 이것을 사용한다. 측정 자기장이 높아질수록 진원도와 휘어짐(굽힘 정도)이 작은 시료관이 요구된다.

【주의 사항】

① NMR 튜브는 매우 얇고 깨지기 쉬우나 손상된 시료관을 그대로 사용하면 안 된다.

② 샘플 번호 등을 적은 라벨을 붙이거나 파라필름을 감은 상태로 측정하면 균형이 깨진다.

③ 사용 후에는 시료를 잘 녹이는 용매로 세척한다. 브러쉬(길쭉한 튜브 전용 제품이 시판되고 있다)를 사용하면 흠집이 나므로 최대한 피한다. 마지막으로 물 또는 메탄올로 헹군 후 잘 건조시킨다. 마지막으로 아세톤을 사용하면 비휘발 성분이 남을 수 있다.

④ 사용하기 하루 전에는 세척하고 건조시킨다. 사용하기 직전에 용매로 세척하여 드라이기나 건조기로 건조시켜도 용매가 반드시 남는다.

⑤ 최근에는 범용 측정용으로 고품질의 일회용 시료관을 저렴하게 이용할 수 있게 되었으므로, 그 사용을 고려해 볼 수 있을 것이다.

(2) 용매

자기장은 충분히 안정되어 있지만 약간 드리프트, 즉 시간에 의존하여 자기장 강도가 변동한다. 또한 어떤 외인으로 자기장이 섭동을 받으면 자기장 강도가 약간 변화한다. 자기장 강도가 바뀌면 공명 주파수가 바뀌고, 결과적으로 화학적 이동도 바뀐다. 이 자기장의 미소 변화를 보상하기 위해 FT-NMR에서는 중수소(D)의 공명을 이용하여 자기장의 균일성을 유지한다(필드락 또는 단순히 락) 그래서 용액 NMR에는 중수소화 용매

2

표 2.2 NMR에서 사용되는 중수소화 용매의 화학 쉬프트와 끓는점 융점

용매	(^{1}H)[a]	(^{13}C)[a]	b.p (℃)	m.p (℃)
아세톤	2.051	29.83	56.5	–94
		206.70		
아세토니트릴	1.938	1.35	81.6	–45
		118.34		
클로로포름	7.258	77.01	61.6	–63.5
디클로로메탄	5.317	53.83	39.8	–95
DMF	2.743	30.11	153	–61
	2.914	35.21		
	8.022	162.70		
DMSO	2.500	39.46	189	18.5
물	4.757[b]	—	101.4	3.8
디옥산	3.529	66.49	101.1	11.8
메탄올	3.306	49.05	64.7	–97.8
THF	1.723	25.32	66	–108.5
	3.576	67.40		
벤젠	7.156	128.04	80.1	5.5
톨루엔: CH_3	2.087	20.43	110.6	–95
C1	—	137.51		
C2,6	7.094	128.87		
C3,5	6.975	127.98		
C4	7.013	125.15		
피리딘: C,2,6	8.728	149.92	115	–42
C3,5	7.207	123.52		
C4	7.575	135.52		

a. 27℃에서 TMS(1 wt/vol%)를 기준으로 한 값. b. TSP–d_4를 기준으로 한 값.

를 이용하는 것이 일반적이다(표 2.2).

【주의 사항】

① 시료를 용해시키는 용매를 사용한다. 실온에서는 용해되지 않더라도 온도를 높이면 용해되는 경우도 있다.

② 가격이나 용해성 때문에 중클로로포름이나 중수가 가장 많이 사용된다.

③ 샘플과 반응하는 용매를 사용하지 않는다. 다만, 시료와 용매에 활성수소가 있으면 D-H의 교환이 일어난다.

④ 시판 용매의 중수소화율은 99.5~99.95% 정도이기 때문에 중수소화되지 않은 용매의 신호가 관측된다. 또한 $CDC1_3$과 같은 물과 혼화되지 않는 용매에서도 극미량의 물 신호는 관측된다.

⑤ 냉장고 등에 보관된 끓는점이 낮은 용매를 사용할 때는 완전히 실온으로 되돌린 후 사용한다.
⑥ 스크류캡 병 등에서 조금씩 사용하는 경우에는 실험실 안의 용매 증기 등이 녹아 들 수 있다. 또한 피펫이나 주사기에 흡입한 용매를 되돌리면 용매를 오염시킬 수 있다. 귀속할 수 없는 신호가 관측된 경우에는 용매가 오염되었을 수 있으므로 용매만 NMR 측정하여 체크한다.

(3) 기준 물질

화학적 변화는 상대적인 값이기 때문에 어떤 신호를 기준으로 설정할 필요가 있다.

그러므로 원칙적으로 측정 시료마다 기준 물질을 내부 기준으로 첨가한다. 일반적인 유기 화합물의 시그널과는 다른 곳에 시그널을 주는, 화학적으로 안정된 화합물이 기준 물질로 이용된다.

^{1}H 및 ^{13}C NMR의 기준물질로서 TMS(테트라메틸실란)가 자주 이용되며, ^{1}H, ^{13}C NMR 모두 TMS의 시그널을 0 ppm으로 한다. $CDC1_3$ 등에서는 미리 TMS를 첨가한 것이 시판되고 있다.

TMS가 녹지 않는 중수 등에서는 DSS(3-(트리메틸실릴)-1-프로판술폰산나트륨)나 TSP-d_4(3-(트리메틸실릴)프로피온산나트륨-2,2,3,-d_4)가 이용되고, $(CH_3)_3$Si-기의 신호를 0 ppm에 맞추다.

(4) 불용물의 제거

먼지나 미립자 등의 불용물은 국소 자기장을 왜곡시켜 현저한 분해능 저하를 초래한다. 시판되고 있는 유리 필터 등으로 여과하는 것이 바람직하다. 파스퇴르 피펫에 소량의 정제면을 채워 용액을 통과해도 무방하다(이전에 그 면을 소량의 NMR 용매로 헹구면 좋다).

(5) 농도

너무 진한 용액으로 ^{1}H NMR을 측정하면 방사 감쇠(라디에이션 덤핑)에 의해 신호가 광폭화된다. 또한 고분자량의 샘플에서는 점도가 올라가고 분해능도 오르지 않는다. 시그널과 노이즈의 비(S/N비)가 충분하다면, 농도는 낮은 편이 좋다. 특별히 기준은 없지만, ^{1}H NMR에서 1 wt%, ^{13}C NMR에서 10 wt%면 충분하다. 다만, 미량 성분의 신호를 관측하고 싶을 때는 진하게 해도 좋다.

원래 시료가 적게 0.1 wt%를 밑돌면 용매 유래 불순물의 시그널과의 구별이 어려워진다. 그러한 경우에는 3 mm 관이나 동축 이중 시료관의 내관을 이용하여 용매량을 줄이는 것이 좋다.

> **라디에이션 덤핑** 시료 중 핵심 자화에 의해서 유도 자기장이 발생하고 여기 상태의 핵 자화에서 에너지가 도망가게 되는 핵자화가 여기 상태에서 평형 상태로 빨리 돌아가는 현상

2

(6) 액 높이

항상 같은 높이로 하는 것이 바람직하다. 용액 NMR의 관측 코일에는 솔레노이드형 코일이 아니라 안장형 코일이 쓰인다. 그 크기는 세로 방향으로 약 2 cm이므로 ±1 cm 여분으로 4 cm로 한다. 온도를 바꾸고 측정할 때는 용액의 팽창 수축을 고려할 필요가 있다. 150℃ 등의 고온 측정할 때 액체 높이가 과다하면 온도 구배가 되어 분해능이 오르지 않는다. 반대로 -78℃ 등의 저온에서 측정할 때 액체 높이가 너무 낮으면, 시료 용액의 매니스커스가 자기장을 교란시켜 분해능이 오르지 않는다.

2.4.2 측정 장치의 설정

(1) 온도

화학적 이동은 온도에 따라 변화한다. NMR장치는 1년 중 냉방된 방에 두고 있지만, 온도 조절 장치(VT유니트)에서 장시간(며칠~1주일) 동안 일정 온도에 ±1℃ 이내로 정밀하게 제어할 수 있는 것은 실온보다 5℃ 정도 높은 온도이다. 그러므로 가급적 30~35℃에 온도를 설정하는 것이 바람직하다. 또, 고분자량의 시료에서는 50~110℃ 정도까지 승온하고 측정하는 것이 바람직하다. 용액 점도의 상승에 따른 분해능을 저하시키거나 짧은 가로 완화 시간에 의한 신호의 광폭화를 억제할 수 있다.

(2) 락(필드 락)

분산모드의 중수소의 시그널(ω_D)을 관측하여 이 시그널의 중심이 일정 주파수로 유지되도록 자기장을 조정하고 있다. 즉, 관측에 무관한 ω_D를 고정하도록 자기장을 조정함으로써 $\omega_D = -\gamma_D B_0$의 공명조건에 따라 B_0가 일정하게 유지된다. 특히, ^{13}C NMR과 같이 측정 시간이 길면 락(잠금)이 필수적이다. 최근 장치에서는 자동 락 장치 조정을 실시하는 자동 락장치가 표준이다.

[주의 사항]

① 중수소 시그널 들뜸에 사용되는 락 송신기의 파워(락 레벨)는 사용하는 용매에 따라 달라지는 DMSO-d_6와 같은 중수소가 많은 용매는 $CDCl_3$보다 약한 파워로 충분하다. 파워를 너무 높이면 포화되어 안정되지 않는다.

② 락 게인은 락신호를 감지하기 위한 증폭률이다. 너무 높이면 소음을 줍기 때문에 좋지 않다.

③ 아무리 해도 락이 걸리지 않을 때는 위상이 어긋나 있는 것을 생각할 수 있다. 그 때는 락 단계(위상)를 조정하여 분산 모드의 선형이 되도록 한다.

④ 중수소의 신호가 여러 개 있는 용매의 경우 신호 강도가 강한 신호(예를 들어 중톨루엔에서는 CD_3기)로 잠근다.

(3) 심조정

초전도 코일(메인 코일)만으로는 자기장이 균일하지 않으므로 초전도 심 코일(슈퍼 심)을 사용하여 자기장의 균일성을 높이고 있다. 그러나 샘플을 삽입할 때마다 자기장이 흐트러지므로 실온 심 코일(룸 심)을 사용하여 심 조정을 수행한다. 최근의 장치에서는 오토 심이나 자기장 구배를 이용하여 3차원적으로 심 조정을 하는 그래디언트 시스템이 표준으로 부속되어 있다.

(4) 튜닝

NMR은 매우 감도가 낮은 분석법이다. 코일이 시료에 rf 펄스를 보내고 약한 NMR 시그널을 효율적으로 줍기 위해서는 코일 회로의 전기 특성이 최적화되어 있어야 한다. 이 최적화에는 튜닝과 매칭이 있으며 튜닝은 측정 대상 핵 주파수에 코일을 동조시키고 매칭은 코일의 임피던스를 조정하여 코일의 송수신 효율을 높이고 있다. 최근의 장치에서는 튜닝을 자동적으로 행하는 오토 튠 유닛(분광계 및 프로브 모두가 대응할 필요가 있다)이 붙어 있는 것이 많다. 튜닝 회로 등에 대해서는 2.5.3항(4) 프로브 튜닝도 참조할 것이다.

【주의 사항】

① 튜닝과 매칭은 독립적이지 않으므로 튜닝과 매칭을 번갈아 반복하면서 최적의 조건을 찾는다.

② ^{13}C 등의 감도가 낮은 핵을 측정할 때는 반드시 한다. 이 경우 디커플링 효율에도 관계되므로 ^{1}H의 튜닝도 한다.

디커플링　인접한 핵의 스핀 상태에 따라 시그널이 여러 개로 분열하는 것을 스핀–스핀 결합 또는 스핀 결합이라고 한다(2.4.5항 참조). 이 신호의 분열은 화학 구조를 해석하는 데 매우 중요한 정보가 되는데, 감도가 낮은 핵종의 측정에서는 S/N비의 저하로 이어진다. 이 스핀 결합을 소거하여 S/N비를 향상시키는 방법을 디커플링이라고 한다.

2.4.3 측정 조건 설정

(1) 스펙트럼 폭

실제로 측정하는 주파수 범위를 스펙트럼 폭(*SW*)이라고 한다. 일반적인 화합물의 시그널은 ^{1}H NMR에서는 0~10 ppm, ^{13}C NMR에서는 0~200 ppm으로 관측되므로 ^{1}H NMR에서는 15 ppm 정도, ^{13}C NMR에서는 250 ppm 정도의 범위가 디폴트로 설정되어 있는 경우가 많다. 실제 *SW*의 단위는 주파수(Hz)이므로 측정핵이 같고 화학 쉬프트 폭이 같아도 사용하는 장치의 자기장 강도에 따라 *SW*는 변화한다.

【주의 사항】

① 산 등의 ^{1}H 시그널은 10 ppm보다 저자기장(고주파수) 쪽으로, 유기금속 착체의 시그널은 0 ppm보다 고자기장(저주파수) 쪽으로 관측될 수 있다. 관측 주파수 밖의 시그널은 반환 피크로 관측된다. 다른 시그널의 위상은 맞는데 되돌리고 피크의 위상

만 어긋나는 경우가 많다. 이런 경우에는 스펙트럼 폭을 넓혀 측정하여 시그널이 이동하는지 확인할 필요가 있다.

2

(2) 데이터점

FT-NMR에서는 FID 데이터(아날로그)를 컴퓨터로 처리하기 위해 일정 간격으로 샘플링하여 디지털 데이터로 변환하고 있다. 즉, NMR 스펙트럼은 선에서 얻을 수 있는 것이 아니라 점으로서 얻을 수 있으며, 그 점을 연결하여 선과 같이 보이고 있다. 일반적으로 시간 영역의 디지털 데이터의 수(TD)를 16K(2^{14} = 16,384)나 32K(2^{15} = 32,768)로 설정하여 측정하는 경우가 많다.

SW(Hz)와 주파수 영역의 데이터 수(N)에 따라 얻을 수 있는 스펙트럼의 디지털 분해능(DR)이 결정된다.

$$DR = \text{스펙트럼 폭/데이터 수} = 2SW/ITD\ (\text{Hz}) = SW/N\ (\text{Hz})$$

여기서, $N = TD/2$이다.

【주의 사항】

① 규칙적으로 진동하는 시그널을 정확하게 나타내려면 파장당 적어도 2점의 데이터가 정의되어야 한다(샘플링 정리). 그러므로 주파수 F Hz의 시그널을 나타내려면 적어도 $2F$ Hz의 속도로 샘플링할 필요가 있다(Nyquist 조건) 데이터 샘플링의 시간적인 간격을 듀엘 시간(dwell time: DW)이라고 하며 다음 식으로 주어진다.

$$DW = \frac{1}{2SW}$$

데이터점을 많이 설정하면 DR은 향상되지만 데이터 취입 시간($DW \times TD$)이 길어지므로 노이즈 성분도 많아지고 S/N비가 작아진다. 그래서 함부로 데이터점을 많이 하는 것은 피한다.

(3) 펄스폭(플립각)

rf펄스의 조사에 의해, M_0이 쓰러져 가는 각도를 플립각이라고 한다(2.2항 참조). FID는 열역학적 평형상태에서 벗어난 자화벡터 M_0의 y축 성분이 완화되어 가는 과정을 모니터링하고 있기 때문에 90°펄스가 가장 신호가 강해진다. 180°펄스나 360°펄스에서는 y축에 성분이 없기 때문에 신호는 관측되지 않고 270°펄스에서는 90°펄스와 같은 강도의 음의 신호가 관측된다(2.5.2항 참조). ^{1}H NMR에서는 45°펄스나 60°펄스를 이용하는 경우가 많다. ^{13}C핵은 ^{1}H핵보다 완화시간이 길기 때문에 ^{13}C NMR에서는 30° 펄스를 사용하는 경우가 많다. 그러나 폴리머와 같은 완화 시간이 짧은 시료에서는 60° 펄스 이상의 긴 펄스를 사용하여 감도를 높일 수도 있다.

디지털 분해능 스펙트럼 중에서 인접한 데이터 점간의 주파수(Hz)를 말한다. 이것은 자기장의 균일성과 관련된 스펙트럼의 분해능과는 다르다.

시간 영역과 주파수 영역의 데이터 수 시간 t의 함수 $f(t)$인 시간 영역의 데이터(FID)를 복소 FT함으로써 주파수 ω의 함수 $f(\omega)$인 주파수 영역의 데이터(스펙트럼)를 얻고 있다. 이때 FT에 따라 실수부 $R(\omega)$과 허수부 $I(\omega)$로 나뉘는데 실수부만을 이용하여 스펙트럼을 표시한다. 그래서 FT 후에 데이터 사이즈가 반이 된다.

$$f(\omega) = \int_{-\infty}^{\infty} f(t)\, e^{-i\omega t} dt = R(\omega) + iI(\omega)$$

(4) 적산 횟수

NMR은 감도가 낮기 때문에 펄스를 반복적으로 조사하여 S/N비를 올린다. 시그널은 적산횟수 n에 비례하여 증가하지만 노이즈도 n의 0.5승에 비례하여 증가한다. 그러므로 S/N비는 적산횟수의 제곱근에 비례한다($\sqrt{n}$). ^{1}H NMR에서는 8회나 16회가 디폴트로 설정되어 있는 경우가 많다. 미량성분 등의 시그널 강도가 작은 신호를 관측할 경우에는 적산횟수를 증가시킨다. 이 경우 64회, 128회, 256회와 같이 2^n이 되도록 설정한다. ^{13}C NMR은 감도가 낮기 때문에 완화 시간이 짧고 선폭이 넓은 신호를 주는 표본은 수천 번 또는 수만 번으로 설정할 수도 있다.

(5) 반복 대기 시간

rf펄스의 조사와 데이터의 취입을 반복함으로써 적산한다. 이때 데이터 취입시간(acquisition time: AT) 뒤에 대기시간(delay time: DT)을 설정한다. 그러므로 펄스폭(pulse width: PW), 데이터 취입시간과 대기시간을 합치면 펄스를 조사하는 간격인 펄스 반복시간(pulse repetition time: T_R)이 결정된다(그림 2.9).

사전 지연 시간 시그널은 펄스 조사 직후에 가장 강해진다. 그래서 펄스 조사 직후부터 데이터 수집을 시작하는 것이 이상적이지만 펄스에 의해 자기장이 흐트러져 있기 때문에 약간 데이터 수집을 기다리는 시간을 설정하고 있다. 그 시간을 사전 지연 시간(dead time)이라고 한다.

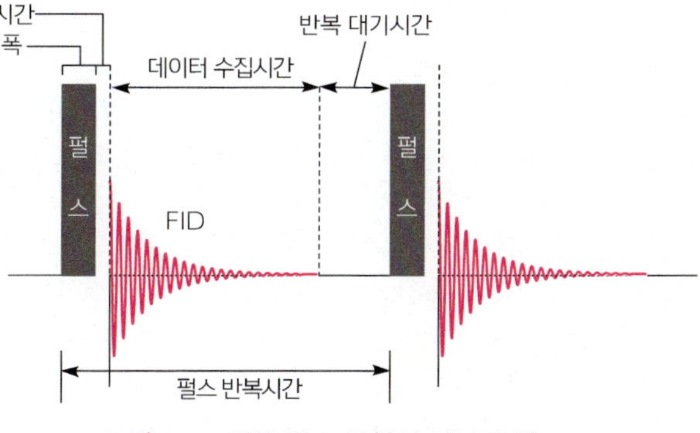

그림 2.9 싱글 펄스 실험의 기본 구성

2

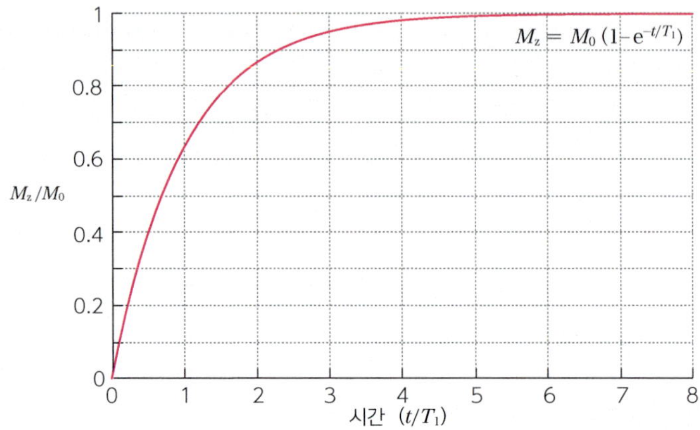

그림 2.10 90° 펄스 직후부터 z축 방향 자화 회복 과정

90°펄스 직후, 즉 자화가 전혀 없는 곳에서 *z*축 방향으로 완화해 나가는 과정은 지수함수로 나타나며, 그 회복 과정은 그림 2.10과 같다.

이 그림에서 90°펄스를 이용한 경우에는 자화가 회복되기 위해서는 적어도 세로 완화 시간(T)의 5배 정도의 시간이 필요하다는 것을 알 수 있다. 즉, 90°펄스를 이용하는 경우에는 T_R을 T_1의 5배 이상으로 설정해야 정량성이 좋은 스펙트럼을 얻을 수 있다. T_1는 반전 회복법으로 구할 수 있다.

반전 회복법 180°펄스를 조사한 후 시간 τ만 기다려 90°펄스를 조사한다. $\tau = 0$이면 270°펄스이므로 음의 시그널을 얻을 수 있다. 대기시간 동안 *z*축의 마이너스 방향에 있는 자화는 완화해 나가고, 어느 곳에서 0이 된다(τ_0). 이때 90°펄스를 조사해도 시그널은 얻을 수 없다(null 포인트). 더 기다리면 자화는 *z*축의 플러스 방향으로 나타나고, 90°펄스에 의해 양의 시그널을 얻을 수 있으면 T_1 사이에는 아래 식이 성립되므로 대기시간(τ)을 바꾸어 측정하여 τ_0, 구하면 T_1을 구할 수 있다.

$$\tau_0 = T_1 \ln 2 = 0.693\ T_1$$

T_1에 비해 T_R이 짧으면, 충분히 자화가 회복되지 못하고 S/N비가 저하된다. 극단적인 경우에는 시그널이 관측되지 않게 된다. 이러한 현상을 포화라고 한다. 한편, 90°펄스를 이용하여 열평형 상태로 돌아오기를 기다리면, 효율적인 적산을 할 수 없다. 이런 경우에는 에른스트 각도를 고려하여 조건을 설정하는 것이 좋다.

^{13}C 핵은 ^{1}H 핵보다 T_1가 길다. 특히 4급 탄소의 완화 시간은 H가 결합돼 있는 ^{13}C 핵의 완화 시간보다도 상당히 길다. 실제 화합물에는 T_1가 다른 여러 종류의 ^{13}C 핵이 포함되어 있기 때문에 모든 신호에 대해 적산 효율을 동시에 극대화할 수 없다.

또, ^{13}C NMR에서는 통상 ^{1}H 디커플링을 실시하고 있으며, NOE 등에 의해서 시그널에 정량성이 없다. 그 때문에, 30°나 45°펄스 등의 짧은 펄스폭을 이용해 적산 횟수를 얻는 편이 S/N비의 좋은 스펙트럼을 얻을 수 있는 경우가 많다.

에른스트각 어느 일정시간의 적산조건에서 얻을 수 있는 S/N비를 적산효율이라고 한다. 이 적산효율을 최대로 하는 플립각(θ)을 에른스트각이라고 하며, T_1과 T_R로부터 아래식으로 구할 수 있다.

$$\cos\theta = e^{-T_R / T_1}$$

NOE 어떤 핵 스핀이 공명하는 전자파를 조사했을 때, 공간적으로 가까운 다른 스핀들이 쌍극자-쌍극자 상호작용을 받음으로써 그 시그널 강도에 변화가 생기는 현상을 핵 오버하우저 효과(NOE)라고 한다.

(6) 리시버 게인

관측코일의 감도와 같은 것. 낮게 설정하면 시그널의 감도가 떨어지고 높게 설정하면 오버플로우하여 베이스라인이 넘실거린다. 통상의 1차원 측정에서는 A/D 컨버터의 다이내믹 레인지를 유효하게 사용하기 위해 오토게인을 설정하면 좋다.

2차원 측정 등에서는 관측 코일의 감도를 일정하게 유지할 필요가 있기 때문에 1차원 스펙트럼을 오토게인으로 측정하고 그 때의 값을 설정한다.

다이내믹 레인지 식별 가능한 신호의 최소값과 최대값의 비율을 말한다. 16bit의 A/D 컨버터에서는 최강의 피크에 대해 $1/2^{16}$ = 1/65,536의 강도의 피크까지 식별할 수 있다. 리시버 게인이 적절하게 설정되어 있지 않으면, 유효 비트수가 작아진다. 그 결과 디지털화시 생기는 노이즈(양자화 오차)가 커져 S/N비의 저하로 이어진다.

(7) 오버샘플링

샘플링 정리가 요구하는 속도보다 N배 짧은 간격으로 샘플링하는 것을 오버샘플링이라고 한다. SW가 N배로 퍼지고 노이즈가 분산된다. 예를 들어 SW를 4배로 하면 이론상 노이즈 레벨은 1/2이 된다. 디폴트로는 8배 등으로 설정되어 있는 경우가 많다. 실제 측정에서는 디지털 필터를 사용하여 SW의 데이터 크기로 솎아진다. 이때 데이터가 평균화되기 때문에 양자화 오차가 작아져 S/N비가 향상된다.

2.4.4 데이터 처리

(1) 제로필링

취득한 디지털 데이터 뒤에 제로의 포인트를 더하여 인공적으로 DR을 향상시키는 방법을 제로필링이라고 한다. 예를 들어 DR이 1.0 Hz/point의 스펙트럼에 대해 데이터 포

400~500 MHz 파라미터 장치에서의 설정 파라미터의 예

^{1}H NMR(저분자)
온도 : 30℃
스펙트럼 폭 : 15 ppm
포인트 수 : 16K 또는 32K
펄스폭(플립각) : 45°
반복 대기 시간 : 반복 시간이 15 s 정도 되는 시간.
적산 횟수 : 8회

^{1}H NMR(고분자)
온도 : 50~110℃
스펙트럼 폭 : 15 ppm
포인트 수 : 16K 또는 32K
펄스폭(플립각) : 60°
반복 대기 시간 : 반복 시간이 10 s 정도 되는 시간.
적산 횟수 : 16회

^{13}C NMR(저분자)
온도 : 30℃
스펙트럼 폭 : 250 ppm
포인트 수 : 16K 또는 32K
펄스 폭(플립 각도) : < 45 °
반복 대기 시간 : 반복 시간이 3 s 정도 되는 시간.
적산 횟수 : 1024회

^{13}C NMR(고분자)
온도 : 50~110℃
스펙트럼 폭 : 250 ppm
포인트 수 : 16K 또는 32K
펄스폭(플립각) : 60°
반복 대기 시간 : 반복 시간이 2.5 s 정도 되는 시간.
적산횟수 : 5000~20,000회

인트 수를 2배로 하면(1회의 제로필링) *DR*은 0.5 Hz/point가 되고 4배로 하면(2회의 제로필링) *DR*은 0.25 Hz/point가 된다(그림 2.11). 특히 SW가 넓은 ^{13}C NMR 스펙트럼 등에서는 실시하는 것이 좋다. 다만 제로필링은 데이터점이 증가함으로써 외관상의 *DR*이 향상될 뿐인 것으로 보인다.

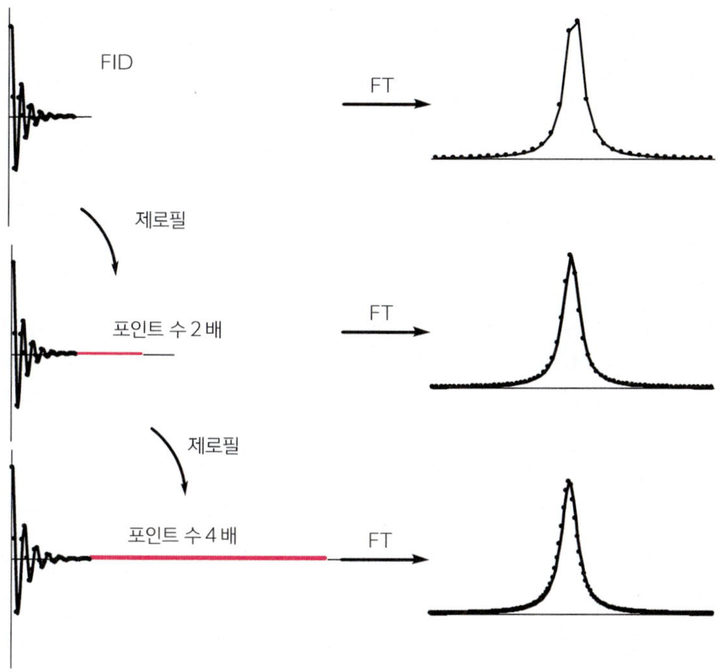

그림 2.11 제로필링에 의한 디지털 분해능 향상

(2) 윈도우 함수(창함수) 처리

데이터의 개관이나 정보량을 향상시키기 위해 FID에 윈도우 함수라고 불리는 수학적인 가중치 함수를 적용할 수 있다. NMR 시그널은 데이터 수집을 시작했을 때 가장 강하고 시간이 지남에 따라 지수 함수적으로 감쇠해 간다. 그러나 노이즈의 진폭은 일정하다. 즉, FID는 뒤로 갈수록 상대적으로 노이즈의 기여가 커진다. 그래서 지수 함수를 곱하여 FID에 포함된 NMR 시그널의 기여를 강하게 하면 S/N비의 향상에 연결된다. FID는 원래 기하급수적으로 쇠퇴하기 때문에 지수 함수를 곱해도 정량성이 유지된다.

또한 폴리머 등의 완화 시간이 짧은 시료에서는 FID의 첫 10~20%에 밖에 NMR 시그널이 포함되어 있지 않을 수 있으며, 이 경우에는 사다리꼴 함수가 유효하다. 예를 들어, FID의 40~50%에 걸쳐 100에서 0이 되는 함수를 곱하면, FID의 뒷부분이 0이 되어 노이즈가 없어지고 S/N비의 향상으로 이어진다.

(3) 위상 맞춤

FID에는 코사인 성분과 사인 성분이 포함된다. 복소 FT를 하면, 코사인 성분(실수부)은 흡수형 스펙트럼으로, 사인 성분(허수부)은 분산형 스펙트럼으로 변환된다. 이 중 실수부만을 이용하여 NMR 스펙트럼이 표시된다. 만약 위상이 맞지 않으면 흡수형 스펙트럼에 분산형 스펙트럼이 섞이게 되어 정량성에 문제를 일으킨다.

2

2.4.5 스펙트럼의 시각

(1) ^{1}H NMR 스펙트럼

^{1}H NMR 해석에서는 다음과 같은 3가지가 중요하다.

- 화학 쉬프트
- 커플링
- 적분 강도

<화학 쉬프트>

화학 쉬프트는 두 가지 요소로 결정된다. 한쪽은 전자 밀도이고, 다른 쪽은 자기적 이방성 효과이다. 어떤 ^{1}H 핵이 외부 자기장에 놓이면 근처에 있는 전자가 외부 자기장을 상쇄하는 자기장을 생성한다(그림 2.12). 이를 차폐 효과라고 한다. 이 차폐 효과의 대소에 따라 ^{1}H 핵이 실제로 느끼는 자기장 강도가 변화한다. 그 결과 공명 주파수도 변화하여 화학 쉬프트의 차이로 관측된다. 구체적으로는 전기 음성도가 높은 원소(산소나 할로겐 등)이 결합된 탄소상의 ^{1}H 핵은 차폐효과가 작아지기 때문에 고주파수측(저자기장측)으로 쉬프트한다.

> 저자기장·고자기장 화학 쉬프트가 큰 쪽을 저자기장, 작은 것을 고자기장이라고 한다. 이것은 FT-NMR 이전에 보급되어 있던 자기장 소인형 연속파(continuous wave: CW) NMR을 사용하던 시절의 잔재이다. 그 때문에 FT-NMR에서는 고주파수·저주파수라는 용어가 실제 현상을 정확하게 나타내지만, 저자기장·고자기장이라는 용어도 관례로 사용되고 있다.

알켄이나 벤젠 고리 같은 이중 결합을 포함한 작용기는 평면 구조를 하고 있다. 이중 결합은 σ결합과 π결합으로부터 되지만, σ전자에 비해서 전자는 움직이기 쉽다. 그래서 전자가 환상 전류를 발생하고 외부 자기장을 상쇄시키는 유도 자기장을 만들고 평면 구조의 상하에 있는 원자핵은 강한 차폐 효과를 받는다. 그러나 알켄이나 벤젠 고리에 결합한 ^{1}H 핵의 위치에서는 유도 자기장과 외부 자기장의 방향이 일치한다(반 차폐 효과). 그래서, 실제로 느끼는 자기장 강도가 높아지고 고주파수 측(저자장측)으로 전환한다(그림 2.12). 특히 평면 육원환인 벤젠 고리의 환상 전류 효과는 강하고, 큰 고주파수 측(저자장 측)으로 쉬프트한다. 유도 자기장의 영향이 평면 내로 평면의 상하로 다르므로, 이들을 자기적 이방성 효과라고 한다. 이상의 두 가지 효과 외에도 입체 구조 등의 분자 구조나 용매·온도·농도 등의 측정 조건에 따라 화학 쉬프트가 변화한다. 그러나 화학 구조와 화학 쉬프트 사이에는 대략적인 상관관계가 있으므로 화학 쉬프트를 알면 골격 구조의 개요를 잡을 수 있다(그림 2.13).

<커플링>

^{1}H핵은 자기 모멘트 μ을 가지고 작은 자석처럼 생각할 수 있다. 그래서 어떤 ^{1}H핵에 인접한 ^{1}H핵이 α-스핀일 때와 β-스핀일 때 실제로 느끼는 자기장 강도가 변화하여 2개

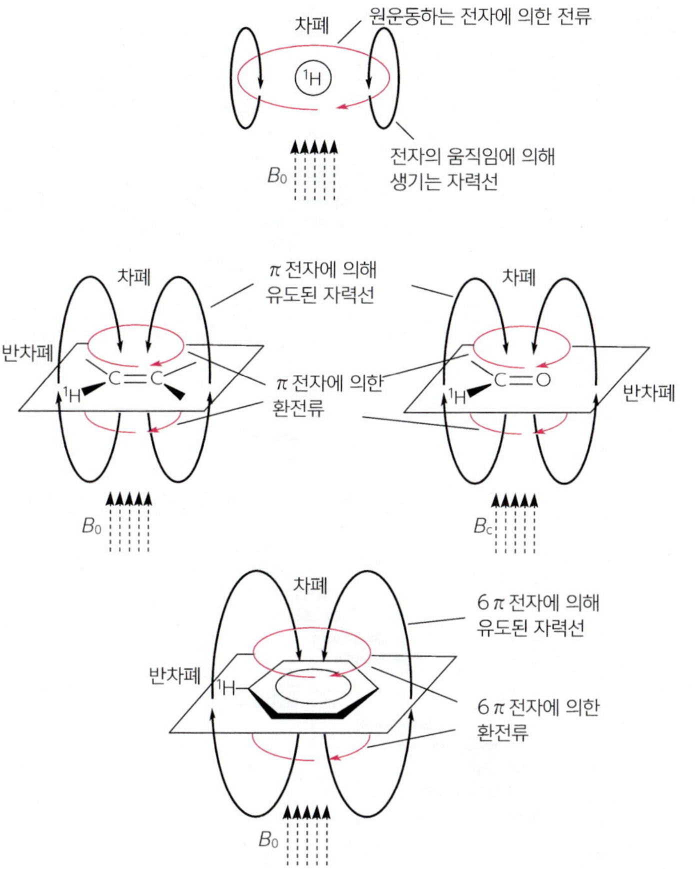

그림 2.12 전자에 의한 차폐 및 반차폐 효과

로 분열한다. 이를 스핀-스핀 결합 또는 스핀 결합이라고 한다.

분열의 간격은 외부 자기장 강도에 의존하지 않는다. 그러므로 Hz 단위로 표현된다. 이것을 스핀 결합 상수 또는 커플링 상수라고 하며, ^{n}J로 표현된다. n은 스핀 결합하고 있는 두 스핀 사이를 연결하는 결합의 수이다. 스핀 결합 스핀의 집단을 스핀계라고 한다. 스핀계를 구별하기 위해 다음과 같은 명명법이 있다[2].

- 다른 스핀에는 다른 알파벳(대문자)을 맞추었다(예를 들어 A와 M, X 등).
- 화학 쉬프트가 가까운 경우는 가까운 알파벳(예를 들면 AB), 떨어져 있는 경우는 떨어진 알파벳(예를 들면 AX)을 사용한다.
- 자기적으로 동등한 스핀은 같은 알파벳으로 나타내고, 그 수를 아래 달린 숫자로 나타낸다(예를 들어 A_2B_2나 A_2X).
- 3종류 혹은 그 이상의 스핀 종류가 있는 경우는 알파벳을 적당히 떼어 사용한다(예

2

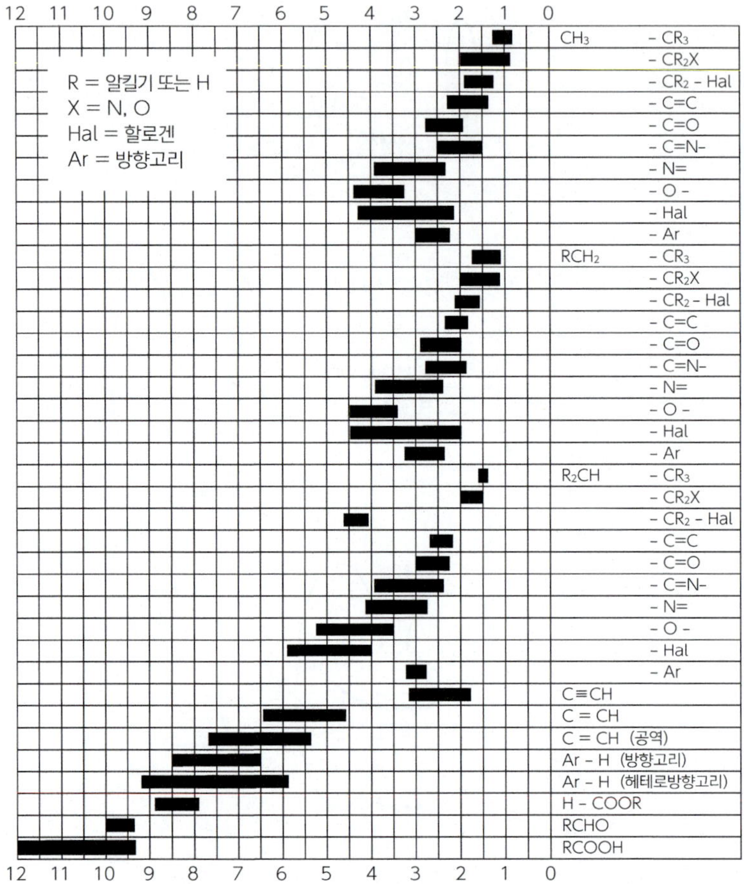

그림 2.13 화학구조와 ^{1}H 화학 쉬프트와의 관계[2)]

를 들어 ABX나 A_2MX_2).

- 화학적으로는 등가이지만 자기적으로 비등가인 스핀에 대해서는 알파벳 쪽에 「'」를 붙인다(예를 들어 AA'B'나 AA'X).

몇 가지 스핀 시스템에 대한 구체적인 예는 다음과 같다.

AX 스핀계: 스핀 결합 상수(J_{AX})

A와 X의 시그널이 각각 두 개로 분열된다(그림 2.14) 스핀 결합 상수는 어느 시그널이든 동일해진다. 각 시그널의 화학 쉬프트는 두 개로 분열된 시그널의 중심이 된다.

AMX 스핀계: 스핀 결합 상수($J_{AX} > J_{AM}$)

A는 M과 X 모두와 스핀 결합하고 있지만, M과 X는 스핀 결합하지 않은 경우를 생각한다. M과 X의 시그널은 A와의 스핀 결합에 의해 각각 2개로 분열된다.

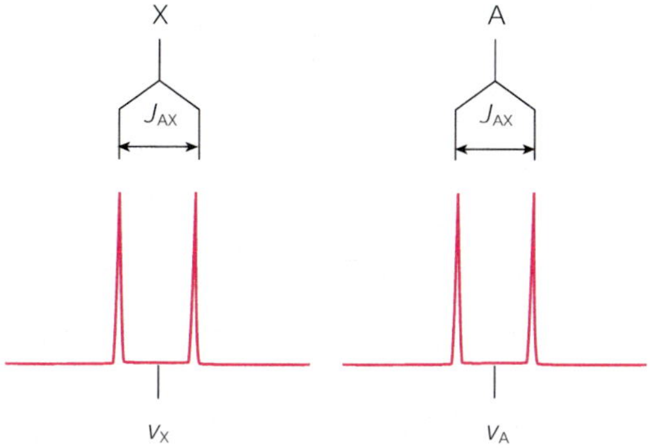

그림 2.14 AX 스핀계 스펙트럼의 모식도[2)]

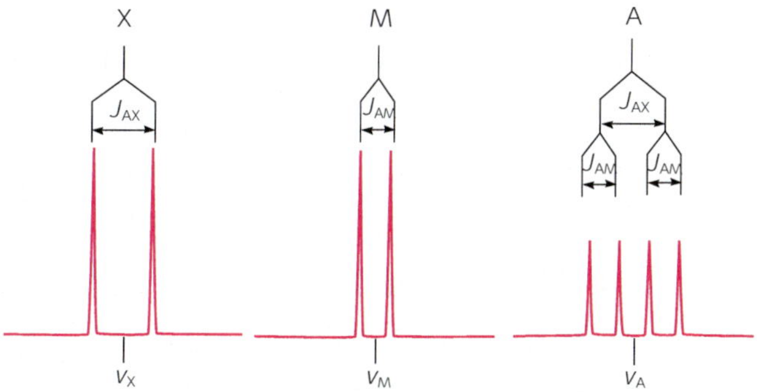

그림 2.15 AMX 스핀계 스펙트럼의 모식도[2)]

A의 시그널은 X와의 스핀 결합에 의해서 2개로 분열되고, M과의 스핀 결합에 의해서 더욱 분열을 한다. 결과적으로 4개로 분열한다(그림 2.15). 각각의 시그널의 화학 쉬프트는 분열된 시그널의 중심이 된다.

AX_2 스핀계: 스핀 결합 상수(J_{AX})

AMX 스핀계에서도 $J_{AX} = J_{AM}$이 되면 AX_2 스핀계가 된다. A의 시그널은 같은 스핀 결합 상수로 2회 분열하게 되고, 4개가 되는 시그널 중 2개가 같은 장소에 나타나므로 1:2:1의 강도비로 3개로 분열된다(그림 2.16). 각각의 시그널의 화학 쉬프트는 분열된 시그널의 중심이 된다.

인접한 n개의 스핀과 커플링하는 경우는 AX_n 스핀계가 되고, $(n+1)$개로 분열한다. 다중선을 구성하는 피크의 상대 강도는 파스칼의 삼각형으로 나타난다(표 2.3). 단, AX의 화학 쉬프트 차이가 작아지면 루프 효과에 따라 상대 강도가 달라진다[3)].

스핀 결합은 결합 전자를 통해 전달되는 상호작용이다. 그러므로 두 스핀 사이의 결합 수가 늘어나면 스핀 결합 상수는 작아지는 경향이 있다. 또한 전자 밀도가 높은 이중 결합 등에서는 상호작용이 강해지므로 다중 결합을 통해 스핀 결합 상수는 커지는 경

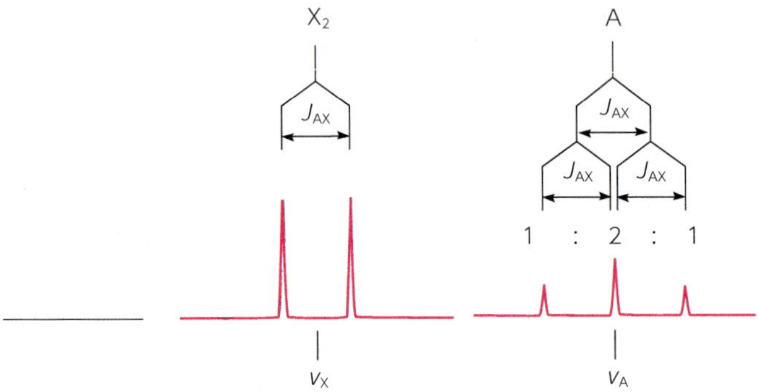

그림 2.16 AX_2 스핀계 스펙트럼의 모식도[2)]

표 2.3 AX_n 스핀계의 A 시그널 패턴

인접하는 스핀의 수	선의 개수 (시그널 다중도)	피크의 상대 강도
0	1 (singlet)	1
1	2 (doublet)	1:1
2	3 (triplet)	1:2:1
3	4 (quarter, quadruplet)	1:3:3:1
4	5 (quintet, quintuplet)	1:4:6:4:1
5	6 (sextet)	1:5:10:10:5:1
6	7 (septet)	1:6:15:20:15:6:1

향이 있다.

제미날 스핀 결합 상수: $^2J_{HH}$

많은 화합물에서 볼 수 있는 스핀 결합으로, 아래에 나타낸 바와 같이 음의 값을 취하는 경우가 많다, 결합각이나 근방의 원자의 종류 등에 따라 크게 변동한다.

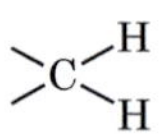 −20∼−10Hz 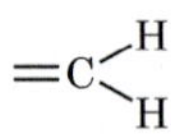 −3∼+7Hz

비시널 스핀 결합 상수: $^3J_{HH}$

유기화합물의 구조나 입체화학의 해석에 도움이 되는 스핀결합으로 아래에 나타낸 바와 같이 양의 값을 취한다. C–C 결합의 결합길이나 H–C–C의 결합각, H–C–H의 이면각에 의존하여 크게 변동한다. 특히 C–C 단결합을 통한 ^3J를 이면각 중의 함수로 하는 카플러스의 식($^3J = A\cos^2\phi + B\cos\phi + C$)은 회전의 고정된 계통의 입체구조 결정에 널리 이용되고 있다(그림 2.17). 단, 구체적인 수치는 상수항에 따라 변동하므로 대략적인 경향을 나타내는 것으로 취급하는 것이 좋다[2)].

루프 효과 AB와 AX 스핀 시스템에서 각각 두 개로 분열된 신호의 세기는 같을 것이다. 이러한 스펙트럼을 1차 스펙트럼이라고 한다. 실제로는 루프 효과로 인해 양단 시그널의 상대 강도가 약간 작아진다. A와 B(또는 A와 X)의 화학 쉬프트 차이 Δv를 Hz의 단위로 나타낸 것을 스핀 결합 상수 J(Hz)로 나눈 값이 작아지면 대칭성이 깨진 스펙트럼을 얻을 수 있다. 이러한 스펙트럼을 2차 스펙트럼이라고 한다. 2차 스펙트럼의 경우 그 화학 쉬프트는 2개의 시그널의 중심이 된다. 특히 $\Delta v/J = 2$에서는 2종류의 doublet인지 1종류의 quartet인지 판별하기 어렵다. 이러한 경우에는 용매 등을 바꾸어 측정하거나 자기장 강도를 바꾸어 측정하면 판별할 수 있다(외부 자기장 강도가 높아질수록 Δv(Hz)는 커지므로 루프 효과에 의한 영향은 작아진다).

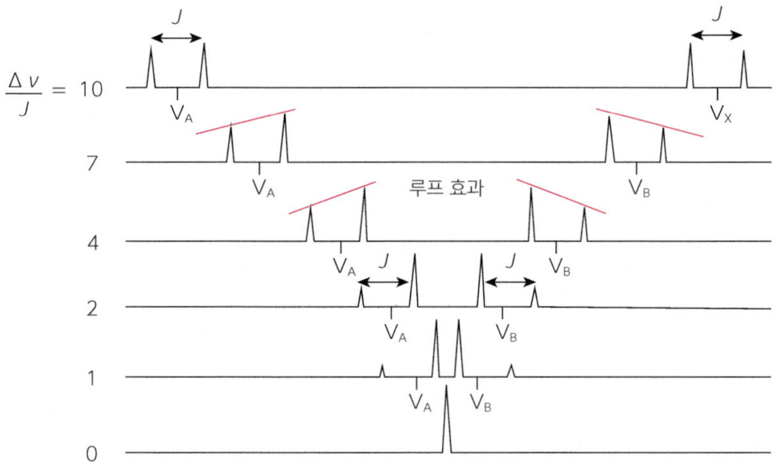

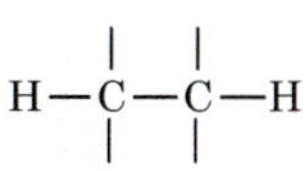 5~10Hz 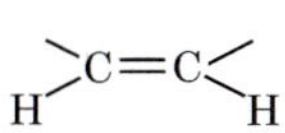 3~18Hz 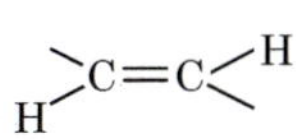 12~24Hz

원격 커플링

결합 4개 이상을 분리한 스핀 결합 상수는 1 Hz보다 작기 때문에 관측되지 않는 경우가 많다. 이환 또는 다환계 화합물에서는 분자 구조에 의해 W형 배좌에 고정되거나 다중 결합을 통해 관측될 수 있다.

^{13}C와의 커플링

천연 존재비 1.1%인 ^{13}C 핵에 결합한 ^{1}H 핵은 $^{1}J_{CH}$에서 2개로 분열한다. ^{12}C핵에 결합한 ^{1}H핵의 시그널 양 옆에 1/200의 강도로 관측되어 ^{13}C 위성이라고 불린다. 탄소의 혼성 상태에 따라 $^{1}J_{CH}$ 값이 상당히 변화한다(125~200 Hz).

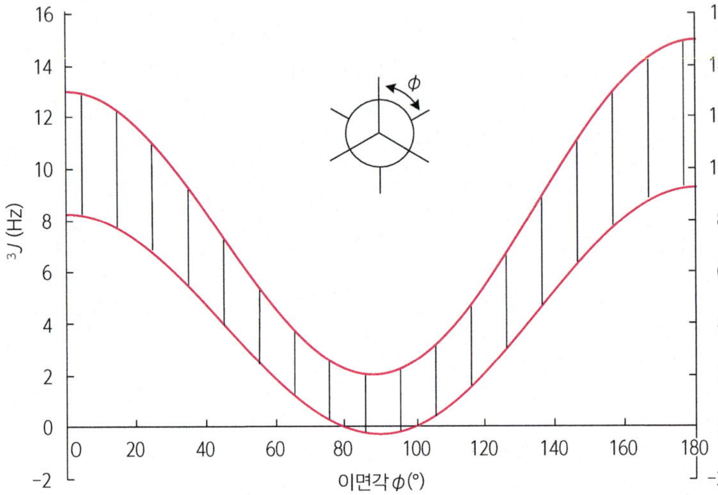

그림 2.17 ^3J와 이면각 와의 관계[3)]

<적분강도>

각 시그널의 면적비는 각각의 ^{1}H핵의 존재비에 대응하고 있다. 면적은 적분강도로서 구할 수 있다. 반값 폭의 5배 범위를 적분하면, 정확하게 정량할 수 있다. 실제로는 시그널끼리 가까이 있어서 반값 폭의 5배 범위를 적분하기가 어렵기 때문에 스펙트럼의 형상에 따라 적분범위를 결정한다. 단, 반값폭에 대해 2배의 범위를 적분한 것과 5배의 범위를 적분한 것을 비교하면 정량성이 저하된다. 또, 정확한 값을 얻기 위해서는 기준선을 잡는 방법과 위상이 중요하다.

물이나 알코올, 카르복실산, 아미드 등의 활성수소의 시그널은 브로드닝한다. 그러므로 적분강도 기준에 이용하는 것은 피해야 한다. 활성수소의 신호인지 아닌지를 판단하기 위해서는 온도를 바꾸어 측정하면 된다. 활성수소의 시그널의 경우 온도를 높이면 수소결합이 약해지고 저주파수측(고자기장측)으로 시프트되므로 판별이 용이하다.

(2) ^{13}C NMR 스펙트럼

^{13}C NMR 해석에서는 다음 두 가지가 중요하다.

- 화학 시프트
- 시그널의 수

<화학 시프트>

화학 시프트가 결정되는 요소는 ^{1}H NMR과 기본적으로 동일하다. 다만 화학 시프트의 범위가 20배 정도 넓다. 게다가 제4급 탄소나 카르보닐 탄소와 같은 ^{1}H NMR에서는 관측되지 않는 ^{13}C 핵의 시그널도 관측되므로 화학 시프트에 의해 골격 구조의 개요를 더욱 상세하게 알 수 있다(그림 2.18).

스핀 결합 정수 부호[3] 스핀 결합 정수는 음의 값을 취하기도 한다. 예를 들어, A와 X의 두 스핀을 생각한다. 외부 자기장에 의해 각각 제만 분열을 일으켜 네 개의 에너지 준위로 나뉜다. $J_{AX} = 0$이면 A와 X의 분열에 상대방의 스핀 상태(α-스핀 혹은 β-스핀)는 상관없다. 그러나 스핀 결합이 있는 경우에는 상대방의 스핀 상태에 따라 분열의 크기가 변화한다. A가 α-스핀일 때 X의 분열이 작아질 때에는 J를 양의 값으로 나타내고 커질 때의 J를 음의 값으로 나타낸다. 다만, J의 음이 스펙트럼의 외관에 영향을 미치지는 않는다.

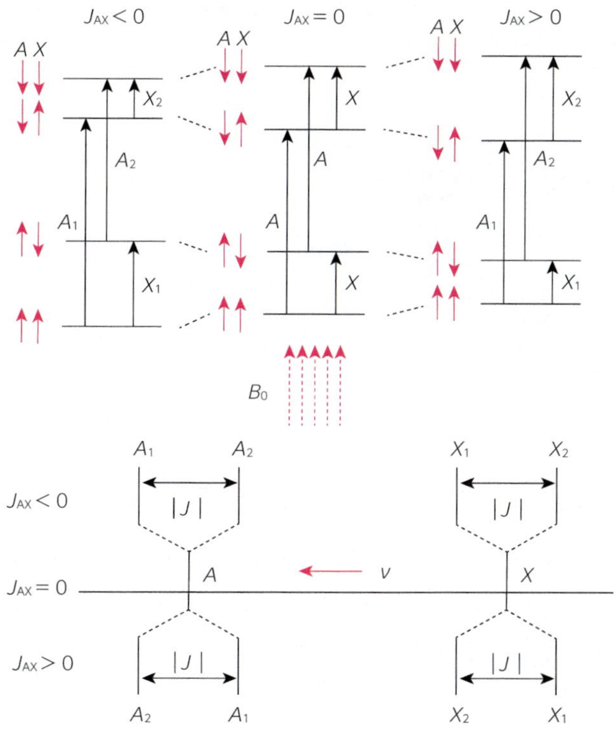

<시그널의 수>

^{13}C 핵의 감도는 ^{1}H 핵의 1/6000밖에 되지 않는다(표 2.1). 그러므로 인접한 ^{1}H와의 커플링에 의해 시그널이 분열되면 S/N비가 더욱 저하된다. 일반적으로는 ^{1}H 핵을 광대역 디커플링함으로써 시그널을 단순화하고 있다. 따라서 자기적 환경이 다른 ^{13}C 핵의 수만큼 시그널이 관측된다.

<^{1}H NMR 해석과의 차이 >

^{13}C NMR에서는 ^{1}H 핵의 공명 주파수를 계속 조사하여 α-스핀과 β-스핀의 구별이

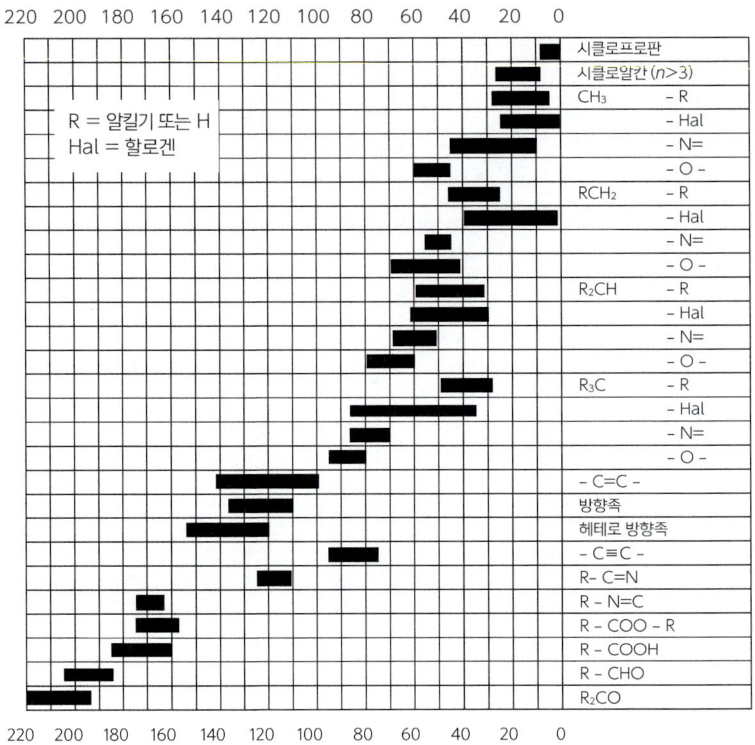

그림 2.18 화학구조와 ^{13}C 화학 쉬프트와의 관계[2)]

되지 않도록 디커플링하고 있다. 따라서 NOE에 의한 시그널 강도의 증대가 일어난다. ^{13}C 핵의 급수나 측정조건 등에 따라 NOE의 크기가 변하므로 시그널간의 정량성은 없어진다. 또, 디커플링하면 시그널이 1개가 되므로, ^{13}C 핵의 급수 정보가 없어져 버린다. ^{13}C NMR에서 급수 정보를 얻는 측정 방법은 여러 가지가 있는데, DEPT 측정이 가장 자주 사용된다.

2.4.6 2차원 NMR

싱글 펄스 실험에서는 수평축(x축)을 주파수(화학적 이동)로 세로축(y축)을 강도의 스펙트럼을 얻을 수 있다(1차원 NMR 스펙트럼), 멀티 펄스 실험에서는 펄스의 편성에 의해서, 가로축과 세로축이 주파수로, x-y평면에 수직인 방향이 강도를 나타내는 스펙트럼을 얻을 수 있다. 이러한 스펙트럼을 2차원 NMR 스펙트럼이라고 한다. 세로축의 종류에 따라 크게 2가지로 분류된다, 세로축이 스핀 결합 상수의 것은 2차원 J분해 스펙트럼(Jresolved spectrum)으로 불리며, 두축 모두 화학적 이동의 것은 2차원(전환) 상관 스펙트럼(correlation spectrum)라고 부른다. 역사적으로는 J분해 스펙트럼이 먼저 개발되었지만, 현재는 상관 스펙트럼이 이용되는 경우가 많고 특히 ^{1}H–^{1}H 및 ^{1}H–^{13}C

DEPT distortionless enhancement by polarization transfer의 약자로 분극 이동을 이용한 측정법 중 하나. 가장 간단한 NMR 실험에서는 rf 펄스를 조사하여 바로 데이터를 취입하지만(싱글 펄스), DEPT에서는 여러 rf 펄스를 조사한다(멀티 펄스). ^{1}H핵과의 스핀 결합을 이용한 측정법이므로 4급인 ^{13}C핵의 신호는 나타나지 않는다. 일반적으로 분극 이동에 이용하는 플립각을 45°(DEPT45), 90°(DEPT90), 135°(DEPT135)로 바꾸어 측정한다. 각각의 측정에서 관측되는 ^{13}C 핵의 종류나 시그널의 부호가 바뀌면서 급수 정보를 얻을 수 있다.

DEPT에서 관측되는 ^{13}C핵의 급수와 부호

	CH	CH_2	CH_3
DEPT45	+	+	+
DEPT90	+	0	0
DEPT135	+	–	+

부호는 신호의 방향을 나타내고 0은 신호가 나타나지 않음을 나타낸다.

화학 쉬프트 상관 스펙트럼이 자주 사용된다.

2차원 NMR 실험의 개략도를 그림 2.19에 나타낸다. 싱글 펄스 실험에서는 준비기(preparation)와 검출기에만 있지만, 이차원 NMR 실험에서는 그 사이에 전개기(evolution)과 혼합기(mixing)가 들어간다. 준비기와 혼합기는 하나 또는 복수의 펄스와 대기시간에 의해서 구성되어 실험을 목적에 따라 그 내용이 바뀐다.

^{1}H–^{1}H 간 쉬프트 상관 관계를 구하는 방법인 H–H COSY(correlation spectroscopy)의 펄스 시퀀스를 사용하여 구체적으로 설명한다. 전개기의 시변수 t_1을 규칙적으로 변화시키면서 측정을 실시하면, 치의 함수로서 변조된 FID(시변 수 t_2의 함수)이 얻을 수 있다. 우선 t_1에 관해서 FT를 실시하는 수평축(축)이 주파수 축에서 세로축이 시간축(t_1축)의 스펙트럼을 얻고, 게다가 치에 관해서 FT를 실시하는 수평축(f_2축)도 세로축(f_1축)도 주파수 축으로 된 2차원 스펙트럼을 얻을 수 있다(그림 2.20).

실제 2차원 NMR 스펙트럼은 그림 2.21과 같이 가로축과 세로축이 1차원 스펙트럼인 등고선도로 나타난다. 대각선상의 신호를 대각신호(diagonal peak)라고 부르고, 대각선을 벗어난 곳에 나타나는 신호를 상관신호(correlation peak) 또는 교차신호(cross peak)라고 부른다(그림 2.21). A와 M 사이 및 M과 X 사이에 상관신호가 관측됨에 따

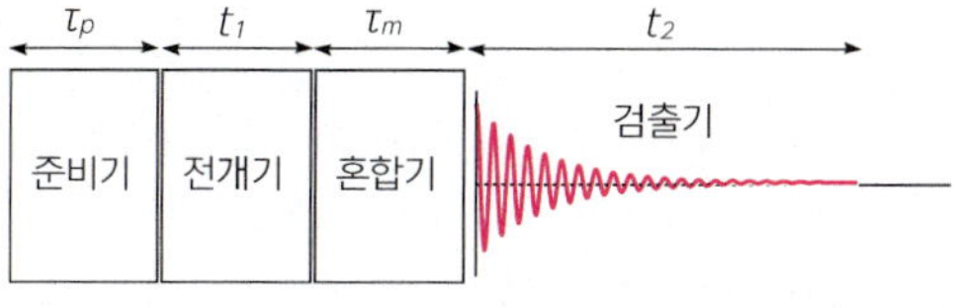

그림 2.19 2차원 NMR 실험의 펄스 시퀀스 개략도

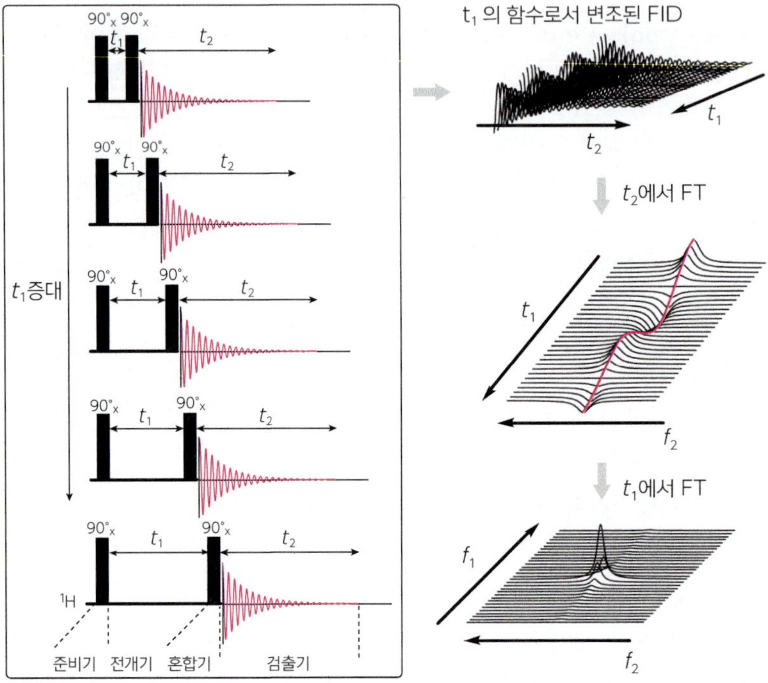

그림 2.20 H–H COSY 실험 모델도

라 M은 A와 X 사이에 스핀 결합되어 있으나, A와 X 사이에는 스핀 결합이 없음을 알 수 있다.

H–H COSY의 두번째 90°펄스의 전후에 0.1~0.4 s 정도의 지연 시간 Δ을 넣으면, 원격 커플링에 의한 상관 피크를 검출할 수 있다(원격 H–H COSY). 또, H–C COSY 측정을 실시하면 ^{1}H 핵과 ^{13}C핵 사이의 커플링에 의한 상관을 검출할 수 있다. 최근의 장치에서 직접 결합한 ^{1}H 핵과 ^{13}C핵 사이의 커플링을 ^{1}H 핵으로 검출하는 HMQC (heteronuclear multiple quantum coherence)과 결합 2개 내지 3개를 사이에 둔 ^{1}H 핵과 ^{13}C핵 사이의 커플링을 ^{1}H 핵으로 검출하는 HMBC(heteronuclear multiple bond correlation) 등의 인버스 측정이 간편하게 할 수 있게 되었다. 인버스 측정에서는 ^{12}C로 결합한 ^{1}H 핵에서 유래한 노이즈(t_1 노이즈)의 소거가 문제가 되는데, 펄스 자기장 구배(pulsed field gradient: PFG)를 이용함으로써 제거할 수 있다.

쌍극자 커플링의 NOE를 검출에 이용하면 NOESY(nuclear Overhauser enhanced spectroscopy) 측정을 할 수 있다. 공간적으로 가까운 ^{1}H 핵 사이에서 상관피크가 관측되므로 입체화학의 해석에 유용하다. 또한 PFG를 이용하면 용질의 확산계수로 시그널을 분리하는 DOSY(diffusion-ordered spectroscopy) 측정을 할 수 있다. 또한, 2차원 NMR과 같은 멀티 펄스 측정에서는 90°펄스나 180°펄스를 여러 차례 조사하므로 측정 전에 90°펄스의 정확한 펄스폭을 구해 둘 필요가 있다(2.5.2항 참조).

2.5 고체 NMR

2.5.1 고체 상태와 용액 상태의 차이

고체 고분해능 NMR 스펙트럼을 측정하기 위해서는 고체용 프로브, 시료관을 매직각에서 고속으로 회전한다(Magic-Angle Spinning: MAS)를 위한 에어 컨트롤러, 고출력 라디오파 조사용 고출력 앰프가 필요하다. 고체 NMR법에서 사용하는 시료관은 지르코니아제(ZrO_2, 세토물과 동일)의 몸체(슬리브) 위아래에 Vespel®나 Toron®와 같은 폴리아미드이미드계, 혹은 테프론®계의 폴리머로 덮는 형식의 시료관을 이용한다.

NMR 스펙트럼에 나타나는 상호작용 중 $I = 1/2$ 핵종의 스펙트럼 형상에 영향을 미치는 것은 화학 쉬프트, 동종핵 및 이종핵간의 스핀 결합, 쌍극자-쌍극자 상호작용이다, 용액 NMR 스펙트럼에서는 화학 쉬프트 항이 평균화되어 등방화학 쉬프트가 되고 스핀 결합(수 Hz~200 Hz 정도)이 출현한다(2.4.5항) 고체 시료에서는 용액 상태에서 관

고체 NMR 측정용 프로브와 회전자 A: 고체 NMR용 프로브(phenix사: http://phoenixnmr.com/)와 프로브 내부의 예(Doty Scientific사: http://dotynmr.com/). B: 고체 NMR용 시료관(Agilent사, Bruker사, JEOL사제 로터의 일부). 현재 시판되고 있는 로터 직경은 8 mmϕ에서 0.75 mmϕ까지 다종다용. 반고체 시료용으로 고무제의 실링(O링 고무)이 되어 있는 스페이서도 시판되고 있다. 로터 직경이 가늘어지면 고속으로 회전할 수 있지만 시료량이 적어지므로 절대 감도는 떨어진다. 다만 시료 충전율의 향상, 고속 MAS에 의한 쌍극자 상호작용의 제거 효과로 ^1H 핵 등에서는 S/N비는 반대로 향상된다.

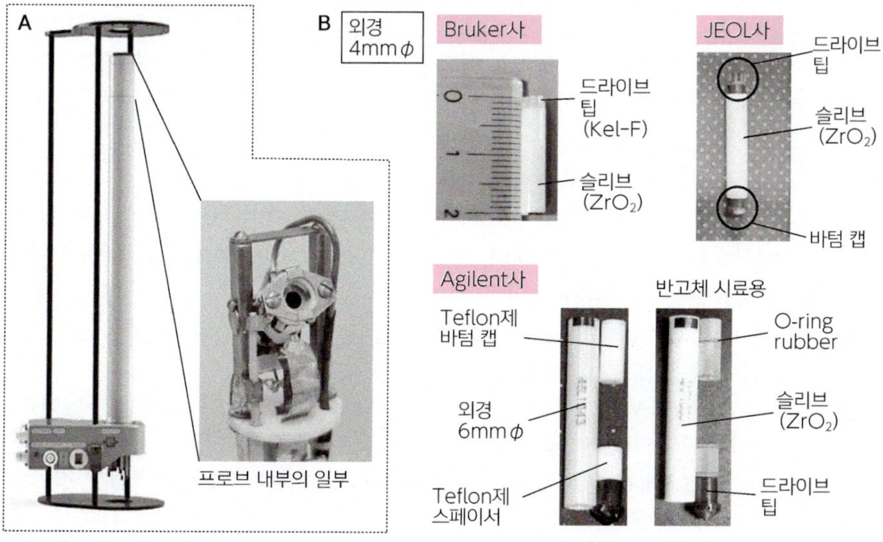

2

시료를 채우는 방법과 시료 온도

- 시료를 미세하게 하여 로터 내에 균형있게 봉입한다.
- 5 kHz 정도로 안정적으로 회전하지 않을 경우에는 다시 반복한다.
- 점성이 있는 고체 등으로 넣기 어려운 경우는 액체 N_2 등으로 냉각하여 로터 내에 넣는다.
- 도전성 재료 등 라디칼이 존재하는 시료는 측정 핵종을 포함하지 않는 염(KBr 등)으로 희석한다(자기장 안에서 고속 회전함에 의한 전류 발생을 억제하고 발열시키지 않기 위해서).
- 시료가 느끼는 온도는 회전하는 로터와 에어의 마찰열에 의해 상승한다(2.5.3항의 (5) 참조).
- 로터에서 시료를 꺼낼 때는 뚜껑이 슬리브와 딱 들어맞기 때문에 액체 N_2로 뚜껑 부분을 냉각하면 분리하기 쉽다.

락과 심에 대하여 통상의 고체 NMR법에서는 락은 하지 않는다(프로브에 락용 회로가 없다). 고분해능화하더라도 피크의 선폭이 *J*결합보다 훨씬 크고, 더욱이 초전도 자기장의 드리프트보다 선폭이 크기 때문이다. 따라서 심도 통상은 납입시의 디폴트값으로 충분하다.

측되는 상호작용 외에 거대한 쌍극자–쌍극자 상호작용(수 십~수 백 kHZ 상호작용이라고 기술)이 존재하여 고분해능 스펙트럼의 관측을 어렵게 한다. 게다가 화학 쉬프트 항은 평균화되지 않고 화학 쉬프트 이방성(수 십~수 백 ppm, 즉 자기장 강도에 의존)이 폭넓은 상호작용으로 표면화된다. 따라서 고체 고분해능 NMR 스펙트럼의 실현에는 화학 쉬프트 이방성을 등방화학 쉬프트로 변환하여 거대한 동종핵 및 이종 핵 간의 쌍극자 상호작용을 제거하거나 감소시키는 연구가 필요하다.

2.5.2 펄스폭 조정과 조사파워

펄스폭 조정과 조사파워의 관계를 알아 두는 것은 중요하다. 그림 2.22(a)에 펄스 파워가 다른 2종류의 90°펄스를 나타낸다. 펄스 파워(출력)가 약하면 자화를 90° 떨어뜨리는 시간(펄스폭)이 길어질 뿐만 아니라 여기할 수 있는 주파수의 범위가 좁아진다. 펄스를 구성하는 rf(관측 주파수로 진동하고 있다)를 푸리에 변환하여 주파수 축으로 변환하고 여기할 수 있는 범위를 그림 2.22(b)에 나타낸다.

일반적으로 용액 ^{1}H NMR법에서는 10 μs 정도의 90° 펄스폭이 이용되고 있다(그림 중의 파선) 용액 NMR 스펙트럼에서 관측되는 스펙트럼 폭(주파수 단위)은 500 MHz의 장치로 ^{1}H가 약 ±2.5 kHz (10 ppm = 5 kHz) 이다. 그림에서 10 μs의 90° 펄스폭으로 5 kHz의 스펙트럼 폭을 거의 100%의 효율로 여기할 수 있는 것을 안다. 한편 ^{13}C의 신호는 500 MHz의 장치에서 약 ±12.5 kHz (200 ppm = 25 kHz)로 관측되므로 가장

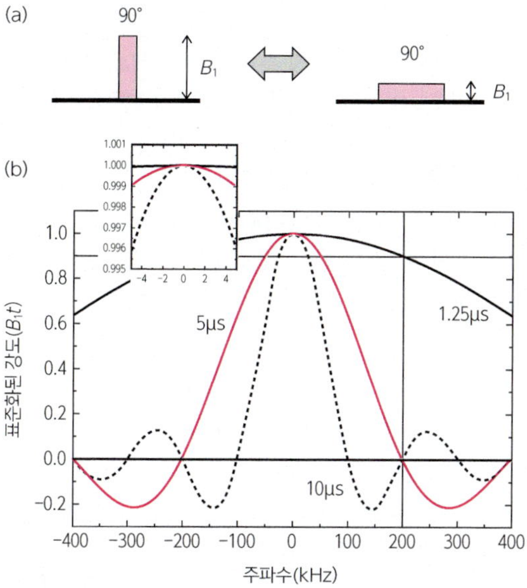

그림 2.22 (a) 두 종류 펄스폭과 파워의 비교. 모두 같은 면적. (b) 펄스의 길이와 여기할 수 있는 주파수 영역의 관계

자리 부분에서 먼저 여기 효율은 떨어진다. 고체 NMR법에서는 상호작용이 크고 스펙트럼 폭이 넓어지므로, 폭이 짧고 강한 펄스를 필요한다. 예를 들어 1.25 μs의 펄스 폭 여기 효율은 ±200 kHz의 주파수 범위에서 90% 이상으로 광범위하다.

90°펄스길이(펄스폭)를 설정하기 위해 강도(B)를 고정하고 길이(t)를 바꾼다. NMR 신호는 z방향에 있는 자화를 x–y 평면으로 쓰러뜨리고, x–y 평면의 투영을 측정하기 때문에(그림 2.4), sin파로 추이한다(그림 2.23) sin 그는 90° 근방이 최대 강도가 되지만, 그 주변의 강도 차이를 판단하기는 어렵다. 그래서 신호가 사라지는 180° 펄스 길이의

펄스의 주파수 성분 관측 주파수 $\upsilon_0 = \omega_0/2\pi$에서 진동하고 있는 펄스 함수 $f(t)$는

$$f(t) = B_1 \cdot \exp(2\pi i \nu_0 t) = B_1 \cdot (\cos(2\pi i \nu_0 t) + i \cdot \sin(2\pi i \nu_0 t))$$

여기서 B_1는 펄스의 세기를 나타내고, $\gamma B_1 = 2\pi\upsilon_1$는 자기회전비) 주파수($F(\upsilon_0)$)는

$$F(\nu_0) = \int_{-\frac{t}{2}}^{\frac{t}{2}} f(t) \cdot \exp(-2\pi i \nu t) = -\frac{B_1}{2\pi(\nu-\nu_0)} \times \left[e^{-\pi(\nu-\nu_0)t} - e^{\pi(\nu-\nu_0)t}\right]$$

$$= B_1 t \cdot \frac{\sin(x)}{x}$$

$x = \pi(\upsilon - \upsilon_0) \cdot t$이며 펄스의 중간 지점을 $t = 0$이라고 하고 있다. $\sin(x)/x$를 sinc 함수라고 하며, 그림 2.22(b)의 곡선 형태를 나타낸다.

조사 파워　펄스 강도는 일반적으로 주파수(ν_1) 단위(Hz)로 표시된다. 1.25 μs의 펄스폭에서 딱 90° 펄스였다면, $\theta_t = \omega_1 t = \gamma B_1 t = 2\pi\upsilon_1 t$ (등속 원운)동의 관계)로부터,

$$\nu_1 = \frac{\theta_t}{2\pi\cdot t} = \frac{\pi/2}{2\pi\times 1.25} \times 10^6\ \mathrm{s^{-1}} = \frac{1/4}{1.25} \times 10^6\ \mathrm{Hz} = \frac{250}{1.25}\ \mathrm{kHz} = 200\ \mathrm{kHz}$$

가 된다. 이 값은 여기 효율이 정확히 0.9(90%)일 때의 주파수와 같다(그림 2.22). 논문 등에서는 ^{1}H 디커플링의 펄스 조사 파워가 200 kHz로 기재되어 있는 경우가 많다. 이 경우 90° 펄스 폭은 1.25 μs로 계산할 수 있다[5)].

데이터점　*TD*에서 설정하는 데이터점에 대해서는 2.4.3항에서 기술하고 있으나, 용액 NMR 신호의 경우는 T_2가 길기 때문에 16 K 또는 32 K와 같이 많은 데이터점을 설정하여 측정한다. 그러나 고체 시료의 NMR 신호는 T_2가 매우 짧기 때문에, FID는 수 십 ms로 감쇠하고 만다. 더욱이 고출력 ^{1}H 디커플링을 행하기 때문에, *TD*는 취입 시간이 길어도 100 ms 정도 이내가 되도록 설정한다. 이때의 데이터점은 2의 제곱으로 할 필요는 없지만, 일반적으로 고속 FT의 알고리즘은 2의 제곱을 요구하기 때문에, FT를 실행할 때의 데이터 점수는 제로 필링을 행하여 2의 제곱으로 한다.

절반을 90° 펄스폭으로 한다.

【펄스 폭 설정시 주의점】

① 관측하는 신호를 관측 중심(on resonance)으로 가져온다. 스펙트럼 폭(^{13}C에서 약 200 ppm)은 그대로 둔다.

② 신호를 확대하기 위해 스펙트럼 폭(*SW*)을 좁히면 FID 신호의 도입 시간(*DW* × *TD*)이 길어진다(2.4.3항의 (2) 데이터 점 참조, *SW*가 작아지면 *DW*가 길어진다). 그러면 ^{1}H 측을 고출력 디커플링하고 있는 시간(^{13}C FID의 도입 시간)이 길어지므로 프로브

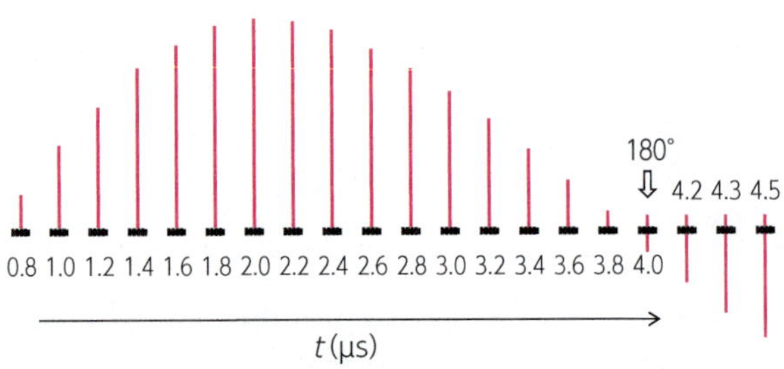

그림 2.23　펄스의 세기(B_1)을 일정하게 하여 펄스폭을 변경했을 때의 신호 변화

를 망가뜨릴 수 있다. 또한 고체 NMR의 FID는 T_2가 극단적으로 짧기 때문에 *TD*는 500~1000점 정도면 충분하다.

2.5.3 고체 CNMR 스펙트럼의 고분해능화와 고감도화

그림 2.24에서 측정 기법을 바꾸었을 때의 고체 ^{13}C NMR 스펙트럼의 차이를 나타낸 관측된 스펙트럼은 다음과 같다.

(a) ^{13}C NMR 방법과 동일한 조건에서 측정했을 때 NMR 신호는 관측되지 않는다.
(b) 교차 분극(Cross Polarization: CP)법을 이용하여 ^{1}H 핵의 자화를 ^{13}C 핵으로 분극한 경우, 감도는 약 4배가 되지만, 광범위하고 평범한 신호만 관측된다.
(c) (b)상태에서 ^{13}C의 FID 도입 중에 고출력 ^{1}H 디커플링을 수행할 경우 ^{1}H–^{13}C 쌍극자 상호작용을 어느 정도 디커플링할 수 있기 때문에 ^{13}C 핵의 화학 쉬프트 이방성이 남은 스펙트럼이 관측된다.
(d) (c) 상태에서 MAS 회전을 하여 측정된 스펙트럼. 화학 쉬프트 이방성이 등방화학 쉬프트 값이 되므로 분해능은 극적으로 개선된다.
(e) 동일한 시료의 용액 ^{13}C NMR 스펙트럼. (d)의 스펙트럼과 매우 유사하다.

고체 상태의 거대한 ^{1}H–^{13}C 쌍극자 상호작용과 화학 쉬프트 이방성을 제거한 스펙트럼 d의 분해능은 극적으로 개선되고 있다. 따라서 고감도 및 고분해능화에는 MAS법에 의해 화학 쉬프트 이방성을 등방화학 쉬프트로 변환하고 고출력 ^{1}H 디커플링으로 쌍극자 상호작용을 제거하고 CP법으로 감도를 4배로 증대하는 것이 중요하다.

(1) MAS각 조정

그림 2.12에서 나타낸 바와 같이 화학 쉬프트는 전자에 의한 차폐에 의해 발생하고 있

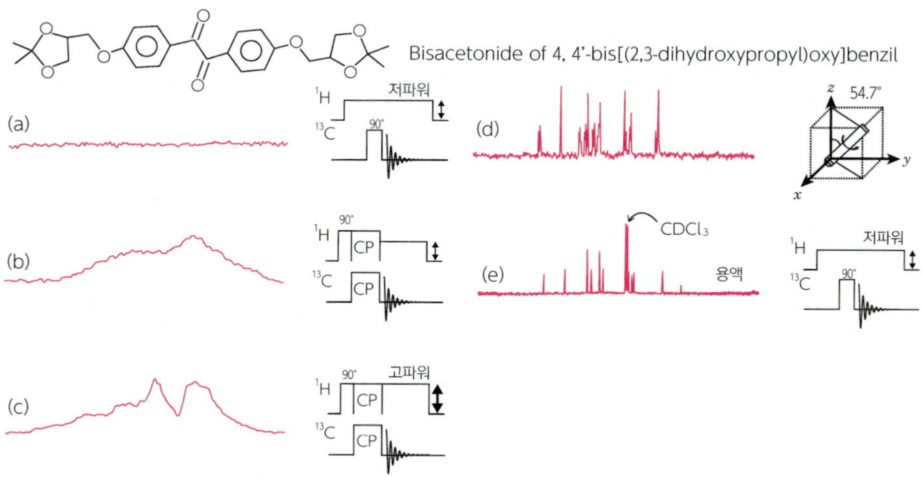

그림 2.24 저분자 유기화합물(그림 중)의 고체 ^{13}C NMR 스펙트럼(a~d)과 용액 ^{13}C NMR 스펙트럼(e)[6]

다. 전자 구름은 구대칭이 아닌 경우가 많은데, 용액 상태라면 전자의 비대칭적인 차폐는 분자의 빠른 운동으로 평균화되기 때문에 방향에 의존하지 않는 스칼라 값 σ로 취급하여 문제가 없다. 그러나 고체 상태에서는 방향에 의존하여 달라지기 때문에 텐서량 σ로 취급할 필요가 있다. 관측되는 화학 쉬프트는 이방적(anisotropic)이 된다. 그림 2.25(a)는 분자 중의 카르보닐기(C = O)의 고체 ^{13}C NMR의 스펙트럼이다. 그림 중의 σ_{ij}은 방향에 의한 존재하는 텐서량의 요소이며, 차폐 상수 σ(그림 2.25(b))는

$$\boldsymbol{\sigma} = \begin{pmatrix} \sigma_{11} & \sigma_{12} & \sigma_{13} \\ \sigma_{21} & \sigma_{22} & \sigma_{23} \\ \sigma_{31} & \sigma_{32} & \sigma_{33} \end{pmatrix} \tag{2.1}$$

로 쓴다 용액 NMR에서는 모든 이방성항(σ_{ij}, $i \neq j$)은 빠른 분자 운동 때문에 0이 되었고, 관측되는 화학적 이동값 σ_{obs}는, $\sigma_{obs} = (\sigma_{11} + \sigma_{22} + \sigma_{33})/3 = \sigma_{iso}$(등방성 화학적 이동값). 그림 2.25(a)에 나타내는 C=O기의 분자 축 좌표(x^m, y^m, z^m)는 오일러각으로 표시되는 회전 행렬을 이용하고, 실험실 좌표계로 변환된다. 실제로 관측되는 화학적 이동값 σ_{zz}(정자 기장 B_0 방향)는

$$\sigma_{zz} = \frac{1}{3}(\sigma_{11} + \sigma_{22} + \sigma_{33}) + \frac{1}{6}(1 - 3\cos^2\beta)(\sigma_{11} + \sigma_{22} + \sigma_{33}) \tag{2.2}$$

이 된다. 각도 β가 $1 - 3\cos^2\beta = 0$을 만족하면 관측되는 화학 쉬프트 값은 등방화학 쉬프트 값 σ_{iso}와 등가가 된다. 이때의 각도를 매직각(Magic Angle, Spinning시키므로 관례적으로 MAS각)이라고 부르며, 매직각으로 회전하면서 측정하는 기법을 MAS법이라고 부른다. MAS각은 $\beta = \cos^{-1}(1/\sqrt{3}) = 54.736°$이다.

실제 스펙트럼 상으로는 MAS 회전수와 화학 쉬프트 이방성 스펙트럼이 간섭함으로써 생기는 인공적인 가짜 피크, 스핀닝 사이드 밴드(spinning side band: SSB)가 관측된다(그림 2.26). SSB는 σ_{iso}로부터 MAS 속도의 정수배(n배)만 떨어진 위치에, 화학 쉬프트 이방성(CSA)이 존재하는 곳까지 관측된다. MAS 속도가 느린 경우에는 SSB가 많이 관측되며, SSB의 강도가 진정한 피크 강도보다 클 수도 있다.

진정한 피크의 화학 쉬프트 값은 MAS 속도를 바꿔도 변하지 않는다. 이를 이용하여,

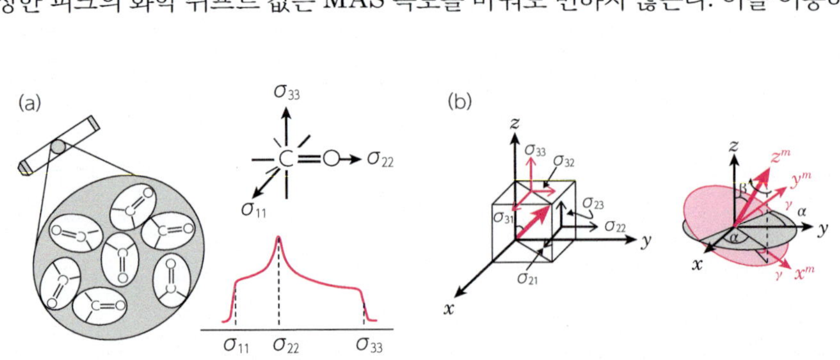

그림 2.25 (a) 카르보닐(C=O)기의 로터 내 모델도와 다이어그램과 차폐 방향 및 화학 쉬프트 이방성이 존재할 때 모델 스펙트럼. (b) 차폐 방향과 MAS각 및 오일러각 좌표

좌표 변환 회전자를 z축에서 오일러각 베타만큼 기울인 z^{m}축 둘레로 고속 회전할 경우 관측되는 실험실계 (x, y, z)의 화학 이동은 회전행렬 R을 이용하여

$$\boldsymbol{\sigma}_{\mathrm{obs}} = \begin{pmatrix} \sigma_{xx} & \sigma_{xy} & \sigma_{xz} \\ \sigma_{yx} & \sigma_{yy} & \sigma_{yz} \\ \sigma_{zx} & \sigma_{zy} & \sigma_{zz} \end{pmatrix} = \mathrm{R}\cdot\boldsymbol{\sigma}\cdot\mathrm{R}^{-1}$$

가 된다. 이 회전행렬은 오일러각을 이용하여

$$\mathrm{R} = \begin{pmatrix} \cos\alpha & \sin\alpha & 0 \\ -\sin\alpha & \cos\alpha & 0 \\ 0 & 0 & 1 \end{pmatrix} \begin{pmatrix} \cos\beta & 0 & -\sin\beta \\ 0 & 1 & 0 \\ \sin\beta & 0 & \cos\beta \end{pmatrix} \begin{pmatrix} \cos\gamma & \sin\gamma & 0 \\ -\sin\gamma & \cos\gamma & 0 \\ 0 & 0 & 1 \end{pmatrix}$$

$$\mathrm{R}^{-1} = \begin{pmatrix} \cos\gamma & -\sin\gamma & 0 \\ \sin\gamma & \cos\gamma & 0 \\ 0 & 0 & 1 \end{pmatrix} \begin{pmatrix} \cos\beta & 0 & \sin\beta \\ 0 & 1 & 0 \\ -\sin\beta & 0 & \cos\beta \end{pmatrix} \begin{pmatrix} \cos\alpha & -\sin\alpha & 0 \\ \sin\alpha & \cos\alpha & 0 \\ 0 & 0 & 1 \end{pmatrix}$$

이며 z^{m}축 둘레의 시간평균

$$\overline{\langle \sin^2\gamma \rangle} = \frac{\int_0^{2\pi} \sin^2\gamma \, d\gamma}{\int_0^{2\pi} d\gamma} = \frac{1}{2} = \overline{\langle \cos^2\gamma \rangle}, \quad \overline{\langle \sin\gamma \rangle} = \overline{\langle \cos\gamma \rangle} = 0$$

을 이용하여 전개한다. 덧붙여 여기서는 분자 좌표축이 오일러의 좌표축과 같다고 가정하고 있기 때문에 식 (2.2)에는 MAS와의 간섭항(SSB항)이 나타나 있지 않다.

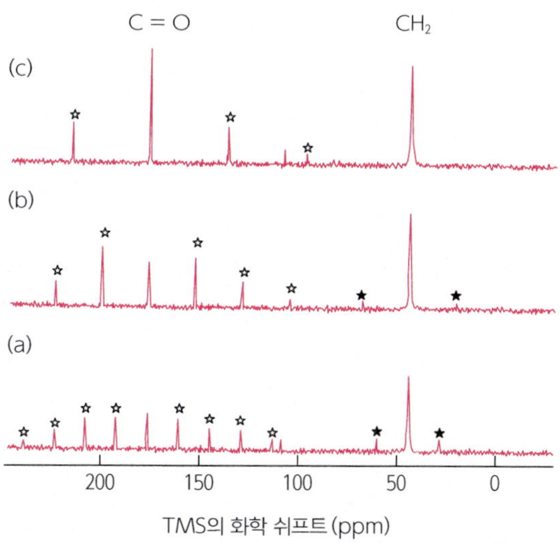

그림 2.26 MAS 속도를 바꾸어 측정한 글리신(H_2NCH_2COOH)의 고체 고분해능 ^{13}C NMR 스펙트럼 MAS 속도는 (a) 3 kHz, (b) 4 kHz, (c) 5 Hz. ☆은 C=O기의 SSB, ★는 CH_2기의 SSB

진정한 피크인지 SSB인지 판단이 미묘한 경우에는 MAS 속도를 바꾸어 스펙트럼을 관측하고 구별한다. 실제 측정에서는 MAS 속도는 적어도 5 kHz 이상의 속도로 설정하는 것이 좋다.

2

MAS각 조절은 SSB를 관측하고 한다. MAS코너에 가까워지자 SSB신호가 많이 출현하다 ^{13}C NMR의 경우에는 관측 주파수가 가까운 ^{79}Br신호를 이용하는 것이 일반적이고, KBr이 널리 사용되고 있다. 그림 2.27에 KBr의 ^{79}Br신호의 FID(a, b)와 FT후의 스펙트럼(c)을 나타낸다. KBr의 Br NMR신호를 관측 중심에 맞춘 FID는 본래라면 지수 함수로 단순히 감쇠하는 곡선으로서 관측된다. SSB가 존재하면 지수 함수 곡선상에 "뿔" 같은 신호가, 등 간격으로 MAS속도의 정수배의 위치에 나타나다 MAS각도가 어긋나고 있는 경우, "뿔"은 적어진다(a), MAS코너에 일치하면 많이 출현한다(b). FID 신호(b)을 푸리에 변환한 스펙트럼(c)에서는 MAS속도의 정수배의 위치(±5n kHz)에 SSB가 나타나고 있다. MAS각 조절에서는, MAS 속도는 느림(3~5 kHz 정도)으로 하는 것이 SSB가 더 많이 관측되어 조절하기 쉽다.

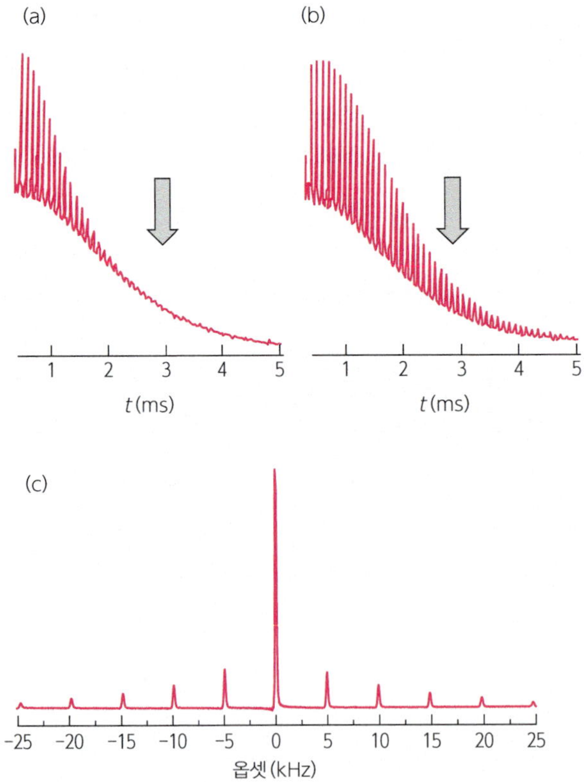

그림 2.27 KBr의 ^{79}Br NMR 신호

(a) MAS각이 어긋나 있을 때, (b) MAS각이 맞았을 때의 FID, (c) (b)의 FID를 FT한 스펙트럼, MAS 속도는 5 kHz.

쌍극자 상호작용 한 쌍의 ^{1}H와 ^{13}C의 쌍극자 상호작용에 의한 ^{13}C의 선폭(Δv_{CH})은 ^{1}H가 만드는 국소 자기장 B_z^H를 이용하여

$$\Delta\nu_{CH} = \frac{\gamma_C}{\pi}\ |B_z^H| = \frac{\gamma_C}{\pi}\frac{\mu_z^H}{r^3}(3\cos^2\theta_{CH}-1) = \frac{\gamma_C}{\pi}\frac{\gamma_H h I_z^H}{r^3}(3\cos^2\theta_{CH}-1)$$

가 된다. γ_C와 γ_H는 C와 H의 자기회전비, μ_z^H는 ^{1}H의 자기모멘트. θ_{CH}는 C와 H를 연결하는 벡터와 정자장이 이루는 각. $\theta_{CH} = 0$, $I_z^H = 1/2$, $r = 0.11$ nm라고 하면 $\gamma_C\gamma_H h = \sqrt{(3.60 \times 10^4)}$ nm^{3}rad s^{-1}에서 Δv_{CH} = 45 kHz가 된다. 실제로는 ^{1}H 스핀끼리의 에너지 교환(flip-flop)에 의한 ^{1}H의 자기 모멘트의 흔들림으로 1/10 정도($\Delta v_{CH}/\Delta v_{HH}$)로 스케일 다운된다.

(2) 고출력 ^{1}H 디커플링의 조정

고출력 ^{1}H 디커플링도 고분해능화에 필요불가결한 요소이다(그림 2.24(b)와 (c)를 비교하기 바란다). 용액 ^{13}C NMR 스펙트럼 측정에서는 그림 2.24(e)의 펄스 시퀀스에 있듯이 ^{1}H측에 rf를 계속 조사하여 ^{1}H 디커플링을 실시한다.

FID 도입 이외(대기시간)에도 rf 조사함으로써 NOE를 발생시키고, ^{13}C핵의 신호 강도를 증대시킨다. C–H 스핀 결합은 0.2 kHz 정도이므로 그 10배 정도의 세기로 조사하면 피크의 분열은 회피된다(90° 펄스 폭이 83 μs일 경우 3 kHz의 펄스 강도). 이 정도의 약한 펄스를 실험 내내 조사해도 프로브를 망가뜨리지 않는다. 현재의 ^{1}H 디커플링은 WALTZ 등의 컴포지트 펄스로 구성되어 있어 광대역에서 고효율로 디커플링을 수행할 수 있다.

고체 ^{13}C NMR 스펙트럼에서는 C–H 스핀 결합도 존재하는데, 그 10~50배 강도의 C–H 쌍극자 상호작용이 존재하기 때문에 용액 ^{13}C NMR 스펙트럼에서 사용하는 ^{1}H 디커플링 출력보다 적어도 10배의 출력이 요구된다. 스핀 결합이 공유 결합을 통한 상호작용인데 반해, 쌍극자 상호작용은 C와 H의 공간을 통한 상호작용이다. 고체 ^{13}C NMR법으로 수행하는 ^{1}H 디커플링은 쌍극자 상호작용을 디커플링하기(Dipolar Decoupling) 위해 수행하지만 필연적으로 스핀 결합 J도 디커플링된다.

고출력 ^{1}H 디커플링을 이용하는 방법을 ^{1}H high-power Dipolar Decoupling법이라 부르며 DD법으로 약기한다. ^{1}H DD법은 CW(continuous wave, 연속파)법이 주류였으나 최근에는 Griffin 등이 발표한 컴포지트 펄스, TPPM(two pulse phase modulation)법이 널리 이용되고 있다(TPPM 이외에도 SPINAL이나 XiX[9] 등 파생 DD법이 발표되고 있다). 그림 2.24(d)의 수법은 CP법과 MAS법에 있다.

DD 방법의 출력과 조사 위치, CW 방법과 TPPM 방법에 대해 비교해보자.

● DD 출력과 조사 위치와의 관계

유기계 시료에서는 ^{13}C–^{1}H 쌍극자 상호작용이 가장 강한 CH_2기의 ^{1}H 신호 위치를 ^{1}H rf 조사하면 가장 효율이 좋다. 그림 2.28A는 출력 80 kHz의 DD 조사 위치(CW 조

사)와 고체 ^{13}C CPMAS NMR 스펙트럼의 관계를 나타내고 있다.

TMS에서 저자기장(왼쪽)쪽으로 3 ppm 어긋난 스펙트럼 c의 피크로, 30 ppm과 140 ppm의 시그널 분열이 현저하며(그림 2.28A 안의 화살표 부분 참조), 다른 스펙트럼보다 분해능이 좋다. 이는 TMS의 ^{1}H 신호(CH_3기)보다 3 ppm 정도 저자기장 측에 CH_2기 피크가 관측되기 때문이다.

● TPPM법과 CW법의 비교

그림 2.28B는 TPPM법과 CW법으로 얻은 스펙트럼의 비교를 나타낸다. 조사위치를 3 pm 저자기장측에 고정하고 CW법의 출력을 80 kHz(d)에서 125 kHz(b)까지 올리면 각 피크의 분열이 뚜렷하게 좋아진다. 그러나 같은 출력의 TPPM법 CW(b)와의 분해능

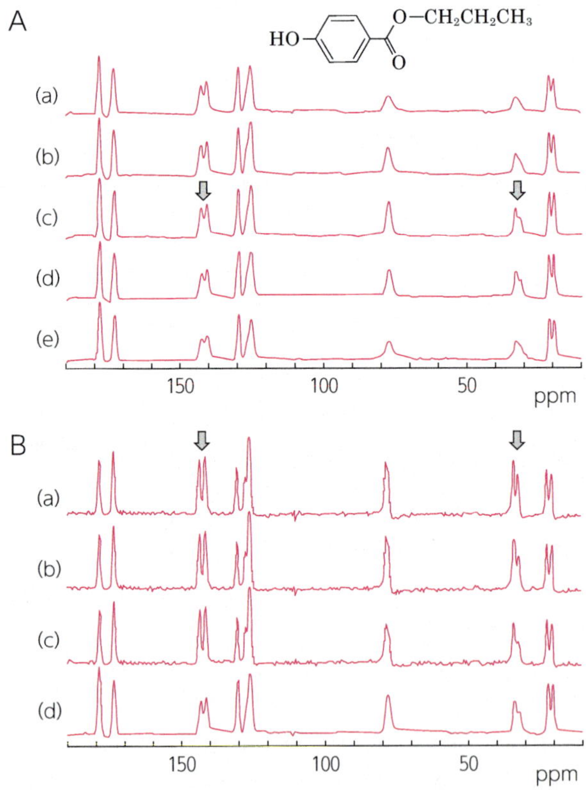

그림 2.28 A ^{1}H DD의 조사 위치와 ^{13}C 스펙트럼의 분해능. CW 조사 파워는 80 kHz. 시료는 4-히드록시안식향산프로필, 조사 위치는 (a) 13 ppm, (b) 8 ppm, (c) 3 ppm, (d) –2 ppm, (e) –8 ppm.

B TPM법과 CW법의 비교. 조사 위치는 3 ppm. 조사 파워는 (a) 125 kHz TPPM, (b) 125 kHz CW, © 100 kHz CW, (d) 80 kHz CW.

제공: 전Agilent (Varian) 아시타 준박사(현재, 일본전자)

차이는 역연하다(그림 2.28B 안의 화살표 부분 참조).

이와 같이, 통상은 ^{1}H rf 조사위치를 3 ppm 정도 TMS에서 저자기장측으로 설정하고, TPPM법을 이용하여 프로브가 허용하고 있는 고출력으로 DD법을 실시하면, 고분해능 NMR 스펙트럼이 된다.

(3) 교차 분극의 조정

● HartmanN–Hahn의 조건

신호 강도를 증대시키는 방법으로서 통상의 용액 ^{13}C NMR법에서는 NOE효과를 이용한다(2.4.3항 참조). NOE에서는 빠른 분자 운동을 구동력이 되기 때문에 고체 상태처럼 운동이 동결된 상태에서는 NOE는 기대할 수 없다. 고체 상태에서는 교차 분극(cross polarization: CP)이 효과적으로 작용하고, 감도 증대 효과가 크다. CP법은 저감도로 자연 존재비의 낮은 C중심으로, 고감도로 자연 존재비가 높은 ^{1}H 핵 자화를 옮기는(분극)기법이다.

그림 2.29(a)에 CPMAS법의 일반적인 펄스 시퀀스를 보였다. 또, ^{1}H 측의 CP의 rf펄스 강도를 고정하고 ^{13}C의 CP에서의 rf 강도를 변화시켰을 때의 아다만탄 신호 강도 변화를 그림 2.29(b)에 나타냈다. CPMAS법에서는 ^{1}H 핵을 90°펄스에서 진동하고 x–y 평면 위에 쓰러뜨리고 그 직후에 ^{1}H 핵과 ^{13}C 핵 모두 동시에, 각각의 관측 주파수(ω_{0H}, ω_{0C})에서 rf펄스를 조사한다. 이 때, ^{1}H 스핀은 조사한 rf펄스(강도: $\gamma B_{1H} = \omega_{1H}$)의 방향에 고정시킨다(spin lock: SL). 예를 들어 y축 방향에서 조사하면 ^{1}H 스핀은 y축 주위를 ω_{1H}에서 회전(세차 운동)한다. 동시에 강도 Bic에서 ^{13}C측에 rf펄스를 조사하면(x축, y축 방향은 묻지 않는다), 여기되지 않은 ^{13}C스핀이, 더 평면 위에 나타난다(분극 이동). 이 분극 이동이 일어나기 위해서는 rf 펄스 강도를 $\gamma_C B_{1C} = \gamma_H B_{1H}$ ($\omega_{1C} = \omega_{1H}$)가 되도록 조정할 필요가 있다. 이는 실험실 좌표계에서 관측 주파수가 다른 두 스핀이 회전 좌표계에서 같은 속도로 진동하는 것을 의미한다. 같은 진동을 함으로써, 양 핵간에 α 스핀과 β 스핀의 교환(flip-flop)이 일어나 에너지 교환(분극)이 가능하다. 이 조건을 제안자의 이름을 따서 Hartmann Hahn의 조건이라고도 한다[10)].

CP법의 이점은 감도가 최대 γ_H/γ_C = 4배가 된다는 것이다. 게다가 실험 반복시간이 ^{1}H의 스핀-격자 완화시간(세로 완화시간 T_1^H)의 5배면 된다는 것이다. 즉, ^{13}C핵을 여기하지 않고 ^{13}C 신호를 취득하기 때문에 LC의 스핀-격자 완화시간(세로 완화시간 T_1^C)보다 일반적으로 짧은 T_1^H로 반복 대기시간을 설정할 수 있다. 따라서 같은 실험시간에서는 적산횟수를 늘릴 수 있으므로 적산횟수로도 감도에 기여한다.

HartmanN–Hahn의 조건($\gamma_C B_{1C} = \gamma_H B_{1H}$)의 설정에 대해 그림 2.29(a)의 펄스 시퀀스에서 설정하는 펄스 출력의 기본적인 흐름을 아래에 기술한다. 표준시료로서 고체시료로는 운동이 빠르고 신호가 샤프하며 감도가 좋은 아다만탄을 이용하는 경우가 많다(같은 이유로 헥사메틸벤젠: HMB도 이용된다). 화학 쉬프트는 아다만탄의 CH기(고자장측: 저주파수측, 오른쪽)를 외부기준(TMS를 0 ppm으로 했을 경우의 값)으로 29.47 ppm으로 설정한다. 아다만탄의 신호는 용액처럼 샤프하고 통상적인 고체시료의 채취시간에서는 모든 FID는 받아들일 수 없다. 따라서 FT 후 피크 밑단에는 sinc 함수 유래 진동(wigle)이 발생한다. 반대로 FID 도입 시간을 늘리면 장치에 악영향을 미칠 수 있으므로 주의한다.

2

- ^{1}H측 출력 결정(아다만탄의 ^{1}H 신호를 관측폭 100 kHz 정도로 관측)
  - A. ^{1}H의 90° 펄스폭 및 출력 결정. 펄스폭은 프로브의 사양으로 최단이나 최단에 가까운 값으로 한다. 로터지름에 따라 변화하며 1.5~4 μs 정도.
  - B. ^{1}H측의 CP 출력 결정. 일반적으로는 출력이 50~70 kHz 정도 ^{1}H의 90°펄스폭에서 결정한다. 예를 들어 50 kHz로 한다면, 90°펄스폭이 5 μs가 되도록 앰프의 파라미터를 결정한다.
  - C. ^{1}H의 DD에서 사용하는 출력의 결정. 프로브의 사양으로 최대출력이 되도록 한다. 보통은 90°펄스폭으로 출력의 사양이 정해져 있다. 펄스폭이 되도록 앰프의 파라미터를 설정한다.
- ^{13}C측의 출력 결정
  CP에서 사용하는 ^{13}C의 rf 출력을 결정. ^{1}H측의 출력을 고정하고 ^{13}C측의 출력을 변경하여 신호 강도가 최대가 되는 곳(그림 2.29(b), Hartmann–Hahn 조건).
- RampCP의 강도변조 경사 설정
  RampCP는 ^{1}H 또는 ^{13}C측의 CP에서 이용하는 rf펄스를 구형파가 아닌 각도를 붙임으로써 Hartmann–Hahn 조건이 조금 어긋나도 보완할 수 있는 기법. 그림 2.29(b)와 마찬가지로 각도의 파라미터를 변경하면서 스펙트럼을 관측하고 피크강도가 최대

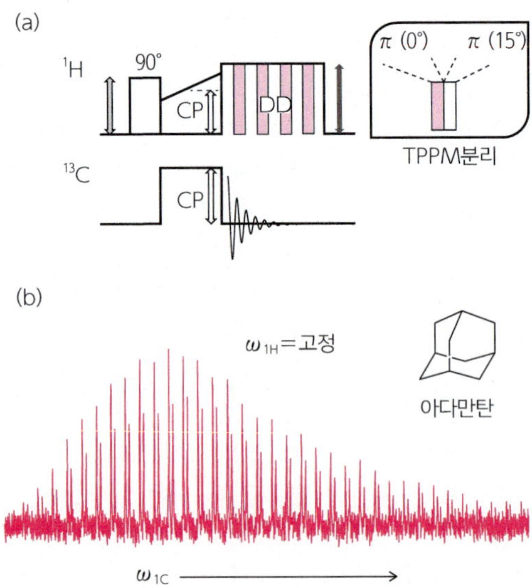

그림 2.29 (a) CPMAS법의 펄스 시퀀스 (X핵: ^{13}C), CP 부분은 ^{1}H 쪽을 램프(경사) 형태로 라디오파 조사 (b) ^{1}H측 CP 파워는 일정, ^{13}C측 CP 파워에 의존하여 변화하는 아다만탄의 ^{13}C 신호
제공: 전 Agilent (Varian) 아시타 준박사(현재, 일본전자)

HartmanN–Hahn의 조건 rf조사의 강도가 $\omega_{1C} = \omega_{1H}$가 되는 조건. 이 때의 rf펄스의 출력은 일반적으로 수십 kHz이다. MAS속도(ω_r)도 수 kHz이므로 CP조건은 MAS속도에 따라 간섭을 받는다. 즉, MAS 회전하에서는 $\omega_{1H} = \omega_{1C} \pm n \cdot \omega_r$가 CP 조건이 된다. n = 1에서 가장 CP 효율이 좋은 경우가 많다. 따라서 실제로 측정할 때의 MAS 속도로 CP 조건을 설정하는 것이 중요하다. MAS의 회전수의 약간의 흔들림은 VACP(Variable Amplitude CP: 현재는 일반적으로 Ramped-amplitude pulse: RampCP)법[11)]을 이용하는 것으로 보완된다.

가 되는 값을 설정한다.

● CP 접촉 시간

그림 2.30A에 글리신(H_2NCH_2COOH)의 ^{13}C CPMAS NMR 스펙트럼에 대해 CP 접촉시간(contact time, CP조사시간의 길이) 의존성을 보였다. CP접촉시간에 따라 신호강도가 증대하지만 너무 길면 감소로 돌아선다. 게다가 카르보닐기(C = 0)와 메틸렌기(CH2)의 강도비는 CP접촉시간에 따라 다르다. 이는 관능기에 따라 CP 효율이 다르기 때문이며, 일반적으로 CP 실험에서는 정량성을 논의할 수 없다. 정량성을 논의할 경우에는 CP 효율이 관능기마다 같게 되는 저온에서 실험하거나 CP 접촉 시간을 적절히 선택하는 등 연구가 필요하다.

2스핀계의 CP 실험 중 자화 2스핀의 자화 $M^C(t)$과 $M^H(t)$의 시간 의존은 다음과 같이 된다.

$$\frac{d}{dt}M^{C}(t) = -\frac{M^{C}(t)}{T^{C}_{1\rho}} - \frac{1}{T_{CH}}\left(M^{C}(t) - M^{H}(t)\right)$$

$$\frac{d}{dt}M^{H}(t) = -\frac{M^{H}(t)}{T^{H}_{1\rho}} - \frac{1}{T_{CH}}\left(M^{H}(t) - M^{C}(t)\right) \cong -\frac{M^{H}(t)}{T^{H}_{1\rho}}$$

^{13}C는 천연 존재비가 1.1%이므로, ^{13}C에서 ^{1}H로의 자화 이행(제2식의 제2항)은 무시할 수 있다. 상기 연립 방정식의 해($M^C(t)$)는 $M^C(0) = M^{Max}$로서 다음과 같다.

$$M^{C}(t) = \frac{M^{Max}}{T_{CH}} \cdot \frac{\exp(-1/T^{H}_{1\rho}) - \exp(-t/T_{CH} - t/T^{C}_{1\rho})}{1/T_{CH} + 1/T^{C}_{1\rho} - 1/T^{H}_{1\rho}}$$

일반적으로 $T^{C}_{1\rho} >> T^{H}_{1\rho} >> T_{CH}$ 이므로

$$M^{C}(t) = \frac{M^{Max}}{T_{CH}} \cdot \frac{\exp(-1/T^{H}_{1\rho}) - \exp(-t/T_{CH})}{1/T_{CH} - 1/T^{H}_{1\rho}}$$

그림 2.30B는 CP 실험에서 관측되는 신호 강도를 2스핀계(그림 속의 삽도)를 가정하여 시뮬레이션한 결과이다. 2스핀계의 파라미터는 교차 완화 시간(T_{CH})과 회전 좌표계에서의 ^{13}C와 ^{1}H의 스핀 일격자 완화 시간($T^{C}_{1\rho}$, $T^{H}_{1\rho}$)이다.

CP효율은 C와 H의 공간거리가 먼 경우나 분자운동이 빨라 CP를 저해하는 경우에 나빠지고 그 결과 T_{CH}는 길어진다. 반대로 C와 H의 공간거리가 짧은 경우나 분자운동이 동결되어 있는 경우에는 CP효율은 좋아지므로 T_{CH}는 짧아진다. 그림 2.30B(a)는 CP효율이 떨어지는 경우(T_{CH} = 0.6 ms)로, (b)는 CP효율이 좋은 경우(T_{CH} = 0.1 ms)를 나타내고 있다. 실제 관능기에서는 (a)는 CO나 4급 탄소 등, (b)는 CH_2나 CH기에 대응한다. 표준적인 CP 접촉 시간은 약 1 ms로 생각하고 문제없이, 처음에는 CP = 1 ms로 설정하여 실험을 한다. 다만, 아다만탄의 운동은 매우 빠르며 CP 접촉 시간을 CP = 4 ms 정도로 길게 설정하면 S/N 잘 신호를 관측할 수 있다.

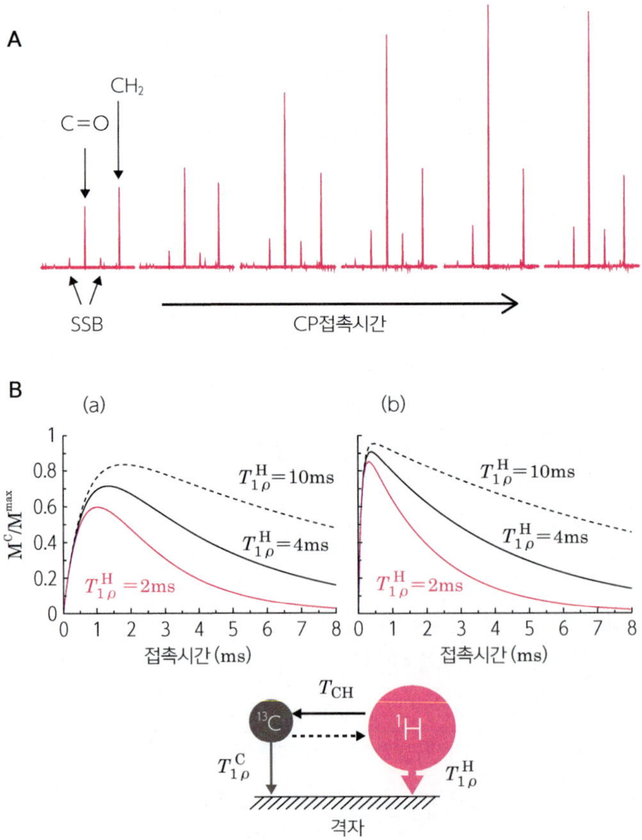

그림 2.30 A 글리신의 ^{13}C CPMAS NMR 스펙트럼의 CP 접촉 시간 의존성, B 2스핀계(그림 중 모델도)에서의 CP 접촉 시간과 자화 강도 시뮬레이션
(i) T^{CH} = 0.6 ms, (ii) T^{CH} = 0.1 ms

(4) 프로브 튜닝

2.4.2항에서도 말했지만 튜닝이란 rf를 수신하는 코일의 주파수를 측정하는 핵종의 관측 주파수에 일치(동조)시키는 조작이다. 최근의 용액 NMR 장치에서는 튜닝은 자동화되어 있지만, 고체 NMR의 프로브에는 장착되어 있지 않기 때문에 수동으로 실시한다(최근 오토튠 대응 제품이 시판되었다).

그림 2.31에 프로브의 공진회로와 튜닝구조를 나타냈다[12]. 공진회로에 있는 두 가변콘덴서 C1과 C2의 콘덴서 용량(정전용량)을 바꾸어 코일(L)의 공진 주파수를 측정하는 핵종의 관측 주파수로 가장 잘 에너지를 흡수하도록 설정한다(튜닝).

이 튜닝 조작은 매칭(b)과 튜닝(c)으로 구분된다. 전자는 (a) 상태에서 측정하는 핵종의 라디오파의 에너지를 코일이 최대한 수용할 수 있도록 공진 필터 특성을 날카롭게(깊게) 하는 것이고, 후자는 측정하는 핵종의 관측 주파수에 코일의 공진 주파수를 맞추는 동조 조작이다. 이 튜닝 조작은 조건을 변경했을 때(핵종을 변경했을 때, 온도를 변경했을 때 등) 측정 전에 반드시 실시한다. 튜닝이 어긋나면 최악, 프로브의 고장으로 이어져 처음에 매칭, 그 후 튜닝을 하면 맞추기 쉽다.

(5) 온도 교정

고체 CPMAS NMR법은 고속 MAS 회전을 하기 때문에 회전에 의한 로터와 VT 에어와의 마찰열에 의해 시료가 느끼는 온도는 VT 에어 가스의 설정 온도보다 상승한다. 온도 센서의 위치는 장치와 프로브에 따라 다르기 때문에 샘플이 실제로 느끼는 온도를

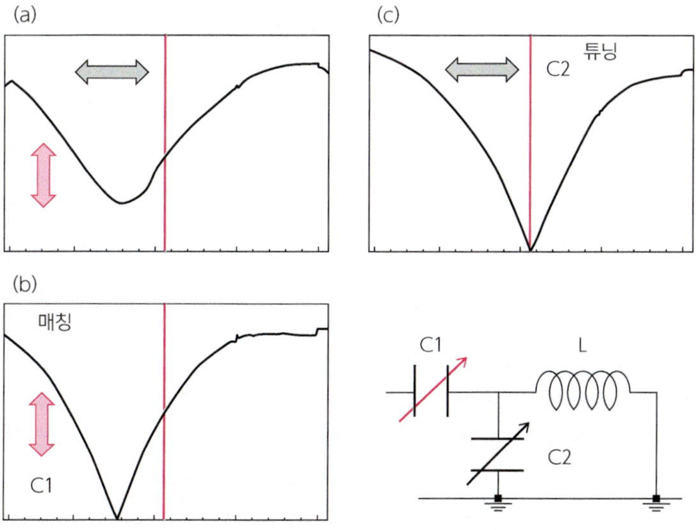

그림 2.31 프로브 내의 LC 회로 모델과 동조 모습
(a) LC 회로의 공진이 관측 주파수에서(그림 중앙의 세로선) 어긋나는 모습,
(b) 매칭(가변 콘덴서 C1)의 조정, (c) 튜닝(가변 콘덴서 C2) 조정.

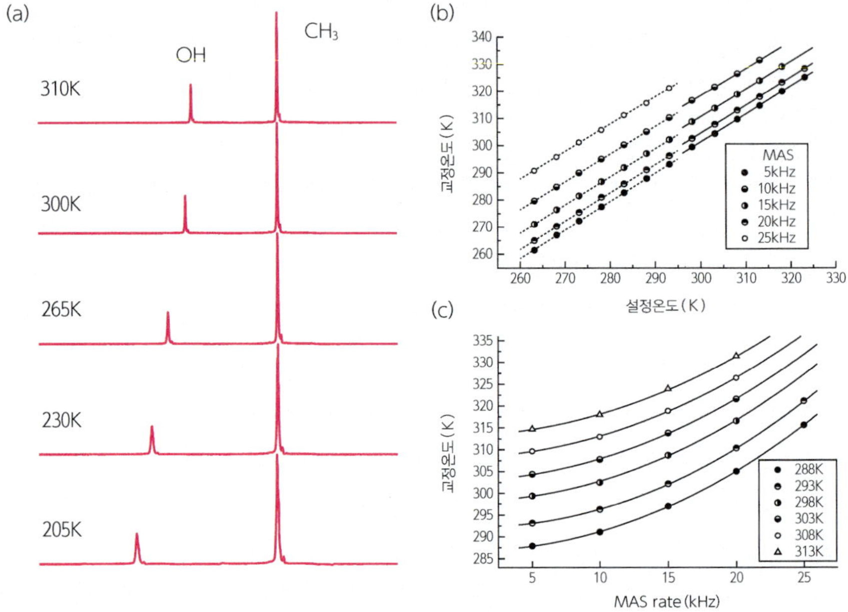

그림 2.32 (a) 무수메탄올의 ^{1}H MAS NMR 스펙트럼, (b) 설정 온도와 교정 온도의 관계, (c) MAS 속도와 교정 온도의 관계

프로브별로 교정할 필요가 있다. 온도 교정의 일례로서 수소 결합의 강도가 온도에 의존하고 있음을 이용한 메탄올법을 그림 2.32에 나타낸다[13]. 무수 메탄올의 ^{1}H NMR 스펙트럼(그림 2.32(a))의 OH와 CH_3 피크의 화학 쉬프트 차이(Hz 단위)로부터 메탄올이 느끼고 있는 온도를 직접 결정할 수 있다.

MAS 속도를 바꾸어 측정한 결과는 그림 2.32(b)와 같은 직선 관계가 된다. 다만, 20℃ 이하에서는 VT 가스를 통상 대기에서 N_2 가스로 변경하고 있기 때문에 설정 온도와 교정 온도의 관계가 20℃를 경계로 다르다. 각 설정온도에서의 교정온도를 MAS 속도에 대해 플롯하면 최소 자승법에 의해 2차 곡선으로 재현할 수 있다(그림 2.32(c)). 이 관계에서 설정온도와 MAS속도가 어떤 값이라도 교정온도를 용이하게 계산할 수 있다. 예를 들어, MAS 속도를 22 kHz로 설정했을 때의 6종류의 교정 온도는 2차 곡선에서 쉽게 산출된다. 계산에서 구한 교정 온도와 설정 온도를 그림 2.32(b)와 같이 다시 플롯하여 직선 관계를 구하면, 어떤 설정 온도에서 MAS 속도가 22 kHz일 때의 교정 온도가 구해진다.

2.5.4 CPMAS와 DPMAS

그림 2.33에 기본 고체 ^{13}C NMR 스펙트럼의 펄스 시퀀스를 실었다.

> **교정 온도** 온도 교정은 1970년대 이래로 온도에 따라 화학 쉬프트 값이 달라진다. 다양한 표준 시료를 사용하여 수행되고 있다[14]. 가장 다루기 쉬운 시료 중 하나는 분말 질산납($Pb(NO_3)_2$)의 ^{207}Pb MAS NMR 스펙트럼을 관측하는 방법이다[15, 16]. ^{207}Pb NMR 화학 쉬프트 값은 온도에 비례하여 민감하게 변화하지만 0 ppm으로 설정할 때의 온도 29℃의 정밀도에 주의할 필요가 있다. 그림 2.32(a)에 나타낸 무수 메탄올의 OH와 CH_3 피크의 화학 쉬프트 차이 Δv (Hz)에서 구할 수 있는 온도 T (K)는
>
> $$T = 403.0 - 0.491 \times |\Delta\nu| - 66.2 \times 10^{-4} \times \Delta\nu^2$$
>
> 이다. 다만, 위식의 화학 쉬프트 차이 $\Delta\nu$의 값은 ^{1}H의 관측 주파수가 60 MHz인 장치이므로, 이용한 자기장의 ^{1}H의 관측 주파수로 보정(500 MHz라면 60/500을 곱한 값)한다.

(a) ^{13}C핵을 직접 여기하고 DD법과 MAS법을 조합하여 고체 고분해능 ^{13}C NMR 스펙트럼을 얻는 DPMAS법(Direct Polarization MAS, DDMAS법이라고도 한다).

(b) CPMAS법

(c) 및 (d) 실험실 좌표계와 회전 좌표계의 ^{1}H 핵의 스핀-격자 완화 시간(T_1^H, $T_{1\rho}^H$) 측정법

(e) 및 (f) 실험실 좌표계와 회전 좌표계의 ^{13}C핵의 스핀-격자 완화 시간($T_{1\rho}^C$, $T_{1\rho}^H$) 측

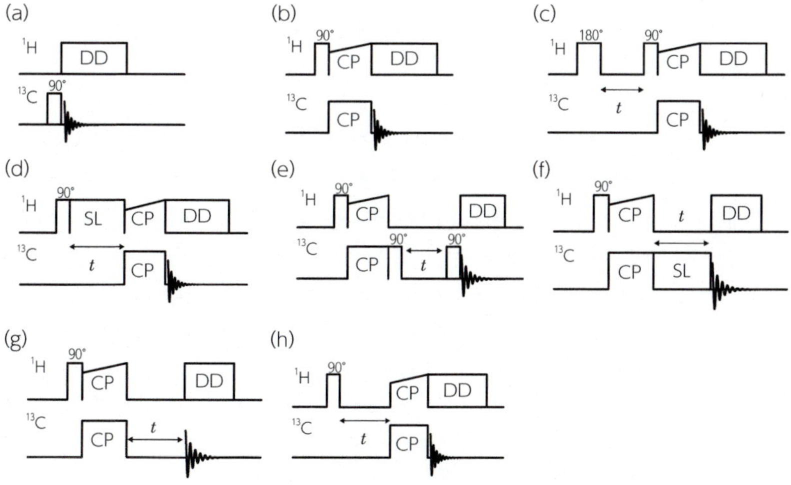

그림 2.33 고체 NMR법의 기본 펄스 시퀀스

(a) DPMAS법, (b) CPMAS법, (c) T_1^H 측정(CP 적용 전에 ^{1}H 측에 Inversion Recovery법 적용), (d) $T_{1\rho}^H$측정(^{1}H 측에 CP 적용 전 라디오파 조사 : Spin Lock), (e) 측정(Torchia법[17]), (f) $T_{1\rho}^C$ 측정, (g) Dipolar Dephasing법[18], h : T_2^H 의 측정 또는 WISE법[19] (t를 f_1축 측 관측폭의 역수로 전개).

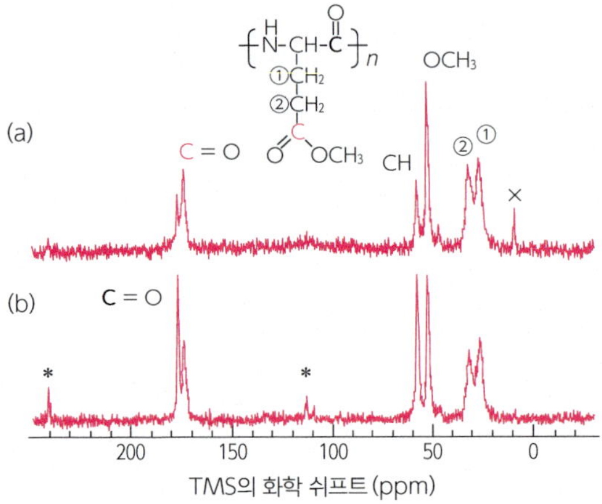

그림 2.34 폴리γ-메틸-L-글루타메이트(PMLG)의 ^{13}C DPMAS NMR 스펙트럼 (a)와 CPMAS NMR 스펙트럼 (b)
적산 횟수는 (a) 2048회, (b) 256회, 측정 시간은 (a) 17시간(45°펄스를 사용하여 반복 대기 시간 30s), (b) 20분(반복 대기 시간 5s).

정법.

(g) Dipolar Dephasing법[18]: t를 길게 함으로써 ^{1}H 핵과 쌍극자 상호작용이 강한 ^{13}C 피크의 강도가 작아진다.

(h) ^{1}H 핵의 스핀-스핀 완화 시간(T_2^H) 측정용. 또, 이 펄스 시퀀스에서도 t를 f_1축측의 관측폭의 역수(1/*SW*)로 전개한 경우, 2차원 WISE법[19]이 된다. 이 경우, f_1축측은 1/T_2^H의 선폭에 의존한 피크별 운동성의 차이로 시각화된다.

그림 2.34는 폴리y-메틸-L-글루타메이트(PMLG)의 고체 ^{13}C DPMAS와 CPMAS NMR 스펙트럼이다. 귀속은 용액 ^{13}C NMR 스펙트럼과 마찬가지로 화학 쉬프트 값에서 그림 안에 나타내는 관능기와 피크의 대응이 용이하게 가능하다. 다만, (a)와 (b)에서는 피크의 강도가 다른 부분이 있다. 두 카르보닐(C=O)기는 그림 속에 귀속이 표시되어 있지 않으면, 어느 피크가 주쇄의 C=O기인지, 측쇄의 C=O인지 미묘하다. 또한 주쇄 메틴(CH)기와 측쇄 메톡시(OCH_3)기의 화학 쉬프트 값은 팽팽해서 구분할 수 없다. 이들 피크는 용액 ^{13}C NMR 스펙트럼의 화학 쉬프트 값으로부터 구별하기도 어렵다. 알리파틱 영역의 메틸렌(CH_2)기도 유사하지만, 이것들은 화학 쉬프트 값으로부터 그림에 나타난 바와 같이 구별 가능하다. 여기서 (a)와 (b)의 피크 강도 차이에 착안해 보면, 175 ppm 부근의 두 C=O기 피크 중 저자기장 측(180 ppm에 가까운 측)의 피크는 (b)에서 매우 감도 좋게 관측되지만, (a)에서는 강도가 약하다. 마찬가지로 60 ppm 근방의 피크는 (b)에서는 감도 좋게 관측되지만, (a)에서는 강도가 약하다. 이들 피크는 모두 주쇄에 있는 탄소이다.

이들은 DPMAS법과 CPMAS법의 차이에 기인하고 있다. 그림 2.30에서 나타낸 바와 같이 ^{1}H에서 ^{13}C로의 CP에 의한 자화분극은 ^{1}H와 ^{13}C가 직접 결합되어 있거나 운동이 느린 경우에 효율이 좋다. 반대로 공간적으로 떨어져 있는 경우 운동이 빠른 경우 CP 효율이 나빠진다. PMLG의 경우 주쇄는 헬릭스 구조를 취하고 측쇄는 헬릭스 밖으로 나와 있다.

따라서 주쇄의 운동은 느리고 측쇄의 운동은 빠르다. 즉, CPMAS법으로 관측했을 경우의 스펙트럼(b)은 측쇄 피크보다 주쇄 피크가 강하게 관측되고, DPMAS법으로 관측한 스펙트럼(a)에서는 운동성이 좋은 측쇄 피크의 강도가 강해진다.

【주의 사항】

2.5.3항의 (3)에서 기술한 바와 같이 CPMAS법에서는 $5 \times T_1^{H}$로 반복 시간을 설정할 수 있지만, DPMAS법에서는 ^{13}C를 직접 여기하기 위해 $5 \times T_1^{C}$로 반복 시간을 설정할 필요가 있다. 일반적으로 T_1^{C}는 몇 초에서 수십 초가 되므로 여기 펄스를 90°로 설정하여 $5 \times T_1^{C}$로 하는 것보다 30°나 45°로 하여 $1\sim3 \times T_1^{C}$ 정도로 설정하는 것이 같은 실험시간에서 적산회수가 증가하여 S/N가 좋아진다(2.4.3항의 (5)반복시간을 참조).

2.5.5 완화 측정(^{1}H 스핀 확산)

용액 NMR의 완화 시간은 분자 운동을 반영하여 값이 바뀐다. 고체 NMR의 완화 시간도 마찬가지인데, ^{13}C의 스핀-격자 완화 시간(세로 완화 시간, T_1^{C}, T_1^{C})이 분자 운

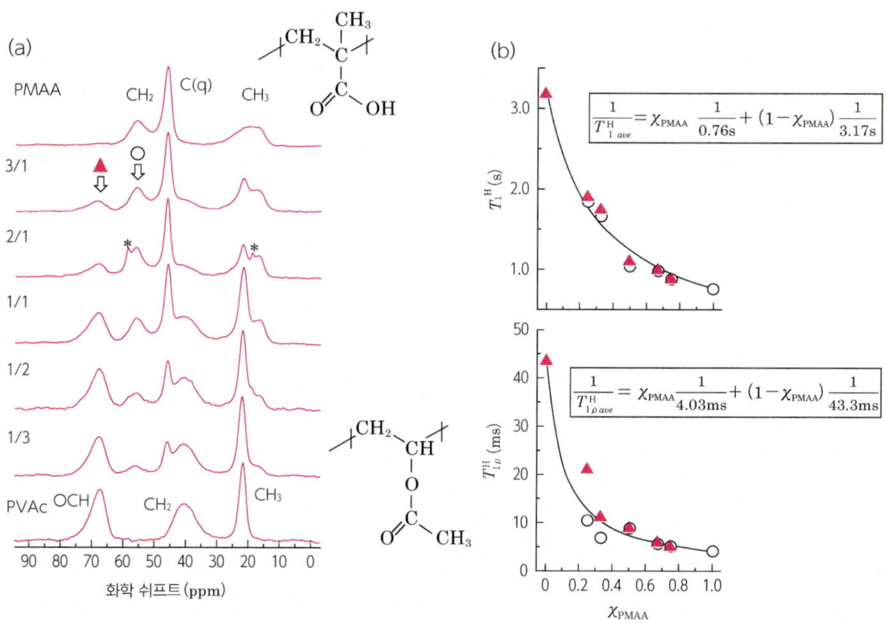

그림 2.35 폴리메타크릴산/폴리아세트산비닐(PMAA/PVAc=3/1~1/3) 블렌드의 (a) ^{13}C CPMAS NMR 스펙트럼과 (b) T_1^{H} 및 $T_{1\rho}^{H}$의 조성 의존성[20,21]

2

동을 반영하는 반면, 고체의 ^{1}H 스핀-격자 완화 시간(세로 완화 시간, T_1^H, $T_{1\rho}^H$)은 분자 운동에 더해 ^{1}H 스핀 확산 현상에 크게 영향을 받는다. 일반적으로 고체 상태가 느린 운동일 때나 용액 상태처럼 빠른 운동일 때 T_1값은 길어지고 관측 주파수(ω_0)와 같은 정도의 운동(운동의 상관시간 τ~$1/\omega_0$ 근방)일 때 가장 효율적으로 완화하고, T_1는 최소값을 취한다.

고체 중의 T_1^H나 T에 영향을 주는 ^{1}H 스핀 확산은 ^{1}H 스핀끼리의 에너지 교환으로 일어난다. ^{1}H 스핀 확산 현상에 따라 원래는 다른 값의 T_1^H(또는 $T_{1\rho}^H$)를 가진 관능기가 서로 같은 T_1^H값이 된다. 이 결과 화합물 중의 다른 관능기에서 측정한 T_1^H는 모두 같은 값으로 관측된다. 이 원리를 이용하여 재료의 혼합 상태의 지표로 삼을 수 있다[20).

그림 2.35에, 폴리메타크릴산(PMAA)과 폴리초산비닐(PVAc)과의 블렌드 시료의 알리파틱 영역의 고체 ^{13}C CPMAS NMR 스펙트럼 및 T_1^H와 $T_{1\rho}^H$의 조성 의존성을 나타낸다[20,21). 완화 시간 T_1^H와 $T_{1\rho}^H$는 각각 그림 2.33(c)과 (d)의 펄스 시퀀스에서 구할 수 있다. 그림 2.35(a) 안의 화살표로 나타낸 피크(○와 ▲)는 PMAA의 CH_2기(55 ppm)와 PVAc의 OCH기(68 ppm)이다.

그림 2.35(b)에 나타낸 T_1^H와 블렌드 조성비의 관계를 보면, 블렌드 전의 PMAA의 T_1^H가 0.76s, PVAC의 T_1^H가 3.17 s인데 반해, 블렌드 후에는 어느 T_1^H도 조성비(X_{PMAA})에 따른 중간값을 취하여 서로 일치된 값을 이루고 있다.

> **^{1}H 스핀 확산** ^{1}H 스핀끼리의 플립플롭(flip-flop)에 의해 일어나는 에너지 교환 확산되는 거리(r)는 확산 상수(D)와 시간에 의존한다. 확산 거리는 확산 방정식의 해(r)는 초기 조건(확산 전의 에너지 형태)에 의존하지만 δ함수를 초기 조건으로 선택하면 $r^2 = 6$ Dt로 구해진다. 고분자의 경우, D의 값은 600~800 nm^2s^{-1} 정도이다. 따라서 수 s의 T_1^H로 수십 nm, 수십 ms의 $T_{1\rho}^H$로 수 nm 거리에 도달한다. 일반적으로 T_1^H에서 20~50 nm, $T_{1\rho}^H$에서 2~5 nm의 도메인 내라면, 다른 복수의 완화 시간은 ^{1}H 스핀 확산에 의해 일치한다고 해도 무방하다.

만약 ^{1}H 스핀 확산이 일어나지 않는다면, 양자의 T_1^H는 블렌드 전 값과 같은 값으로 관측되어 변화하지 않는다. 즉, 이 관측 결과는 PMAA와 PVAc 사이에서 ^{1}H 스핀 확산이 효율적으로 작용한 결과라고 할 수 있다. 그림 속의 실선은 ^{1}H 스핀 확산이 완전히 일어났을 경우의 이론값(평균값)을 나타내고 있으며 완화속도($1/T_1^H$)의 단순한 ^{1}H 몰비(f_{PMAA}) 분배에서 구할 수 있다(그림 속의 식: PMAA와 PVAc에서는 구성 유닛의 H의 수와 분자량이 동일해지고 $X_{PMAA} = f_{PMAA}$가 이루어진다) 마찬가지로 $T_{1\rho}^H$의 경우 블렌드 전의 PMAA의 $T_{1\rho}^H$가 4.03 ms, PVAc의 $T_{1\rho}^H$가 43.3 ms이지만 블렌드 후에는 조성비에 따른 중간값이 된다. 단, 조성비가 PVAC 리치(X_{PMAA} = 0.2~0.4)에서는 PMAA의 값과 PVAc의 값은 완벽하게 일치하지 않는다. 이것은 ^{1}H 스핀 확산이 작동하지만 불충분하다는 것을 나타낸다.

^{1}H 스핀 확산이 효과적으로 작용하는 거리는 기준으로서 T_1^H 정도의 시간에 20~50

nm, $T^{H}_{1\rho}$에서 2~5 nm이다. 그러므로 PMAA/PVAC 블렌드의 경우 50 nm 이내에 양자의 도메인이 존재하며, 이 거리의 분해능에서는 완전 상용으로 인식됨을 나타내고 있다.

한편, 5 nm 이내의 분해능으로 보면, PMAA 리치 블렌드는 상용이지만, PVAc 리치 블렌드는 부분 상용이라고 할 수 있다.

2

【주의 사항】

① 그림 속의 실선은 블렌딩 전의 완화 시간을 이용하고 있다. 블렌딩의 영향으로 분자 운동이 바뀌어 블렌딩 중인 각 폴리머의 완화 시간 자체가 바뀔 수도 있으므로 이론식에서 얻을 수 있는 값은 어디까지나 블렌딩 후에 단체 완화 시간이 변하지 않는다는 가정이 들어 있음에 주의해야 한다.

② $T^{H}_{1\rho}$를 관측하는 펄스 시퀀스(그림 2.33(d))는 CP 앞에 ^{1}H 측에 rf펄스를 조사(스핀록 SL)하여 ^{1}H 자화를 감쇠시킨다. 그러나 CP 중에도 ^{1}H 자화의 감쇠는 진행되므로 CP접촉시간은 $T^{H}_{1\rho}$의 1/10정도까지 짧게 설정한다.

【참고 문헌】

1) T. D. W. Claridge,『有機化学のための高分解能 NMR テクニック』講談社サイエンティフィク
2) 竹内敬人,加藤敏代,『よくある質問 NMR の基本』講談社サイエンティフィク (2012)
3) M. Hesse 他,『有機化学のためのスペクトル解析法 (第2版)』, 化学同人 (2010)
4) K. Hatada, T. Kitayama,『NMR Spectroscopy of Polymers』, Springer (2004)
5) 浅野敦志, ぶんせき, 6,266(2014)
6) C.S. Yannoni, Acc. Chem. Res., 15, 201 (1982)
7) A. E. Bennett et al, J. Chem. Phys., 103,6951(1995)
8) B.M. Fung et al, J. Magn. Reson., 142,97(2000)
9) A. Detken et al, Chem. Phys. Lett., 356, 298(2002)
10) S. R. Hartmann, E. L. Hahn, Phys. Rev., 128,2042(1962)
11) G. Metz et al, J. Magn. Reson. A, 110, 219(1994)
12) 竹腰清乃理,『磁気共鳴-NMR 一核スピンの分光学-』, サイエンス社 (2011), p.45
13) A. L. Van Geet, Anal. Chem., 42,679(1970)
14) M. Kitamura, A. Asano, Anal. Chem., 29,1089(2013), およびこの論文中の参考文献
15) A. Bielecki, D. P. Burum, J. Magn. Reson. A, 116,215 (1995)
16) T. Takahashi et al, Solid State Nuc. Magn. Reson., 15, 119(1999)
17) D. A. Torchia, J. Magn. Reson., 30, 613 (1978)
18) S. J. Opella et al, J. Am. Chem. Soc., 101,5856(1979)
19) K. Schmidt-Rohr, H. W. Spiess,『Multidimensional Solid-State NMR and Polymers』, Academic Press (1994)
20) A. Asano,「Experimental Approaches of NMR Spectroscopy』, Springer (2017), p.313-340
21) A. Asano et al, Macromolecules, 35,8819(2002)

【더 자세히 공부하고 싶은 독자를 위해서】

1) 齊藤肇他,『NMR分光学一基礎と応用一』, 東京化学同人 (2008)
2) 阿久津秀雄他編,『NMR分光法原理から応用まで』, 学会出版センター (2003)
3) 日本分光学会編,『分光測定入門シリーズ 8 核磁気共鳴分光法』, 講談社サイエンティフィク (2009)
4) 高分子学会編,『新高分子実験学5 高分子の構造 (1) 磁気共鳴法』, 共立出版 (1995)
5) 北川進他,『錯体化学会選書4 多核種の溶液および固体NMR』, 三共出版 (2008)
6) 引地邦男,『NMR ノート』, http://www.nda.ac.jp/~asanoa/lectures/hikichi/index.html

3 질량분석법

3.1 처음에

톰슨(J. J. Thomson, 1856~1940, 영국의 물리학자)은 다른 질량을 가진 하전 입자가 전기장과 자기장의 작용에 의해 분리될 수 있음을 보여주었다. 그의 실험에서는 전하 q와 질량 m이 동일한 하전 입자는 동일한 포물선상을 감광시킨다.

그림 3.1과 같이, 네온의 기체 분자는 질량이 20인 것과 22인 것으로 분리되었다. 2개의 전자를 잃은 입자는 m/z에 상당하는 질량의 하전 입자로 관측되는 것, 특정 궤도의 도달점에 패러데이 컵 등을 이용함으로써 전기 신호로서 검출될 수 있으므로, 현재 질량

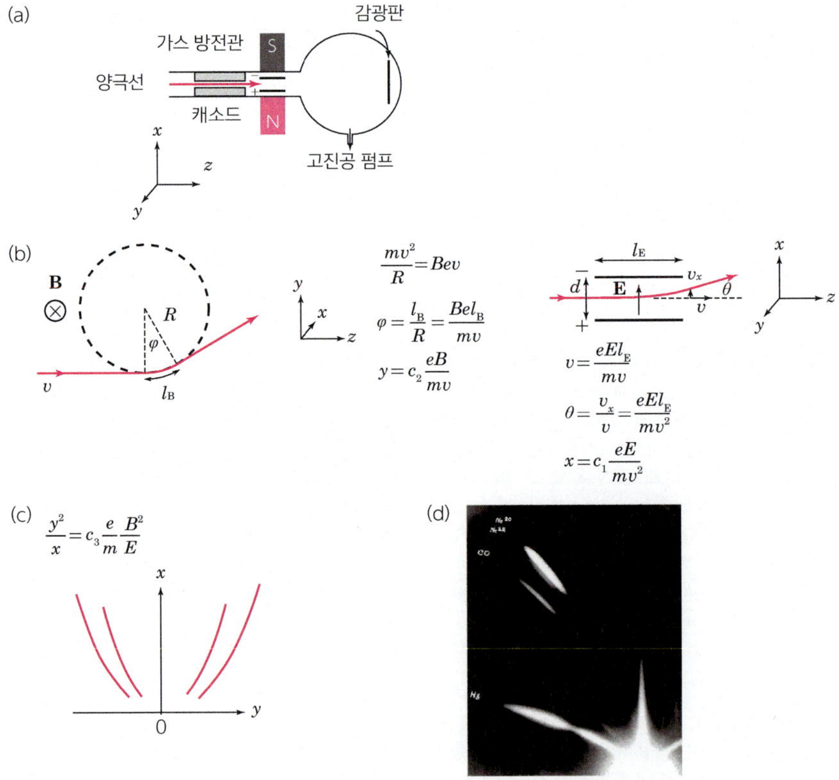

그림 3.1 양극선 발생관에 의한 네온 동위원소 분리

(a) 톰슨이 사용한 장치의 개략도, (b) 전기장과 자기장에 의해 z방향으로 속도로 이동하는 하전입자에 작용하는 힘에 의해 x, y방향으로 어긋나는 궤도, (c) 동일한 e/m를 갖는 하전입자는 이 식으로 표시되는 포물선상을 감광한다. (d) ^{20}Ne에서 분리된 ^{22}Ne가 검출된 모습(*J. Chem. Soc.*, Dalton Trans., 3893 (1998)으로부터)

분석은 가수의 절대값을 z로서 m/z로 그 강도를 구하는 분석법으로 여겨진다.

덧붙여 여기서 말하는 질량은 g로 나타내는 질량이 아니라, 통일 원자 질량 단위(정지된 기저 상태의 ^{12}C 질량의 1/12)로 나눈 상대 질량이다. m/z을 x축으로 취하고, 강도를 축으로 취한 데이터를 매스 스펙트럼이라고 한다.

질량 분석은 당초 원자 질량의 정밀한 측정이나 동위원소 분리에 이용됐다.그리고 신호 강도가 물질의 양과 관련이 있기 때문에 정량 분석에 사용되었다.

유기분자 분석에서는 이온화나 단편화(단편화)가 분자 구조에 기초해 일어나므로 유기화학의 구조해석에 이용되었다. 특히 크로마토그래피와 조합한 기법은 미량 정량 분석이 가능하다고 하여 음료수·식품·의약품·환경오염 검사 등에 이용하도록 규정되어 사회 곳곳에서 일반적으로 이용되게 되었다. 질량분석의 특징으로는 미량의 물질을 검출할 수 있는 것 외에 방대한 물질을 검출할 수 있다는 점이 있다. 지금은 프로테오믹스나 메타볼로믹스 등의 분야에서 시료 속에 나타나고 있는 생체분자를 망라적으로 분석할 수 있는 방법으로서도 활용의 범위를 넓히고 있다.

3.2 원리

질량 분석에서 분리할 수 있는 것은 양 또는 음의 기상 이온이다(기상이온을 다루는 질량 분석에서는 양이온·음이온이라고 하지 않는다). 질량 분석에서는 우선 시료를 이온화하여 자기장·전기장에 의해 분리하고 검출기에서 이온을 전기 신호로 검출한다. 현재 일반적으로 사용되는 질량 분석계에서는 이 과정에 적어도 10초 정도가 걸린다.

화학 반응의 반응 속도는 다양하지만, 이 시간은 분자나 전자로 하면 매우 긴 시간이라고 할 수 있다. 그러므로 질량 분석계로 물질을 분석한다고 해도, 실제로 검출하고 있는 것은 이 시간 스케일로 충분한 수명을 가진 기상 이온이다.

기상 이온 주변에 중성 분자가 있으면 그들과 접촉함으로써 전하가 교환되고 원하는 물질이 중성화될 수 있다. 그러므로, 기상 이온으로 유지하려면 장치 내부를 진공으로 만들어야 한다. 결국 질량 분리된 이온은 전기 신호로 검출된다. 질량 분석 장치는 이온화부, 질량 분리부, 검출기로 이루어진 장치이다. 질량 분석은 현재 극히 미량의 물질을 분리할 수 있지만, 각각의 과정에서의 효율은 100%가 아니며, 시료에 포함된 대상 물질의 전부를 검출할 수는 없는 기법이라고도 할 수 있다. 이온화, 질량 분리 및 검출에 사용되는 원리에도 다양한 과학이 결합되어 있지만, 사용하려는 사용자들은 무엇을 측정할 수 있는지 이해하고 사용하기를 바란다. 여기서는 이온화, 질량 분리, 검출기를 각각 설명한다.

3.2.1 이온화

(1) 전자 이온화(EI, Electron ionization)

텅스텐 필라멘트 등에서 전자를 물질에 충격하여 물질을 이온화하는 방법으로 진공 중(10^{-3} Pa 이하, 진공을 나타내는 단위에는 Torr가 사용되는 경우도 많은 1 Pa 00.0075 Torr)에서 이루어진다.

가스 크로마토그래피(GC), 혹은 직접 도입 프로브에 의해서 이온원에 기화된 시료 분자가 도입된다. 일반적으로 조사되는 전자의 에너지는 70 eV로 여겨진다. 시료 분자가 하나같이 이 에너지를 받는 것은 아니며, 시료 분자가 가지는 에너지에는 분포를 할 수 있다. 이온화 에너지보다 더 큰 에너지를 받은 분자는 1가의 정이온이 된다.

$$M + e^- \rightarrow M^{+\cdot} + 2e^- \quad (3.1)$$

질량 분석에서는 전자를 잃은 정이온이 된 분자 이온을 $M^{+\cdot}$처럼 쓴다. 중점(•)은 분자가 홀수 전자의 라디칼이 되고 있음을 나타낸다. 단, 전자 빔에 의한 이온화 효율은 몇 퍼센트이며, 고효율이라고는 할 수 없다. 다환 방향족의 EI에서는 다가 이온이 생긴다.

분자에는 EI의 이온화 에너지보다 과잉 에너지를 받을 것도 많다. 일반적인 공유 결합의 에너지를 150~500 kJ/mol로 하면 전자볼트 환산으로는 1.6~5.2 eV가 되고, 과잉 에너지로 결합이 절단된 프레그멘테션이 일어난다. 복수의 반응 경로로 프레그멘테이션이 벌어진 여러 토막 이온이 생기다 그 반응의 일어나기 쉬움에 따라서 생기는 토막 이온의 신호 강도가 달라진다. EI의 이온원에서 생긴 기상 이온은 다른 분자와 충돌하기 때문에 그 반응은 응축계에서 반응과 달리 반응의 재현성이 높다. 다른 장치를 이용해서도 마찬가지의 결과가 재현되므로, 얻은 질량 스펙트럼은 라이브러리로 축적되어 물질의 동정에 사용된다.

(2) 화학 이온화(CI, Chemical ionization)

EI는 프레그멘테이션이 일어나기 쉬운 이온화이며, 분자량 정보를 얻을 수 있는 $M^{+\cdot}$이 질량 스펙트럼 상에 나타나지 않는 경우도 많다. 이를 피하기 위해서 보다 온건한 조건으로 물질을 이온화하는 방법 중 하나로 CI가 있다. 미리 이온화한 시약 가스(반응 가스)라고도 한다. 탄화수소, 암모니아, 알코올류, 불활성 가스 등)와의 사이에 일어나 이온과 중성 분자의 화학 반응을 이용하는 방법이다. 시약 가스의 압력은 수십 Pa이다, EI와는 달리 생기는 기상의 이온은 중성 분자와 고빈도로 충돌을 일으킨다. 이 때문에, 다양한 반응이 일어날 수 있다. 시약 가스에서 유래한 $R^{+\cdot}$와 R^{H+}와 전하 이동(Charge transfer)반응과 양성자 이동(Proton transfer)반응은 대표적인 CI의 이온화 반응이다. $M^{+\cdot}$ 외에 양성자화 분자도 생긴다.

$$M + R^{+\cdot} \longrightarrow M^{+\cdot} + R \quad (3.2)$$

$$M + RH^{+} \longrightarrow [M + H]^{+} + R \quad (3.3)$$

분석 화학에서는 각 괄호[ ]로 둘러싸면 농도를 의미한다. 다만 질량 분석에서는, 괄호로 둘러싸인 화학종이 결과적으로 어떤 가수으로 되어 있는지를 괄호 밖에 쓴다. 그래서$[M + H]^+$ $[M - H]^+$라고 썼을 때, 괄호 안의 H의 의미가 전자에서는 양자, 후자에서는 수소화 이온을 뜻한다. 중성 시료 분자의 이온화 에너지와 시약 이온의 재결합 에너지의 대소 관계, 중성 시료 분자와 시약 가스 분자의 양자 친화력의 대소 관계로 반응의 일어나기 쉬움이 결정된다. 시료에 따라서는 마이너스 이온의 CI이 효율적으로 일어나는 것이 있다. 전하 이동, 양자 이동과, 디클로로메테인 등의 할로겐을 포함한 시약 가스를 이용한 때에 생기는 마이너스 이온 X^-가, 중성 물질 분자가 부가하는 $[M + X]^-$가 생기다.

(3) 대기압 이온화

EI나 CI에서는 진공 중에 도입된 기체 분자를 이온화하는데, 여기서 나타내는 것은 대기압하에서 이온화되는 기법이다. 액체 크로마토그래피(LC)는 물질의 절대량이 GC에 비해 매우 커서 LC의 이동상을 기화하여 통상의 EI나 CI에 접속하기는 어렵다. 반면에 CI의 경우, 시약 가스의 압력이 높을수록, 시약 가스와 시료 분자의 충돌 횟수가 증가하기 때문에 이온화의 효율이 높아진다.

대기압 화학 이온화(APCI)에서는 LC로부터의 용출액을 수백 도로 가열해 질소 등의 분무가스와 함께 기화시킨다. 분무기에는 니들 전극을 배치하고 수 kV의 전압을 가함으로써 코로나 방전을 일으킨다. 대기압에서 대량으로 존재하는 질소나 이동상 분자는 코로나 방전에 의해 이온화되어 시약 가스로서 목적 성분과 이온 분자 반응을 일으킨다.

결과적으로 $[M + H]^+$나 $[M - H]^-$가 생성한다. 이러한 기상 이온은 대기압에 있기 때문에, 후술한 차동 배기 인터페이스를 거쳐 진공하에 있는 질량 분리부로 운반된다. APCI에서의 이온화는 CI에서의 이온화와 비슷하다.

한편, 액체가 유출되고 있는 캐필러리에 수 kV의 고전압을 인가하면, 용액중에서 음이온의 분리가 일어나 캐필러리의 선단에 원추형의 액체콘(테일러콘)이 형성된다는 것은 잘 알려져 있었다. 그림 3.2에서 알 수 있듯이, 유출된 액체는 테일러콘의 선단에서 과도하게 대전된 미세 액체방울로 방출되고, 그로부터 최종적으로 기상 이온이 생성된다. 이 현상은 일렉트로스프레이(ESI)라고 불리며, 후에 질량분석계의 이온화법으로 이용되게 되었다.

대전 물방울로부터의 기상 이온 생성에는 두 가지 기구가 있다. 테일러 콘에서 방출된 물방울에서는 가열되고 용매가 증발함에 따라 표면 전하 밀도가 증가한다.

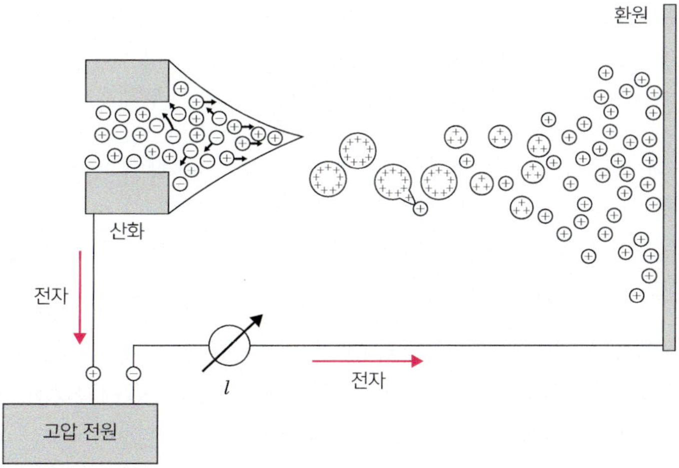

그림 3.2 양이온 모드 ESI에서의 기상 이온 생성
(*Anal. Chem.*, **65**, 972A (1993)으로부터)

쿨롱 반발이 액체방울의 표면 장력을 넘었을 때, 액체방울이 폭발적으로 세분화된다. 게다가 액체방울의 크기가 작아지면 액체방울 중의 이온이 쿨롱 반발에 의해 기상으로 튀어나온다. 그와 동시에, 액체방울의 분열에 의한 미세화가 액체방울에 이온이 하나만 포함될 때까지 진행되어 기상의 이온이 된다. ESI에서는 이 두 기구가 일어나고 있다고 생각된다.

3

ESI에서는 액체가 미세 액체방울이 되어 가야 한다. 액체에는 표면 장력이 있고 표면적을 작게 유지하는 힘이 작용하고 있다. 액체방울이 작아지면 표면적이 증가하기 때문에 표면 장력이 큰 액체는 ESI에게 불리하다. LC의 이동상에 사용하는 물의 표면 장력은 72 mN/m로 높지만 메탄올이나 아세토니트릴은 각각 22, 28 mN/m이다. ESI의 효율을 고려할 때 유기 용매의 비율이 높은 편이 좋다고 할 수 있다. 또한, 끓는점이 높은 용매는 증발하기 어려우므로 고비점의 용매도 ESI에 따라 불리하다.

ESI의 특장으로서 극성 물질에 대해 매우 효율이 좋은 점, 저분자로부터 고분자까지 매우 폭넓은 질량 범위의 이온화가 가능하다는 점을 들 수 있다. 양성자 부가, 탈리된 이온들이 기본이지만, 다수의 양성자가 부가, 탈리된 다가 이온이나, 다양한 이온과의 부가 이온 형성이 일어나기 쉽다.

3.2.2 질량 분리

이온원에 의한 이온화된 시료 이온은 전자기력에 의해서 m의 값에 따라서 분리된다. 톰슨에 의해서 이용된 자기장 형태로 시작하여 사중극형, 이온 트랩형, 비행 시간형, FT-ICR 등, 다양한 원리에 근거한 장치가 고안되어 있다.

(1) 자기장형

자기장, 전기장에 놓인 이온에는 각각 로렌츠 힘, 쿨롱의 힘이 작용한다. 자기장에 도입된 이온은 로렌츠 힘과 구심력의 균형에 의해서, 그 궤도가 휘어진다. 등속 원운동을 하고 있는 물체에 작용 중심으로 향하는 힘이 구심력이다. m/z가 큰 이온은 그 궤도 반경이 커지고 작은 이온일수록 궤도 반경이 작아지다 특정 궤도의 이온만이 통과하는 슬릿과 검출기를 이용하여, m/z값마다 이온을 검출할 수 있다. 부채꼴(섹터형)자기장을 이용하면, 이온원에서 자기장에 대한 궤도에서 약간 다른 방향으로 출사한 어떤 m/z의 이온을 이 한점에 수속시킬 수 있다. 여기 선형 전기장을 이용하면, 쿨롱의 힘과 구심력의 균형에 의해서, 똑같이 m/z마다 궤도 반경을 바꿀 수 있다.

이온화 시점에서 이온의 운동 에너지로 분포가 있는데, 선형 전기장에 의해서 이를 수속시킬 수 있어서, 선형 전기장과 선형 자기장의 양쪽을 이용한 질량 분석계를 이중 수속형이라고 한다. 이중 수속형 질량 분석기에서는 높은 질량 분해능을 실현한다. 특정 m/z의 이온만을 검출하는 동작 양식을 선택 이온 모니터링(SIM), 자기장, 전기장을 주사하고, 어떤 m의 이온이 검출되는지 보면 동작 양식을 스캔으로 알려졌다.

이중 수속형 질량 분석계를 SIM모드로 사용하면 정량성이 높으므로, GC와 EI와 조합해서 다이옥신 등 초미량 분석에 계속 이용되어 왔다. 그러나 장치가 대형인 것이나, 자기장의 소인 속도가 느리다는 약점이 있다. 동등한 정량성이 다른 원리의 질량 분석계에서도 가능해지고 있기 때문에 유저의 수는 감소 경향에 있다.

(2) 사중극형

폴(W. Paul, 1913~1993, 독일의 물리학자)은 1953년에 4중극형의 질량분석계를 개발했다. 그림 3.3에 나타낸 바와 같이, 4중극형은 대향하는 쌍곡형의 두 전극(대부분은 원기둥 모양의 전극으로 대용됨)으로 구성되어 있다. 이웃하는 전극에 위상이 다른 직류전압 U와 고주파전압 $V(U + V\cos\omega t)$를 인가함으로써 x방향과 y방향으로는 인력과 척력이 번갈아 작용한다. 4중극 내에 놓인 이온은 m/z 값에 따라 진동운동이 다르고, 안정된 진동 그대로 4중극을 통과할 수 있는 것 이외에는 전극에 충돌하여 전하를 잃는다.

U와 V의 비를 일정하게 유지하면서 V를 변화시키면, 특정 m의 이온만이 안정된 진동운동을 하여 4중극을 통과할 수 있는 것으로부터 질량 분리가 가능해진다. 그림 3.3에 나타낸 바와 같이 4중극을 통과할 수 있는 진폭인 UV의 영역은 정해져 있다. 이러한 전압값을 소인함으로써 SIM 스캔 모드로 측정할 수 있다.

4중극형은 자기장형과 같이 대형의 자석이 필요하지 않고 정량성이 뛰어나고 고속의 소인이 가능하기 때문에 다성분 정량 분석에 적합하다. 보통은 유닛 분해능이라고 불리는 전압값 설정에 사용된다. 이는 질량 분해능이 m/z로 1의 차이를 나눌 수 있다는 설정이다. 4중극형으로 보다 상세한 분해능을 구하면 대폭 이온의 투과율을 희생해야 한다. m/z로 3000 이상의 이온을 측정하는 것은 고주파 인가 전압의 한계에서 어렵다는 단점이 있다.

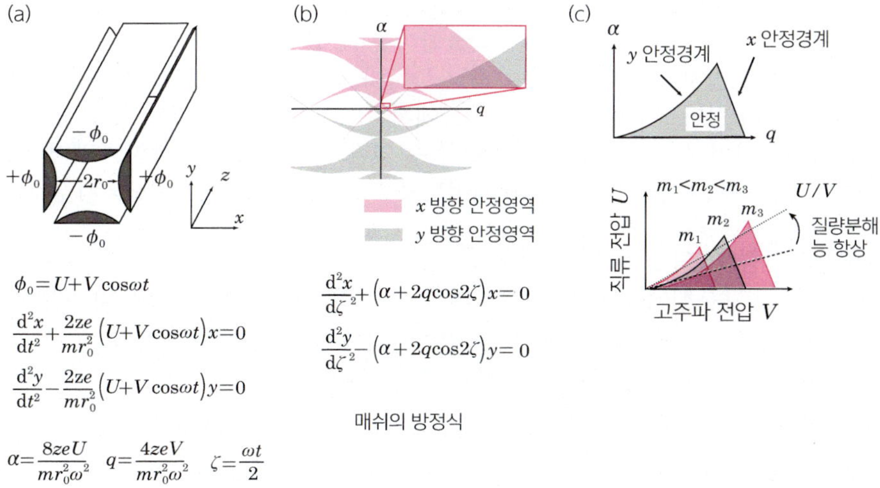

그림 3.3 사중극 질량 분석계의 개념도

(a) 쌍곡선 전극 형상을 사용하여 이웃하는 전극에 위상이 다른 고주파 전압을 인가했을 때의, x, y 방향의 운동 방정식에 대해 변수 변환을 실시하면 매튜의 방정식을 얻을 수 있다. (b) 매튜 방정식은 α, g가 색칠된 값을 갖는 경우에만 안정적인 해를 가진다. (c) 안정 영역의 정점 근방을 이용한 경우 질량 분해능은 높지만 투과율은 떨어진다.

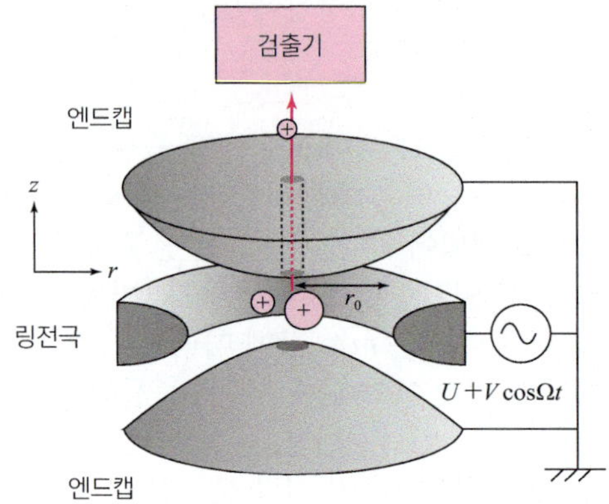

$$\frac{d^2z}{dt^2}-\frac{2ze}{mr_0^2}\left(U+V\cos\Omega t\right)z=0$$

$$\frac{d^2r}{dt^2}-\frac{ze}{mr_0^2}\left(U+V\cos\Omega t\right)r=0$$

$$\alpha_z=-2\alpha_r=-\frac{8zeU}{mr_0^2\Omega^2}$$

$$q_z=-2q_r=-\frac{4zeV}{mr_0^2\Omega^2}$$

$$\zeta=\frac{\Omega t}{2}$$

그림 3.4 이온트랩의 개념도
사중극형과 같이 r, y 방향의 운동 방정식에 대해 변수 변환을 하면 매튜 방정식이 얻어진다.

(3) 이온 트랩형

일반적으로 이온 트랩형이란 4중극형과 마찬가지로 폴에 의해 개발된 것을 말한다. 그림 3.4와 같은 도넛 모양의 링 전극과 그 상하로 배치된 쌍곡면 엔드 캡으로 이루어진다. 2개의 엔드 캡은 전기적으로 접속되고 엔드 캡과 링 전극에는 $(U + V\cos\Omega t)$로 표시되는 직류 전압 U와 고주파 전압 V가 인가된다. 4중극형과 마찬가지로 안정적인 진동이 되는 m/z 또는 m/z의 범위를 만들어낼 수 있다. 4중극형과의 큰 차이점은 4중극형이 안정적인 진동의 이온을 검출기까지 보내는 반면 이온 트랩에서는 이온의 진동을 불안정하게 하여 이온 트랩에서 배출하여 검출한다는 데 있다.

4중극형과 마찬가지로 장치의 소형화가 가능하다. 큰 특징으로, 다단계 질량 분리가 가능하다는 점이 있다. 이에 대해서는 3.3절에서 기술한다. 한편 이온 트랩은 공간 전하의 영향으로 한번에 다량의 이온을 트랩할 수 없다. 유닛 분해능에서의 주사에서 트랩할 수 있는 이온의 수는 최대 10^3~10^4개이므로 그다지 정량 분석에 이용되지 않는다.

(4) 비행시간형(TOF)

비행시간형 질량분석계는 1946년에 스테판(W.E. Stephen, 1912~80, 미국의 물리학자)에 의해 제안되었다. 어떤 이온이 일정한 거리 L의 자유공간을 비행하는 시간이 m/z에 따라 다르다는 것을 이용한 것이다. 에너지 보존법칙에 따라 m/z와 이온의 속도 v 사이에는

$$v=\sqrt{\frac{2\,eV}{m_u\times m/z}} \tag{3.4}$$

의 관계가 있으며 비행시간 T는

$$T=\frac{L}{v}=L\sqrt{\frac{m_u\times m/z}{2\,eV}} \tag{3.5}$$

이 된다. (1)~(3)의 질량 분리가 공간적으로 이루어지는 데 반해, TOF에서는 모든 이온이 검출되는 시간적인 질량 분리가 이루어진다. 이온은 펄스 모양으로 질량 분리부에 도입되어 비행 시간이 측정된다. 이온은 극히 짧은 시간 폭으로 비행하기 때문에, 상세한 m/z와의 차이를 구별하려면 나노초 스케일의 시간차를 구별할 수 있는 검출기가 필요하다. 펄스의 폭을 짧게 하고 비행 거리를 늘림으로써 더 높은 질량 분해능을 실현할 수 있다. 이온의 운동에너지에 분포가 있으면, 같은 m/z의 이온이라도 비행시간에 분포가 생겨 버리기 때문에 분리가 나빠진다. 이 분포를 수속시키기 위해서 2단계 가속법, 직교가속법, 리플렉트론 등이 이용된다.

TOF는 모든 m/z의 이온을 검출하기 때문에 고감도라는 점과 질량 분해능이 높고 측정 가능한 m/z 범위에 제한이 없으며 측정 시간이 짧다는 특징이 있다. 한편 검출기에 도달한 이온을 컴퓨터의 디지털 신호로 변환할 때의 속도가 느려 정량 분석이 어려웠다. 그러나 최근에는 변환 속도가 고속화되고 정량성이 향상된 TOFMS가 등장하고 있다.

(5) 푸리에 변환 이온 사이클로트론 공명(FT-ICR)

FT-ICR은 마셜(A.G. Marshall, 미국 플로리다 주립대) 등에 의해 1974년에 발표되었다. 한결같은 자기장 B에 수직인 방향으로 속도 v로 도입된 이온은 로렌츠 힘에 의해 원형의 회전 운동을 한다. 이때의 회전 주파수(f, 사이클로트론 공명 주파수)는 궤도 반경에 의존하지 않는다. 그래서 f와 B를 측정함으로써 m/z를 얻을 수 있다.

$$f = \frac{eB}{2\pi m_u \times m/z} \tag{3.6}$$

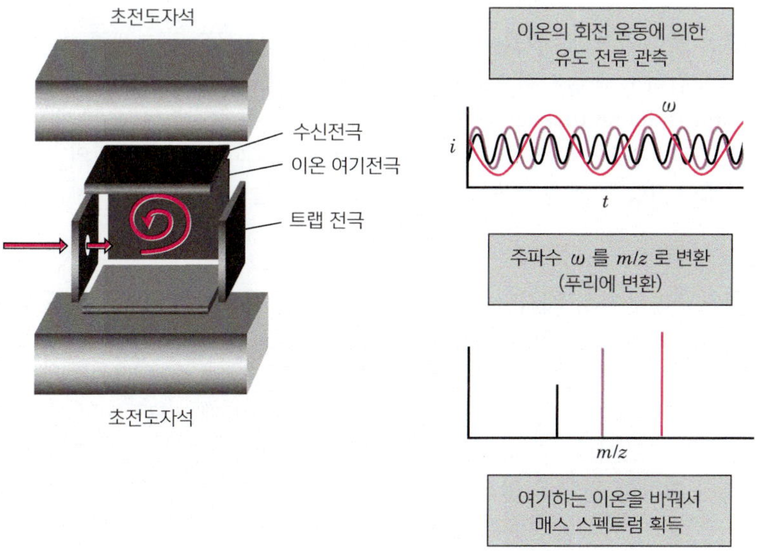

그림 3.5 푸리에 변환 이온 사이클로트론 공명 개념도

3

실제로는 그림 3.5와 같은 구조의 장치를 이용하여 여기 전극에 사이클로트론 공명 주파수의 고주파 전압을 가한다. 도입된 이온은 회전 운동이 여기되어 같은 m/z의 이온의 위상이 일치하고, 각 이온군의 회전 운동이 검출 전극에 대하여 유도 전류를 발생시킨다. 여러 이온의 주파수 성분이 중첩된 유도 전류는 증폭되고 디지털화되고 푸리에 변환에 의해 m/z에 대응하는 데이터로 변환된다.

FT-ICR 검출은 다른 질량 분리 원리에 비해 간접적이고 비효율적이다. 높은 신호 강도를 얻기 위해서는 강한 자기장이 필요하며, 시판 장치에서는 초전도 자석을 사용한다. FT-ICR에서는 유도 전류의 검출에 오랜 시간이 걸릴수록 질량 분해능이 높아진다. 그러기 위해서는 높은 진공도를 확보하고, 이온이 잔류가스와 충돌하지 않고 회전운동을 계속할 수 있도록 할 필요가 있다. FT-ICR은 매우 높은 질량 분해능을 얻을 수 있지만, 초전도 자석이나 고진공을 이용할 필요가 있으며, 크고 고가이다.

3.3 탠덤 질량분석

질량분석을 연속해서 실시하는 기법을 탠덤 질량분석(MS/MS)이라고 하며, 2개의 질량 분리부를 이용해 공간적인 탠덤으로 하는 것과 이온 트랩과 같이 동일한 장치 내에서 시간적으로 탠덤으로 하는 것의 두 종류가 있다. MS/MS는 이온의 구조정보를 얻기 위해 1단계 MS 이후 충돌가스·반응가스를 이용함으로써 해리반응 등을 일으켜 생성한 이온에 대해 2단계 MS를 더 실시한다. 또한 일어나는 반응을 사전에 알고 있으면 반응 전후의 이온의 m/z값을 사용함으로써 보다 선택성이 높은 분석이 가능하다.

3.3.1 시간적 탠덤 질량분석

이온 트랩형 질량 분석계에서는 특정 m/z의 프리커서 이온을 트랩할 수 있다. 여기에 충돌 가스를 도입하고 충돌시킴으로써 프래그멘테이션을 일으키게 한다. 이를 충돌 유기 해리(Collision induced dissociation: CID)라고 한다. 프로덕트 이온에 대해 m/z를 측정하고 또한 트랩 내에서 CID를 일으키게 할 수도 있기 때문에 다단계의 MS/MS가 가능하다. n단계의 질량 분석을 통해 얻은 프로덕트 이온을 n차 프로덕트 이온이라고 한다.

3.3.2 공간적 탠덤 질량분석

2대의 질량 분리부에서 해리반응실을 사이에 두고 접속함으로써도 MS/MS는 가능하다. 2개의 분리부에 같은 원리를 이용하는 것도, 다른 원리를 이용하는 것(하이브리드형)도 시판되고 있다. 가장 일반적인 공간적 MS/MS는 3연속 4중극형이다. 3연속 4중극에서는 1번째와 3번째의 4중극 질량 분리에 이용되고, 2번째는 모든 이온을 통과시키는 4중극 이온 가이드로서의 역할과 충돌 가스를 이용한 CID의 장으로서의 역할이 있다.

질량 분리에 대하여 전단을 MS1, 후단을 MS2로 하여 각각 SIM, 스캔에 상당하는 동작 양식이 가능하다. 그림 3.6과 같은 네 가지 동작 모드가 가능하다. 각각 특정 m/z의 이온만을 통과시키는 모드로 한 것을 선택 반응 모니터링(SRM, 기기 메이커에 따라서는 MRM이라고도 불린다)이라고 한다(그림 3.6(a)). 해리 반응 전후에서 생기는 이온

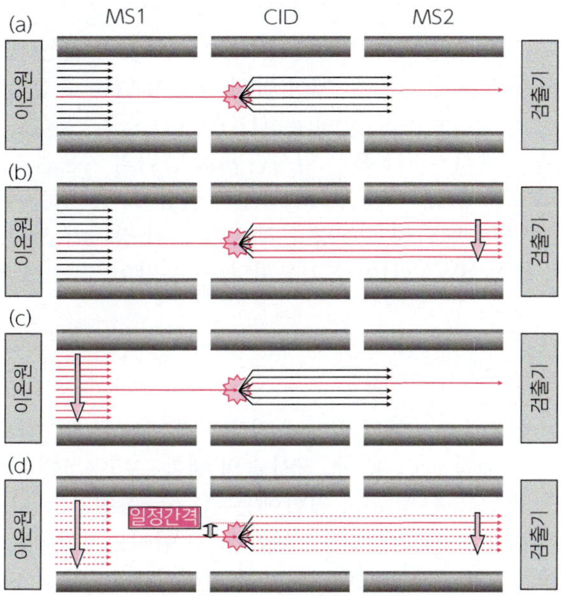

그림 3.6 3연속 사중극의 동작 모습
(a) 선택반응 모니터링, (b) 프로덕트 이온 스캔, (c) 프리커서 이온 스캔, (d) 중성 로스 스캔

의 m/z 값을 알고 있을 때 SRM을 이용하면 선택성이 매우 높은 측정이 가능해진다. 또한, MS1을 SIM, MS2를 스캔함으로써 특정 이온에서 발생하는 프래그먼트 이온의 매스 스펙트럼을 얻을 수 있다. 이를 프로덕트 이온 스캔이라고 한다(그림 3.6(b)) MS1을 스캔, MS2를 SIM으로 하는 것으로, 특정 m을 가진 토막 이온을 생성하는 전구 이온에 대한 질량 스펙트럼을 취득할 수 있다. 이를 프리커서는 이온 스캔이라고 한다(그림 3.6(c)). 또, MS1과 MS2를 동시에 스캔하면 해리 반응 전후로 특정 질량 차이를 생기는 이온의 조합이 검출됐는지를 조사할 수 있어서 이를 뉴트럴 로스 스캔이라고 한다(그림 3.6(d)). 해리 반응은 구조에 의존하기 때문에, 할로겐 원자의 HX에서 이탈, CH_2O, H_2O, CO_2제거 등, 구조에 특유의 중성 로스에 관한 정보를 얻을 수 있다.

3.3.3 DDA, DIA

질량 분석기의 데이터 취득은 고속화가 진행되고 있으며 2단계 동작 모드를 사용하여 데이터를 취득해도, 크로마토그래피의 시간 스케일을 생각하면 두개의 모드에 대해서 연속적인 데이터가 있다고 봐도 좋다. 그런 특성을 이용한 동작 양식에 Data dependent acquisition(DDA제조 회사에 따라서는 IDA라고도 함)이 있다. DDA에서는 일단 MS2에서 어느 이온이 어느 정도 검출되는지를 측정하고, 그 정보에 근거하여 높은 신호 강도로 측정된 이온에 대해서 다시 MS1로 선택하고 여기에 대한 프로덕트 이온 스펙트럼을 얻는 기법이다. 이것에 의해서, 사전에 분석 대상을 정하지 않는 검출된 데이터로부터 이온의 구조 해석이 있다. MS2에는 주로 TOF 등의 고속의 질량 분리 장치가 이용된다.

한편, DDA에서는 1단 측정에서 일정한 신호 강도를 갖지 않는 이온에 대해서는 두 단계의 측정이 행해지지 않기 때문에, 예상 밖의 잘못이 있는 측정이라고도 말할 수 있다. 그래서, Data independent acquisition(DIA)라는 동작 양식도 이용된다. 전단의 MS1로 모든 이온을 통과시키거나 혹은 일정한 m/z 범위의 이온을 모두 통과시키고, 이들 모두 CID로 프레그멘테이션시킨 후, MS2에서 질량 스펙트럼을 취득하는 방법이다. MS2에는 TOF나 푸리에 변환형 고질량 분해능의 분리 장치가 사용된다. 이 DIA(All ion fragmetation, 혹은 SWATH이라고 불린다)는 누락이 없는 보다 망라적인 데이터 취득법이다.

3.3.4 프레그먼트 이온의 표기법

펩티드와 당사슬에 대해서는 분리 방식에 의해서 생기는 프레그먼트 이온의 표기법이 정해져 있다. 펩티드의 예를 그림 3.7에, 당사슬의 예를 그림 3.8에 나타낸다.

펩티드의 주사슬 골격을 구성하는 결합에는 ① α탄소원자와 카르보닐기(C=O)간, ② 카보닐기와 이미노기(NH)간(펩티드 결합)과 ③ 이미노기와 α탄소원자간 3종류가 있다. ①에서 개열하고, N말단측 프레그먼트에 전하가 오는 것을 a이온, C말단측으로 전하가 오는 것을 z이온, ②에서 개열하고, N말단측으로 전하가 오는 것을 y이온, ③으로 개열하고, N말단측으로 전하가 오는 것을 c이온, C말단측으로 전하가 오는 것을 z이온이라고 한다. 펩티드의 말단부터 세어 몇 번째 아미노산 잔기까지 프레그먼트에 포함하느냐로 a_1, a_2, a_3, …라고 표기한다. CID에서는 b이온, y이온의 프레그먼트가 생기기 쉽다. 당사슬에서는 글리코시드 결합의 환원 말단측인지, 비환원 말단측인지, 또는 환내 개열에 의해 생기는 프레그먼트인지에 따라 펩티드와 동일하게 표기한다.

3.4 검출기

톰슨은 첫 질량 분석에서 분리된 이온을 사진 건판에 기록하고 있었다. 낮은 감도와 양적인 비교가 어렵기 때문에, 현재의 장치는 질량 분리 후에 이온 전류를 측정하고 있다. 이온 전류는 펨토암페어와 같은 매우 작은 값의 세계이므로 증폭시켜 검출할 필요가 있다.

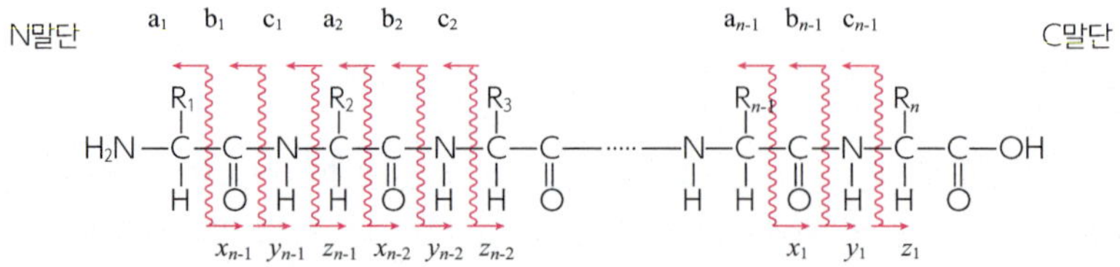

그림 3.7 펩티드의 개열 양식에 의해 발생하는 프레그먼트 표기법

화살표 방향의 프레그먼트에 전하가 있다고 하여 오른쪽 하단부로 프레그먼트에 포함된 아미노산 잔기의 수를 나타낸다.

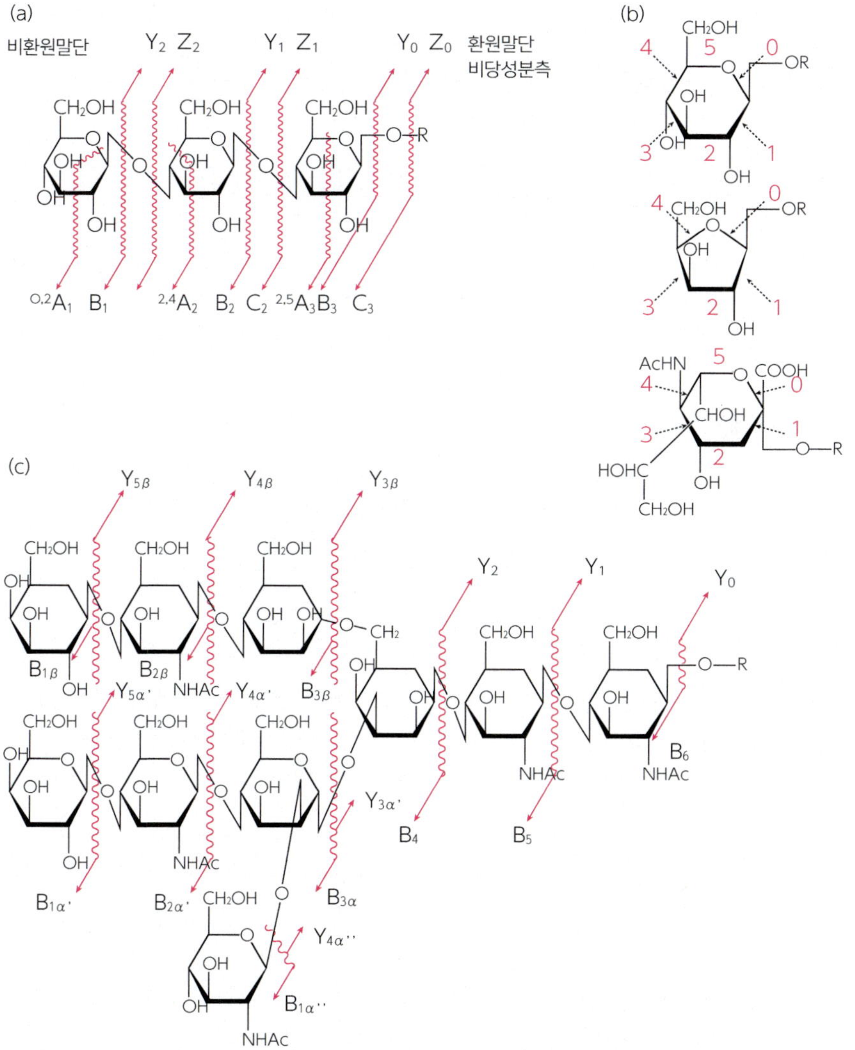

그림 3.8 당사슬의 개열 양식에 의해 생기는 프레그먼트 표기법

(a) 화살표 방향의 프레그먼트에 전하가 있다고 하여 오른쪽 하단부에 당 잔기의 수를 나타낸다, (b) 환내 개열위치 표기, (c) 분기 당사슬 표기.

3.4.1 일렉트론 멀티플라이어

일렉트론 멀티플라이어(Electron Multiplayer)는 전자를 증폭시키는 것으로, 그림 3.9와 같이, 다수의 다이노드로 불리는 전극으로 이루어져 있다. 이온이 다이노드에 충돌함에 따라 2차 전자가 발생한다. 전극에는 100~200 V의 전위차가 주어져 있고, 발생한 전자는 가속되어 제2의 다이노드에 충돌하고, 다시 전자를 발생시킨다. 이를 반복함으로써 기하급수적으로 전자가 늘어나 보통 10^6~10^7배로 증폭된다.

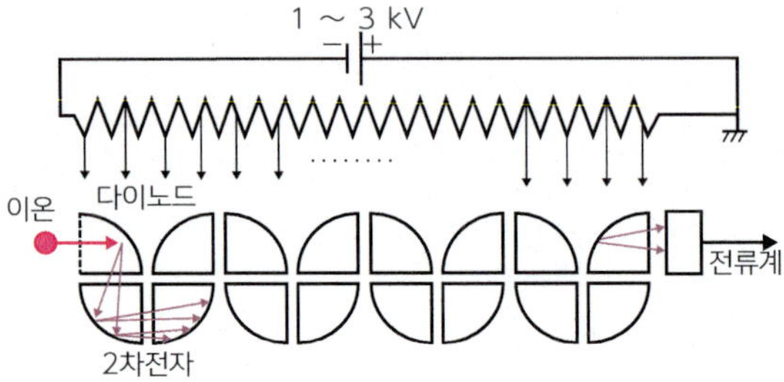

그림 3.9 2차전자 전자증배관 모식도
(일본 질량분석학회편, 「질량분석학」, 그림 2-23으로부터 인용)

3.4.2 포토 멀티플라이어

포토 멀티플라이어(photomultiplier)는, 일렉트론 멀티플라이어와 마찬가지로, 이온이 먼저 다이노드에 충돌하여 2차 전자를 발생시킨다. 이 전자를 가속하여 신틸레이터에 대고 그 발광을 포토 멀티플라이어로 검출한다. 포토 멀티플라이어는 검출기 자체가 밀봉되어 진공으로 되어 있기 때문에 시료 등에 의해 오염되는 일이 없고 수명이 길다.

3.4.3 멀티채널 플레이트

관형 구조로 2차 전자를 증폭시키는 것도 있고, 관의 크기를 줄여 묶음으로 이용한 것을 멀티 채널 플레이트(MCP)라고 한다. 전자의 주행거리가 짧기 때문에 응답이 빠르고 고속의 질량분리를 하는 비행시간형으로 많이 이용된다.

3.5 질량 분해능

얻어진 매스 스펙트럼을 m/z축으로 확대하면, 이온이 가지는 m에 값에는 폭이 있는(일정하지 않은) 것을 알 수 있다. 이것은 실제로 이온의 질량에 편차가 있는 것이 아니라, 같은 m/z의 이온이 가지는 에너지에는 폭이 있고, 또 각각의 이온에는 전하의 반발이 있기 때문에 완전히 같은 위치에 수속시킬 수 없기 때문이다. 그러므로 m/z값이 가까운 이온과 분리할 수 있는 능력이 질량분석에서는 중요하며, 이를 분해능이라고 한다. 질량분석에서 분해능은 질량 m의 값이 아니라 구별할 수 있는 질량차 Δm을 이용하여 $m/\Delta m$으로 정의된다.

무엇을 가지고 Δm라고 할지에 대해서, 그림 3.10과 같이 피크의 폭을 사용하는 방법으로 근접하는 같은 높이의 피크가 어느 정도 분리하고 있는지를 살펴보면 2가지 기법이 있다. 피크 폭을 이용하는 것은 대개 피크의 절반 높이에서의 폭인 반값폭(full width half maximum: FWHM)을 이용한다. 근접하는 두 피크를 이용하는 것은 보통 피크 높이의 10% 위치에서 분리되어 있는 것을 분리하려고 보면 10% 밸리를 이용한다. 자기장형 비행 시간형처럼 수만의 분해능을 갖는 것부터, FT-ICR처럼 분해능이 백 만 있는 것까지 높은 분해능 질량 분석기는 친숙해지고 있다. 그림 3.10에 분해능의 차이에 의

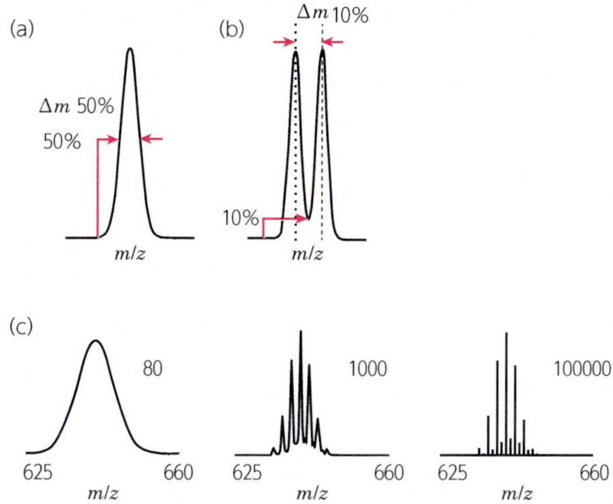

그림 3.10 질량 분해능의 예

(a) 피크의 반값 폭을 Δm으로 하는 예(FWHM), (b) 근접하는 높이의 같은 피크가 10% 높이에서 분리되는 곳의 차이로 Δm이라고 하는 예(10% 밸리), (c) 헥사브로모시클로도데칸($C_{12}H_{18}Br_6$)을 ESI 음이온 모드로 이온화했을 때 생기는 탈양성자 분자를 각각 FMWH의 분해능으로 나타냈을 때의 매스 스펙트럼 ^{79}Br과 ^{81}Br를 3개씩 포함하는 아이소토폴로그가 주 이온이 된다.

한, 질량 스펙트럼이 어떻게 달라지는지를 보였다. 고 분리능 질량 분석계를 이용함으로써 각 이온의 정밀 질량을 구할 수 있다.

3.6 크로마토그래피와의 조합

질량분석은 미량의 다성분을 동시에 분석할 수 있는 뛰어난 방법인 한편, 목적성분을 검출하기에 이르는 과정에서의 손실이 많아 공존하는 성분에 영향을 받는 방법이기도 하다. 따라서 서로 다른 원리의 분리분석과 조합되어 이용되는 경우가 많아지고 있으며, 그 대표적인 예가 크로마토그래피이다. 질량분석의 전 단계의 분리법으로서 크로마토그래피를 이용함으로써 시간적으로 분리된 시료에 대해 연속적으로 매스 스펙트럼을 얻어지면서 정성적, 정량적인 성능은 비약적으로 향상된다.

3.6.1 GC/MS

골케(R.S. Gohlke, 1929~2000미국)와 맥라퍼티(F.W. McLafferty, 1923~, 미국)에 의해 1956년에 처음으로 가스 크로마토그래프와 질량분석계를 조합한 장치가 개발되었다. 기체를 이용하는 크로마토그래피이기 때문에 시료는 분석되는 온도에서 분해되지 않고 기화할 수 있어야 한다. 그러므로, 기화에서 크로마토그래피 분리, 질량 분석계로 도입하는 과정에서 온도 관리는 특히 중요하다. GC에서는 이동상이 기체이기 때문에 고정상과의 분배 평형에 걸리는 시간도 짧고 컬럼도 길게 하는 것이 용이하기 때문에 분해능이 높은 분리를 할 수 있다. 다만, 일반적으로 사용되는 경우가 많아진 캐필러리 컬럼을 이용하는 GC의 피크 폭은 0.1분 정도이며, 질량분석 데이터 취득도 이에 맞추어 충분한 데이터 점을 얻을 수 있도록 설정해야 한다.

GC/MS에서는 현재, 캐리어 가스 유량 및 압력은 전자식 제어로 이루어지고 있으며 온도 조절도 정밀하다. 또, 이온화법도 재현성이 높은 EI가 이용되는 경우가 일반적이다. 그래서, GC/MS로 얻어진 데이터는 조건 설정이 같으면 장치가 달라도 동일한 자료로 같은 데이터를 얻기 쉽다. 따라서 공정법이나 애플리케이션 노트 등에 있는 분석 예제의 조건을 그대로 적용할 수 있는 경우가 많다. 분해성이나 비휘발성 성분은 분석할 수 없지만, 고체 시료에 대해서도 열분해로 인해 생기는 휘발성 성분을 측정 대상으로 한다.

3.6.2 LC/MS

1970년대에 LC를 온라인으로 MS에 접속하는 보고 사례가 여러 연구자들에 의해 보고되기 시작했다. 대기압 이온화의 등장으로 인해, LC와 같은 응축계의 이동상을 질량분석에 이용하는 크로마토그래피를 적용하기 쉬워졌다. ESI에서는 고극성 생체 고분자 등에도 적용할 수 있는 등, GC/MS보다 분석 시료에 대한 제약이 적기 때문에 사용자는 급증하고 있다. 그러나, 분석 예의 조건을 그대로 적용하더라도 GC/MS만큼 데이터의 재현성이 높아지지 않는다. ESI 등의 이온화는 응축계의 반응이며, 이온원의 구조나 LC의 이동상 조성을 변화시키는 그레디언트, LC 컬럼 등의 미세한 차이에 의해 영향을 받기 때문이다. 또한 GC에 비해 점성이 높은 액체를 사용하기 때문에 내압의 한계에서 오는 유량의 상한값도 있어 GC만큼의 고분리를 얻을 수 없다.

3.6.3 인터페이스

질량 분석의 분리부는 기상 이온을 대상으로 하기 때문에, 분리 장치는 고진공이 되었다. 한편, GC든 LC든 크로마토그래피에서는 이동상에 의해 시료가 운반되어 도입된다. 그러므로 고진공을 유지할 수 있는 상태에서 크로마토그래피를 어떻게 접속할 것인가가 큰 과제였다. GC에 관해서는 캐필러리 컬럼의 등장으로 이동상 유량을 줄일 수 있게 되었고, 진공을 유지한 채 컬럼의 출구를 이온원에 접속할 수 있게 되었다. LC에 관해서는 대기압 이온화의 등장으로 이온원과 LC의 접속이 가능해졌다. 한편, 압력차가 있는 이온원과 고진공 분리부를 접속하게 되므로 차동배기라 불리는 접속부를 복수의 방으로 분할하여 단계적으로 진공도를 올리는 기술이 이용되고 있다.

3.6.4 진공계

기상 이온이 잔류가스와의 충돌에 의해 전하를 잃거나 산란되지 않도록 장치의 내부는 진공으로 유지될 필요가 있다. 비행시간이 길수록 분해능이 증가하는 비행시간형이나 회전운동을 장시간 할수록 분해능이 증가하는 FT-ICR에서는 4중극형 등 이온의 이동거리가 짧은 것에 비해 높은 진공도를 확보할 필요가 있다.

통상 질량분석계의 진공배기는 터보 분자펌프나 오일 확산펌프와 같은 고진공 펌프와 고진공 펌프의 배기에 접속하는 로터리펌프에 의한 2단계 배기에 의해 이루어지고 있다. 터보 분자펌프는 동작이나 정지가 신속하게 이루어지고 전력소비도 약 100 W로 작다는 이점이 있다. 오일 확산펌프는 소비전력이 커 동작에 시간이 걸리지만 기계적 가동부분이 없기 때문에 저소음으로 장수명이다. 현재의 질량분석계에서는 터보 분자펌프를 이용하는 것이 다수이다.

3.6.5 유지보수

어떠한 분석기기에서도 트러블이 전혀 일어나지 않는 것은 없다. 고농도이거나, 불충분한 정제밖에 되지 않은 시료를 분석하면 장치에 큰 부하가 걸린다. 장치의 상태 확인을 용이하게 하기 위해 상태를 체크하는 시약 등을 정하여 장치의 사용 종료 시 등 일정한 간격으로 측정하고 기록한다. 분석기기의 안정성을 고려할 때 장치를 설치하고 첫 번째 측정은 연속적인 측정을 계속하고 있는 상태에 비해 정상적인 상태가 되지 않는 경우가 많아 정량분석에는 사용하지 않는 것이 바람직하다.

3.7 조작 방법

여기서는 크로마토그래프와 질량분석계를 조합하여 사용하는 방법을 설명한다. 예로서 GC/EI-MS 및 LC/ESI-MS를 이용하는 분석법을 다룬다. 분자량 500 정도 이하의 열에 안정된 휘발성 물질이라면 GC를 이용하는 것이 일반적이다.

3.7.1 시료의 전처리

생체시료, 식품시료, 환경시료 등 GC/MS, LC/MS를 이용하여 미량분석을 실시하는 매체는 다양하며 기기분석에 부치기 전에 혼합물에서 원하는 성분을 추출하여 정제, 농축하는 전처리를 실시해야 한다. 가장 일반적으로 사용되는 것은 용매추출과 고상컬럼을 사용한 추출과 정제이다. 식품 내에 포함된 잔류농약의 분석에서는 그림 3.11과 같은 전처리 단계를 효율화한 QuEChERS법도 사용되고 있다. 고상추출도 결합하여 작업시간을 줄이고 사용하는 용매의 양을 줄일 수 있다.

3.7.2 측정 조건 최적화

GC/EI-MS로 정량분석을 실시할 경우, 우선 목적성분의 매스 스펙트럼이 관측되고 있는지를 확인한다. 캐필러리 컬럼을 이용하는 GC에서 일반적으로 사용되는 컬럼에는 표 3.1과 같은 것이 있다.

GC의 측정 조건은 다른 분석 사례로부터의 이행이 용이하며, 보통은 유사한 분석 예를 참고한다. 적절한 분석 예를 얻을 수 없는 경우에는 고정상의 선택성과 대상 성분의 극성을 고려하여 컬럼을 선택한다. 우선 내경 0.25 mm × 30 m, 막두께 0.25 μm의 무극성 메틸실리콘 고정상을 갖는 컬럼부터 이용하여 페닐기의 함유량을 바꾸거나 시아노

그림 3.11 고상추출과 QuEChERS법을 조합한 식품시료의 전처리의 예

표 3.1 주요 GC 컬럼과 그 극성

고정상	극성	분석 대상의 예
디메틸실록산	무극성 컬럼	탄화수소, 염소계 농약·염소계 용매, 페놀, 고비점 화합물
5%디페닐95%-디메틸실록산	저극성 컬럼	농약, 프탈산에스테르, 다환방향족
50%디페닐-50%디메틸실록산	중극성 컬럼	스테로이드, 약물, 농약
시아노프로필페닐디메틸실록산	중극성 컬럼	휘발성 유기 화합물
트리플루오로페닐메틸디메틸실록산	중극성 컬럼	유기인계 농약, 함할로겐, 니트로 화합물
폴리에틸렌글리콜	고극성 컬럼	지방산, 알코올

프로필, 폴리에틸렌글리콜 등의 극성 관능기를 갖는 것을 시험한다.

컬럼 직경이 작을수록 이론 단수는 늘어나지만 컬럼 헤드압이 높아진다. 내경이 굵은 컬럼은 가스를 높은 유량으로 사용할 때 이용하기 때문에 GC/MS에서는 잘 사용되지 않는다. 다수의 분석 성분을 포함할 때는 막두께, 컬럼 길이가 큰 것을 이용하면 분리능이 향상된다. 잘 분리된 피크에서 얻은 매스 스펙트럼을 미국 국립표준기술연구소(NIST) 등의 데이터베이스에 수록되어 있는 것과 비교하여 확인한다. 스캔 측정에서 관측된 피크 중 목적 성분에서 유래한 m/z의 이온을 2종류 이상 선택하여 SIM 측정 대상으로 한다.

SIM 측정에서 가장 민감하고 노이즈가 적은 크로마토그램을 얻을 수 있는 m/z의 이온을 정량으로 사용한다. 보통은 하나의 물질에 복수의 m/z를 선택하고 머무름 시간과 강도비로 물질을 확인한다.

LC/MS에서는 GC/MS만큼 측정 조건의 이행은 쉽지 않다. 장치의 성능에 따라 다르지만, 보통은 1 μM 이하의 농도로 희석한 표준용액을 시린지 펌프로 이온원에 도입하는 인퓨전 측정을 최초로 실시한다. 목적 성분의 이온이 검출되는 것을 확인하여 가장 강한 시그널 강도를 얻을 수 있는 이온원 조건에 최적화한다.

MS/MS를 이용할 때는 프로덕트 이온 스캔에 의해 보다 시그널 강도가 큰 프래그먼트 이온이 발생하도록 CID의 조건도 최적화해야 한다. MS/MS에서도 통상은 둘 이상의 SRM 조합을 하나의 물질의 정량에 이용한다. ESI에서는 목적성분의 이온은 비교적 쉽게 검출할 수 있는 경우가 많지만 APCI에서는 용매에서 생기는 시약이온과 분석대상 사이의 반응을 이용하고 있기 때문에 용매의 유량이나 조성, 이온원의 온도에 영향을 받기 쉽기 때문에 전혀 목적성분의 이온이 보이지 않을 때는 용매나 온도 등도 변화시킬 필요가 있다.

3

인퓨전에서 조건을 최적화된다면, 다음은 LC를 접속하고 플로 인젝션에 의하여 인퓨전에서 보인 SRM이 비슷하게 보이는지 확인한다. 이동상의 물의 비율이 많을수록, 첨가하는 초산암모늄 등 첨가물의 농도가 높을수록, ESI의 이온화 효율이 나빠지기 쉽다. 다음으로 컬럼을 접속한다. LC의 칼람은 GC의 캐필러리 컬럼에 비해서 아주 종류가 많다. 소수성 성분 분석에 이용되는 옥타데실 근간으로 수식된 실리카를 충전한 일반적인 역상의 ODS컬럼에서도, 탄소 함량, 결합 양식, 잔존 실라놀기의 차이 등의 세세한 차이가 있기 때문에, 유사한 분석 사례 참고해도 같은 결과를 얻을 수 없는 것도 있다.

LC/MS에서는 이동상의 조성을 분석 중에 변화시켜 강하게 컬럼에 머무르는 성분의 용출을 앞당기는 그레디언트 분석이 이용되는 경우가 많은 ODS 컬럼에서 머무르지 않는 성분은 최근 사용 예가 증가하고 있는 친수성 상호작용 크로마토그래피(hydrophilic interaction chromatography: HILIC) 컬럼을 이용하면 좋은 분리를 얻을 수 있다. 각 컬럼 제조사에서 HILIC 컬럼이 판매되고 있으나 제조사에 따라 고정상이 전혀 다르므로 주의가 필요하다. 같은 HILIC라는 이름이면서 수식되지 않은 실리카인 경우도 있고 디올, 술포베타인 등의 극성의 관능기로 수식되고 있는 것이다.

3.7.3 데이터를 얻을 수 없을 때의 대처

장치의 감도 저하는 여러 원인에 의해 일어날 수 있다. 정상적으로 동작하는 부분을 하나씩 확인하여 동작 불량의 원인을 규명해 나갈 필요가 있다. GC/EI-MS에서는 통상적으로 퍼플루오로트립틸아민(PFTBA)을 이용하여 장치를 교정한다. 진공도가 나쁘거나 질량 분리부에 물이 남아 있는 경우 등은 정상적으로 교정하지 못할 수도 있다. 진공 누출을 블로스프레이 등을 이용해 조사하거나 물 유래 이온이 어느 정도 나와 있는지를 볼 필요가 있다. 진공을 해방시켰을 때나, 봄베 교체 등으로 배관을 조작했을 때 물의 영향이 남을 수 있다. 이온원이나 질량 분리부의 온도를 올린다, 배관의 수분은 캐리어 가스의 유량을 많이 흘리는 등으로 제거한다. 피크 형상이 나빠져 있을 때는 주입구의 오염이나, 컬럼의 열화 등이 원인일 수 있다. 주입구 라이너의 교체나, 주입구 자체의 세척, 컬럼의 주입구측의 선단을 컷팅함으로써 개선할 수 있다. 또한, 오토 샘플러의 시린지가 막힐 수도 있다.

GC/MS에서는 어떤 목적성분에 대하여 표준용액으로 측정했을 때와 실제 시료를 측정했을 때는 같은 양이 포함되어 있었다고 하더라도 시그널 강도에 큰 차이가 나는 경우가 있으며, 이를 매트릭스 효과라고 한다. 목적성분으로서 검출기까지 도달하기 위해서는 분석 동안 안정적인 기상분자의 상태가 유지되어야 한다. 하지만 열에 약한 성분이나 극성이 있는 성분 등은 분해나 응축이 일어날 수 있다. 이럴 때 시료 유래의 여러 성분이 공존하고 있으면 그 공존 성분이 목적 성분을 보호하는 작용을 하며 실제 시료 분석에서 신호 강도가 더 커진다. 낮은 농도의 표준용액에서 현저한 피크 형상의 악화를 볼 수 있는데, 폴리에틸렌글리콜(평균 분자량 300) 등의 극성 성분을 시료 유래 성분 대신 표준용액에 첨가함으로써 매트릭스 효과에 따른 정량값 변동을 완화할 수 있다.

LC/MS에서 데이터를 얻을 수 없는 경우, 우선 컬럼을 분리하여 인퓨전으로 이온이 관측되는지 확인한다. 그 다음 LC를 연결하여 플로우 인젝션에서 피크가 관측되는지 확인한다. 데이터를 얻을 수 없는 원인이 질량 분석계에 있는지, 컬럼에서 나오지 않는지, 애초에 LC에서 주입되지 않았는지 구별하지 않으면 안 된다.우리가 원하는 신호를 얻을 수 없다고 해서 계속 진한 농도의 샘플을 분석하는 것은 현명하지 않다.

장치의 오염은 방전 등 다양한 문제를 일으킨다. 최근에는 이온원의 진공을 해방시키지 않고 이온화실을 꺼내 세척할 수 있는 EI 이온원도 있다. 음이온 모드는 양이온 모드에 비해 방전이 일어나기 쉽다. ESI에서는 전자가 캐필러리 선단부의 고전장이 걸려 있는 영역에서 기체를 이온화한다. 이온화로 인해 생긴 전자가 차례로 기체를 이온화함으로써 코로나 방전 플라즈마가 발생한다. 방전이 일어나면 ESI가 안정적으로 지속할 수 없게 된다. 정이온 모드의 경우 전자는 양의 전위에 있는 캐필러리로 회수되지만, 음이온 모드에서는 전자는 회수되지 않아 방전을 일으키기 쉬워진다. ESI에는 안을 보는 창이 달려 있는 것도 있고, 기대한 데이터를 얻지 못했을 때는 캐필러리의 상태를 확인하는 것이 좋다.

3.8 매트릭스 지원 레이저 탈리 이온화 질량 분석법

3.8.1 원리와 장치의 개요

매트릭스 지원 레이저 탈리 이온화(matrix-assisted laser desorptionionionization: MALDI)법은 자외선 레이저의 파장을 흡수하는 고체 매트릭스와 미량의 시료를 혼합하여 그 혼합물(혼정)에 진공중에서 자외선 레이저광을 펄스 조사함으로써 시료를 이온화하는 방법이다. 레이저를 직접 시료에 조사하면 열에 의한 분해 등이 일어나는데 매트릭스를 통해 시료에 레이저를 조사하여 이온화함으로써 열에 불안정한 시료도 분해하지 않고 측정이 가능하다. MALDI에서 생성한 이온은 m/z값의 차이로 이온의 비행시간이 다른 것을 이용하여 질량분석을 수행하는 TOFMS와 조합하여 질량분석(MALDI TOFMS)을 수행한다. MALDI TOFMS는 여러 이온화법 중에서 가장 고질량 영역까지 측정 가능하며 단백질 등 분자량이 매우 큰 화합물 측정에 적합하다.

MALDI법에서는 비교적 작고 저렴한 질소 레이저(파장 337 nm)나 Nd : YAG 레이저의 3배(파장 355 nm) 등의 펄스 레이저가 자주 이용된다. 시료와 매트릭스의 혼합용액을 MALDI 타겟(스테인리스강 시료 홀더)위에서 혼합한 후 자연건조 등으로 용매를 증발시켜 건고시켜 혼정을 얻는다. 이 혼정에 펄스 레이저광을 조사하여 시료 분자를 이온화시킨다.

이온화의 메커니즘은 아직 완전히 해명되지 않았지만, 다음과 같은 현상이 일어나고 있다고 생각된다. 먼저 매트릭스가 펄스 레이저광을 흡수하여 여기되어 급속한 가열이 일어난다. 이로 인해 매트릭스와 시료에는 순식간에 어블레이션(ablation)이라 불리는 폭발적 기화가 일어난다. 어블레이션에 의해 혼정 표면에 생기는 분출 기둥을 플룸이라고 부른다. 플룸 생성 전후에서는 분자 이온 $M^{+\cdot}$가 생성하거나 매트릭스와 시료 분자 사이에 양성자 등의 수수가 일어나 양성자화 분자$[M+H]^+$나 탈양성화 분자$[M-H]^-$가 생성, 혹은 금속 이온이 부가한 나트륨 이온 부가 분자$[M+Na]^+$ 등이 생성한다(그림 3.12). MALDI의 이온화 기구에 대한 자세한 내용은 문헌을 참조하기 바란다[1,2].

MALDI법에서는 펄스 레이저광을 이용하기 때문에 이온화는 펄스적으로 생성한다. 이 때문에 MALDI법은 TOF MS와의 조합이 원리적으로 적합하다. TOF MS에서는 생성한 이온의 m/z 차이에 따라 비행시간이 다른 것을 이용하여 질량분석을 실시한다(그림 3.13).

MALDI법은 고진공 하에서 이온화를 실시하므로 GC/MS나 LC/MS처럼 크로마토그래피와 직접 접속하여 측정하기는 어렵다. 전처리로서 크로마토그래피를 이용하는 경우는 크로마토그래피를 이용하여 시료를 분리하고, 분취된 각각의 시료를 MALDI TOF MS로 측정한다.

MALDI의 특징으로는 다음 다섯 가지를 들 수 있다.

① TOFMS와 잘 어울리고 분해능으로 질량을 정밀하게 측정할 수 있다.
② 고분자량 시료(≥ 100,000 Da)의 이온화가 가능하다.
③ 매트릭스의 영향이 적다.
④ 주로 1가 이온은 매스 스펙트럼에서 관측된다.
⑤ 고감도이며 소량(수 μL)의 시료로 측정할 수 있다.

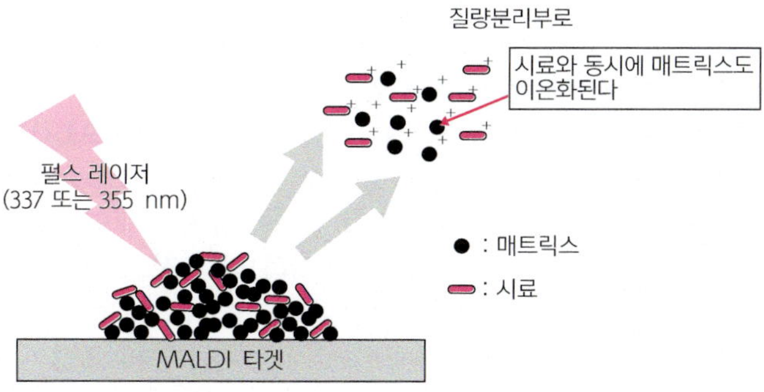

그림 3.12 MALDI법의 이온화 모식도

3

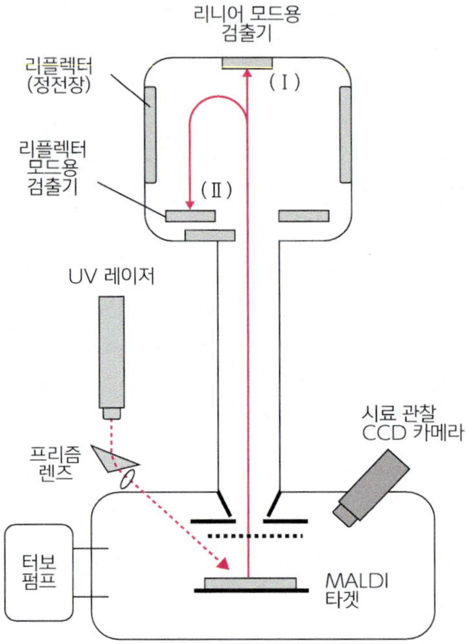

그림 3.13 MALDI-TOF MS 장치의 개략도

3.8.2 MALDI 측정에 있어서의 시료 조제법

자외선 레이저광을 사용하는 UV-MALDI에서는 UV 레이저광의 에너지를 효율적으로 흡수하는 매트릭스와 시료와의 혼정을 만들어 시료의 탈리 이온화를 보조하고 프래그멘테이션을 억제한다. 그래서 UV-MALDI용 유기 매트릭스 분자의 대부분은 UV 레이저광을 흡수하는 방향족 화합물이 많다. UV-MALDI용 유기 매트릭스 분자로 널리 이용되고 있는 화합물을 표 3.2에 정리했다[1]. MALDI의 이온화 메커니즘은 완전히 해명되지 않았기 때문에 측정에 이용하는 매트릭스의 선택, 시료의 제조 방법 등은 경험적인 지식을 바탕으로 하는 경우가 많다. 일반적으로 매트릭스와 시료는 잘 섞어서 결정이 될 필요가 있다고 생각된다. 예를 들어, 고극성 시료에는 고극성 유기 매트릭스가 좋고, 비극성 시료에는 비극성 매트릭스를 조합하는 것이 바람직하다. 그러나, 샘플의 종류에 따라서는 특정 유기 매트릭스를 사용하지 않으면 양호한 MALDI 매스 스펙트럼을 얻을 수 없다.

MALDI법에서는 m/z가 500 이하인 저질량 영역에 유기 매트릭스 유래의 많은 피크가 강하게 나타나기 때문에 저분자(분자량 500 이하)의 측정은 어렵다. 저분자 측정에는 UV 레이저광을 흡수하는 무기 매트릭스(산화티타늄 나노입자, 산화철 나노입자, 금 나노입자 및 백금 나노입자 등)나 미세 가공한 실리콘 기판 등의 표면의 효과를 이용한 방법인 표면지원 레이저 탈리 이온화 질량분석법(surface-assisted laser desorption/ionization mass spectrometry: SALDI-MS) 등의 유기 매트릭스를 이용하지 않는 이

표 3.2 UV-MALDI에서 흔히 사용되는 매트릭스의 명칭, 약호 및 주요 용도

매트릭스의 명칭	약호	주된 대상시료
·피콜린산 ·3-하이드록시피콜린산 ·3-아미노피콜린산	PA HPA 3-APA	올리고뉴클레오티드, DNA
·2,5-디히드록시 안식향산(겐티딘산) ·DHB를 주성분으로 하는 매트릭스의 조합	DHB	올리고당
·α-시아노-4-하이드록시계피산	α-CHC, α-CHCA, 4-HCCA, CCA, 등	펩티드, 저분자량 단백질, 트리아실글리세롤 등 다양한 화합물
·3,5-디메톡시-4-하이드록시계피산(시나핀산)	SA	단백질
·2-(4-하이드록시페닐아조)안식향산	HABA	펩티드, 단백질, 당단백질, 폴리스틸렌
·2-메르캅토아조벤조티아졸 ·5-클로로-2-메르캅토 아조벤조티아졸	MBT CMBT	펩티드, 단백질, 합성 고분자
·2,6-디히드록시아세트페논	DHAP	당 펩티드, 인산화 펩티드, 단백질
·2,4,6-트리하이드록시아세트페논	THAP	고상 담지된 올리고뉴클레오티드
·1,8,9-안트라센 트리올(디트라놀)		합성 고분자
·9 - 니트로안트라센벤조[a]필렌 ·2-[(2E)-3-(4-tert-부틸페닐)-2-메틸프로프-2-에닐리덴] 마로노니트릴	9-NA DCTB	풀러렌류 및 그 유도체

Jürgen H. Gross 저, 일본질량분석학회 출판위원회 옮김, '매스펙트로메트리, 슈프링거 재팬 주식회사, p.460.

온화 방법도 개발되고 있다[3,4]. 표준적인 시료 제조법은 다음과 같다.

① 시료농도가 1~100 pmol/μL 정도가 되도록 용매에 녹인다(주의사항 1 참조).
② 매트릭스는 포화용액이나 약 10 mg/mL의 농도가 되도록 매트릭스를 용매에 용해시킨다(주의사항 2 참조).
③ 시료용액과 매트릭스 용액을 혼합한다(주의사항의 3, 4 참조). 일반적으로 매트릭스와 분석종의 몰비를 5000 : 1~5000 : 1 범위 내에서 혼합한다(주의사항의 5 참조).
④ MALDI 타겟 표면상에 시료와 매트릭스의 혼합용액 0.5~2 μL를 적하하여 건조시킨다(주의사항 4 참조) 이에 따라 매트릭스와 시료의 혼정을 형성시킨다(주의사항 6 참조).

【주의 사항】

1. 용매에는 염, 가소제, 계면활성제 등이 가급적 혼입되지 않도록 한다. 사용하는 용매가 유기용제인 경우에는 플라스틱제 기구나 용기를 용출시킬 가능성이 있다. 이 경우 유리제 기구·용기를 이용하면 좋다. 또한 난휘발성 용매의 사용은 피한다.

2. 녹지 않는 매트릭스가 있는 경우에는 원심하여 맑은 용액을 사용한다.
3. 합성 고분자나 올리고당 등 중성분자를 효과적으로 양이온 부가하여 이온화시키기 위하여 Na^+, K^+, Cs^+, 혹은 Ag^+ 등의 1가 이온을 포함하는 금속 이온의 용액(1 mg/mL 정도)을 미리 MALDI 플레이트 상에 1 μL 정도 떨어뜨려 건조시켜 둘 수 있다.
4. 건조 과정에서 '얼룩의 발생을 피하기 위해 매트릭스와 시료 모두에 용해되는 공통 용매를 이용하는 것이 바람직하다.
5. 매트릭스의 양은 시료종에 비해 과다하게 되어 있기 때문에 분석종의 주위에는 매트릭스가 많이 존재하게 된다. 이에 따라 레이저 조사 시 효율적으로 매트릭스에서 분석종으로 에너지 공여나 양성자 공여가 일어나 시료의 분해도 억제할 수 있다.
6. 유기용매만을 이용한 혼합용액의 경우 용액의 표면장력이 작기 때문에 혼합용액이 MALDI 타겟 상에서 얇게 퍼질 수 있다. 이 경우 물을 유기용매에 가한 혼합용매를 이용하면 좋다. 시료용액과 매트릭스 용액이 서로 용해되지 않을 경우 먼저 매트릭스 용액을 MALDI 플레이트 상에 떨어뜨려 건조시킨 후 시료용액을 떨어뜨려 다시 건조시키는 것이 좋다.
7. 혼정을 만들기 위한 건조방법은 크게 세 가지가 있다. (1) 실온에서 자연건조시킨다. (2) 온풍을 대고 건조시킨다. 및 (3) 감압하에서 건조시킨다. 혼합 상태를 관찰하는 것은 실제 현미경으로 하는 것이 좋다.

3.8.3 실제 측정

(1) 측정 모드

분리 모드에는 다음과 같은 두 가지가 있다.

- 리니어 모드: 그림 3.13의 (I)와 같이 직선적으로 비행한 분자 이온을 측정한다. 이온원에서 생성한 이온 모두가 검출되기 때문에 감도가 비교적 높고 측정할 수 있는 질량 범위가 넓다. 다만 리플렉터 모드에 비해 피크의 질량 분해능이나 질량 정밀도가 떨어진다.
- 리플렉터 모드: 그림 3.13의 (Ⅱ)와 같이 직선적으로 비행한 분자 이온에 더욱 자기장을 걸어 행로를 구부린 분자 이온을 측정한다. 이온 발생 직후 비행시간의 편차를 보정하기 때문에 리니어 모드에 비해 피크의 질량 분해능이나 질량 정밀도가 우수하다.

한편, 검출 모드에는 다음과 같은 두 가지가 있다.

- 포지티브(이온) 모드: 정이온(양성화 분자, Na^+나 K^+부가 분자, 라디칼 양이온 등)을 선택적으로 측정한다.
- 네거티브(이온) 모드: 음이온(탈양성자 음이온 등)을 선택적으로 측정한다.

(2) MALDI법에서 시료 분자나 매트릭스의 피크가 나타나는 방법

MALDI법으로 얻을 수 있는 매스 스펙트럼에서는 분자 이온($M^{+\cdot}$)이나 양성자 부가 분자($[M + H]^+$)나 양이온 부가 분자([M + metal]) 등의 시료 피크가 정이온 모드이며,

탈양성화 분자($[M-H]^-$)는 음이온 모드에서 주로 1가 이온으로 관측된다(주의사항의 1 참조). 덧붙여 일련의 매트릭스 관련 이온(클러스터 이온이나 프래그먼트 이온 등)이 저분자 양역(m/z 700 이하)에 강하게 관측된다.

(3) MALDI법 측정의 요령

MALDI법에서는 CCD 카메라로 비춰진 MALDI 플레이트 상의 혼정에 진공하에서 레이저를 조사하여 측정한다. 이때 상태가 좋을 것 같은 혼정을 찾고(주의사항인 3 참조), 그 부분에 레이저를 조사한다(주의사항인 3 참조). 또한 혼정에 조사하는 레이저의 강도를 서서히 높여가다 보면 어떤 한계값에서 탈리 이온화가 급격히 일어나기 시작하여 시료 피크가 나타날 수 있다(주의사항 4 참조). MALDI법에서 분석 대상으로 하는 이온의 질량을 정밀도 좋게 측정하기 위해서는 질량 기지의 표준물질을 이용한 캘리브레이션 측정을 실시할 필요가 있다(주의사항 5 참조).

【주의 사항】

1. 양성자 부가 분자나 탈양성자화 분자의 생성량은 매트릭스나 시료용액의 pH값에도 영향을 받는다. 시료의 pK_a 값이 매트릭스의 pK_a 값보다 크면 매트릭스에서 시료 분자로 양성자가 이동하고 양성자 부가 분자가 생성되기 쉬워진다. 한편 시료의 pK_a 값이 매트릭스의 pK_a 값보다 작으면 시료 분자에서 매트릭스로 양성자가 이동하여 탈양성화 분자가 생성되기 쉽다.
2. 일반적으로 매트릭스와 시료는 잘 섞이고 혼정이 될 필요가 있다고 여겨진다. 그러나 혼정은 고체이기 때문에 결정 중 시료 분자의 분포는 불균일하며 결정이 생성한 장소 모두에서 분석종 유래 이온을 얻을 수 있는 것은 아니다. 그 결과로 생성한 결정의 극히 일부분에 레이저를 조사한 경우에만 분석종 유래 이온을 얻을 수 있다. 이 부분은 스위트 스폿이라고 불린다. 그러나 스위트 스폿이 결정의 어느 부분인지는 경험에서 찾을 수밖에 없다.
3. 동일한 곳에 레이저를 계속 조사하면 시료 피크가 나타나기 어려워지므로 어느 정도 측정하면 다른 장소의 결정으로 이동하여 측정하는 것이 좋다.
4. 레이저의 강도가 너무 높으면 시료 피크의 분해능이 나빠지고 노이즈(백그라운드)가 클 수 있다. 이 경우 반대로 조금씩 레이저 강도를 낮춰감으로써 피크의 분해능이 좋아지고 노이즈도 줄일 수 있다.
5. 질량 교정용 표준물질로서 아미노산 조성이 알려진 펩티드나 단백질 등의 표준물질이 시판되고 있다. 측정 정밀도는 일반적으로 내부 표준법이 외부 표준법보다 높아진다.

3.8.4 측정 예

(1) 펩티드

【매트릭스】

α-cyano-4-hydroxycinnamic acid (CHCA)

3

【조제법】

- 물/아세토니트릴 혼합용액(부피비로 1 : 1)에 트리플루오로아세트산(TFA)을 0.1% 더한다. 이 혼합용액에 CHCA를 약 10 mg/mL의 농도로 용해시켜 매트릭스 용액을 조제한다. 혹은 CHCA의 포화용액이 되도록 매트릭스 용액을 조제한다.
- 샘플용액 2 pmol/μL과 매트릭스 용액을 체적비 1 : 1의 비율로 혼합한다.
- 샘플과 매트릭스의 혼합액 1 μL을 MALDI 타겟 상에 적하한 후 건조시켜 혼정을 얻는다.
- 혼정에 레이저를 조사하고 측정하여 매스 스펙트럼을 얻는다(그림 3.14).

(2) 단백질

【매트릭스】

synapic acrd (SA) 혹은 2-(4-hydroxyphenylazo) benzoic acid)(HABA)

【조제법】

- 펩티드와 동일하게 실시한다. 단백질에서는 시료농도가 1~10 pmol/μL이 되도록 제조한다.
- MALDI의 정이온 모드로 펩티드나 단백질을 측정한 경우 양성자 부가 분자([M + H]$^+$)이 생성하기 쉽다.

(3) 당질

【매트릭스】

2,5-dihydroxy-benzoic acid (DHBA)

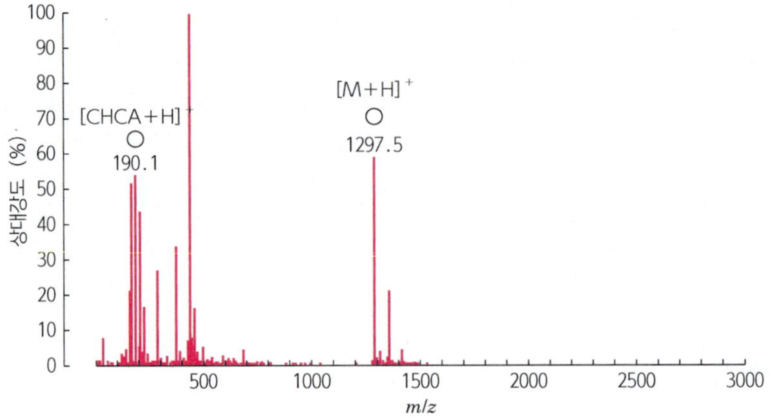

그림 3.14 안티오텐신의 MALDI 매스 스펙트럼

안티오텐신 I ($C_{62}H_{89}N_{17}O_{14}$ = 1296.4987) 의 양성자 부가 분자[M+H]$^+$와 매트릭스인 CHCA (CHCA=189.17)의 양성자 부가 분자 [CHCA+H]$^+$가 관측되고 있다.

【조제법】

- 에탄올 용액 또는 40% 아세토니트릴 수용액에 DHBA를 약 10 mg/mL이 되도록 매트릭스 용액을 조제한다. 샘플 용액은 10~100 pmol/μL이 되도록 제조한다.
  이하, 펩티드와 동일하게 실시한다.

시료와 DHBA의 혼정에서는 시료가 편재되기 쉽기 때문에 이온이 검출되는 혼정의 위치(스위트 스폿)에 레이저를 적절히 조사할 필요가 있다. 또한 MALDI의 정이온 모드로 중성당질을 측정한 경우 양성자 부가 분자가 아닌 당사슬에 나트륨 이온이나 칼륨 이온이 부가된 양이온 부가 분자($[M + metal]^+$)가 검출되기 쉽다.

(4) 올리고뉴클레오티드

【매트릭스】

3-hydroxypicolinic acid (3HPA)

【조제법】

- 올리고뉴클레오티드 수용액(1~10 pmol/μL)을 제조한다.
- 50% 아세토니트릴 수용액에 3HPA를 50 mg/mL(혹은 포화수용액)이 되도록 3HPA 용액을 조제한다.
- 구연산수소2암모늄 수용액을 100mg/mL가 되도록 제조한다.
- 3 HPA 매트릭스 용액과 구연산수소2암모늄 수용액을, 체적 대비 10 : 1의 비율로 혼합하여 매트릭스 용액을 제조한다.
- 매트릭스 용액 1 μL을 MALDI 타겟 상에 적하 후, 실온에서 건조시킨다. 이어서 올리고뉴클레오티드 수용액 1 μL을 MALDI 타겟 상에 적하 후, 실온에서 건조시킨다. MALDI 타겟 상의 혼정에 레이저를 조사하고, 음이온 모드로 측정한다.

(5) 합성 고분자[5)]

친수성 고분자에서는 매트릭스: 2,5-dihydroxy-benzoic acid (DHBA)나 CHCA 등이, 소수성 고분자에서는 1,8-Dihydroxy-9 (10*H*)-anthracenone (Dithranol)이나 *trans*-2-[3-(4-*tert*-Butylphenyl)-2-methyl-2-propenylidene] malononitrile (DCTB)가 사용되는 경우가 많다.

MALDI법에 의한 합성 고분자의 이온화에서는 단백질 등의 생체 고분자의 경우에 비해 양성자화 분자$[M + H]^+$가 생기기 어려운 경우가 많다. 이 때문에 측정 시료에 양이온화제로 NaI, KI, 트리플루오로아세트산나트륨(NaTFA), 방향족계 고분자에는 트리플루오로아세트산은(AgTFA) 등의 염류를 첨가하여 이온화 효율 향상을 도모한다.

【조제법】

- 농도 1 mg/mL 정도가 되도록 분석 고분자가 용해하는 용매(양용매)를 이용하여 제조한다.

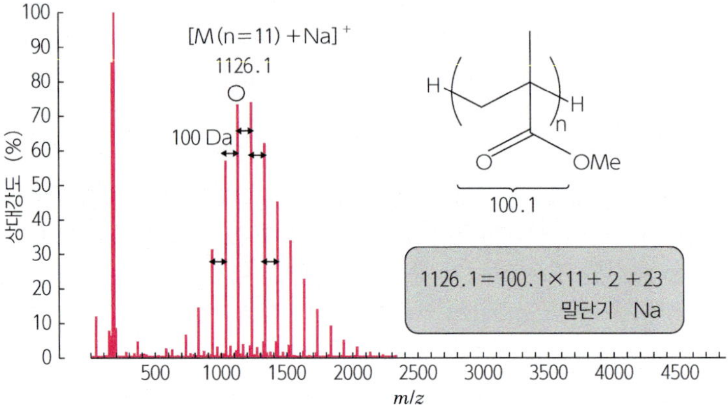

그림 3.15 폴리메타크릴산메틸(PMMA)의 MALDI 매스 스펙트럼

PMMA의 단량체 분자량(100.1)을 단위로 한 간격의 피크군이 나트륨 부가 분자 $[M+Na]^+$로서 관측되고 있다.

- 시료와 동 용매로 매트릭스 용액을 조제한다(농도는 약 10 mg/mL).
- 샘플과 매트릭스를 1 : 10 비율로 혼합한다.
- 시료와 동 용매로 양이온화제 용액을 조제한다(농도는 약 1 mg/mL).
- MALDI 타겟 상에, 1 μL 정도의 양이온화제 용액을 떨어뜨리고 건조시킨다. 그 다음, 시료와 매트릭스의 혼합 용액을 1 μL 정도, MALDI 타겟 상에 떨어뜨리고, 건조시켜 혼정을 얻는다.
- 혼정에 레이저를 조사하고 측정하여 매스 스펙트럼을 얻는다(그림 3.15).

상기 각종 시료 조제법은 일례에 불과하다. MALDI법의 시료 조제법에서 최적의 방법을 찾으려면 문헌을 참고하면서 시행착오가 필요하다는 것을 부기한다.

3.9 질량 분석에서 얻은 데이터

3.9.1 매스 스펙트럼의 시각

매스 스펙트럼은 이온의 m/z 값과 그 강도로 이루어져 있다. 정량 분석에서 특정 m/z의 이온만을 상대하는 것이 아니라 매스 스펙트럼에서 이온의 구조를 해석할 때에는 질량이 다른 이온을 올바르게 식별할 필요가 있다. 대부분의 경우 질량이 다른 동위원소가 포함되기 때문에 단독 화합물에서 질량이 다른 복수의 이온을 생성하므로 각각의 호칭이 정해져 있다. 표 3.3과 같이 동위원소의 조성이 다른 이온 중에서, 최대의 감도를 가지는 이온을 주이온(principal ion)이라고 한다.

이온화에 따라, 같은 양이온이라도 M^+는 분자 이온, $[M + H]^+$는 양성자화 분자라고 하여 구별한다. 그 외에도, 이온화 과정에서 프래그멘테이션을 일으킨 프래그먼트 이온

표 3.3 매스 스펙트럼에 나타나는 피크에 관한 용어

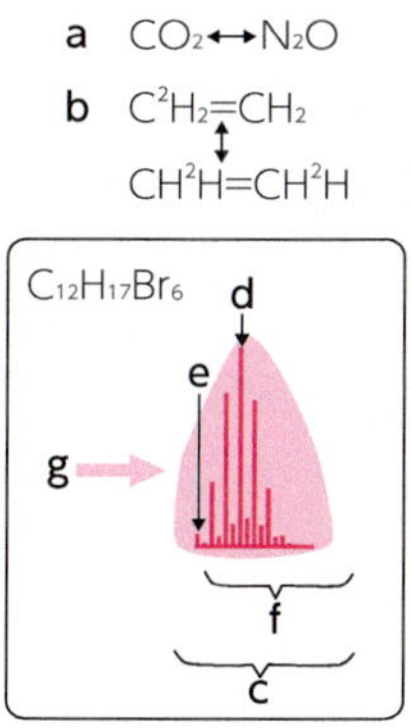

a	Isobar 동중체	정수 질량은 같다.
b	Isotopomer 동위체 이성질체	동위체의 결합위치가 다르다.
c	Isotopolog 동위체 동족체	동위체의 조성이 다르다.
d	Principal ion 주 이온	최대 감도의 이온
e	Monoisotopic ion 모노아이소토픽 이온	각 구성 요소에서 천연 동위체 존재도가 가장 큰 동위원소만으로 구성된 이온
f	Isotopic ion 아이소토픽 이온	천연 동위체 존재도가 최대가 아닌 동위원소를 포함하는 이온
g	Isotope pattern 동위체 패턴	Isotopolog의 피크 패턴
	Base peak 기준 피크	매스 스펙트럼 상에서 가장 큰 강도를 갖는 피크
	Mass defect(chemistry) 질량 결손	정수 질량과 정밀 질량의 차이
	[A + *n*] 이온	Monoisotopic 이온을 A로 하여 정수질량으로 *n* 큰 이온

이나 부가 이온을 매스 스펙트럼상에서 볼 수 있다. 안정 동위원소를 가진 원소를 포함하는 이온에 대해서는 같은 분자식이라도 질량이 다른 이온이 있기 때문에, 질량 분석에서는 각각의 다른 이온으로 검출된다.

이 동위원소 조성이 다른 일련의 이온을 아이소토픽 이온(isotopic ion)이라고 한다. 그 중에서도 가장 안정 동위원소 존재비가 큰 동위원소만으로 구성된 이온이 모노아이소토픽 이온(monoisotopic ion)이다. 이들 아이소토픽 이온의 관계를 아이소토픽 이온(isotopolog, 동위원소 동위체)이라고 하며, 이 아이소토픽 이온의 출현 방식을 동위원소 패턴이라고 한다.

이 동위원소 패턴에는 그 이온에 어떤 원소가 포함되어 있는지에 대한 정보가 포함되어 있다. 그림 3.16과 같이, ^{13}C의 존재비는 1.1%이므로, 질량이 [A + 1]/[A]의 강도비에서 이온에 포함된 탄소 원자의 수를 예측할 수 있다. ESI나 MALDI와 같이 고질량 분자의 이온화가 가능해졌기 때문에 [A + 1]/[A]의 강도비에 의해 얻을 수 있는 정보의 가치가 증가하고 있다. 또한 염소, 브롬, 황 등 질량수가 큰 동위원소를 여러 개 갖는 경우에는 동위원소 패턴에 분명한 특징이 나타난다. 한편 APCI에서의 이온화 등 M^+와 $[M + H]^+$가 동시에 생성하는 경우도 있으며, 이때 각각의 동위원소 패턴이 겹치기 때문에 겉보기에는 동위원소 패턴이 비뚤어지게 된다.

이들 이온을 정밀하게 분리하려면 적어도 50만 정도의 분해능이 필요한데 질량 분석에서는 그러한 분해능이 일반적이지 않아 동위원소 패턴의 중첩에는 주의를 기울여야 한다.

이온의 정수 질량이 홀수인지 짝수인지도 유용한 정보이다. C, H, O, N, S, P, 할로겐

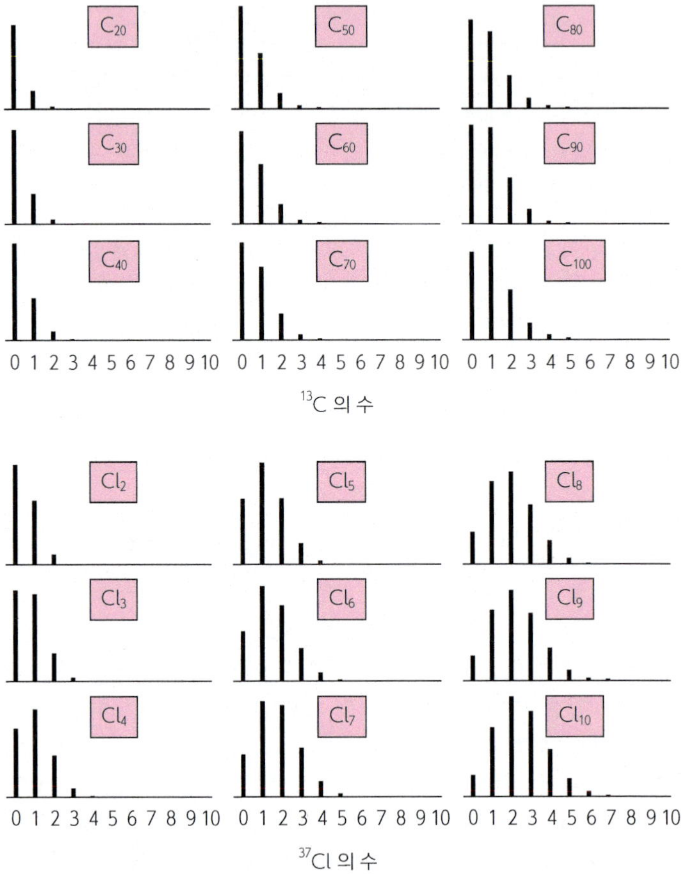

그림 3.16 동위원소 패턴에서 읽는 구성원소 조성

(a) 탄소 원자수가 동위원소 패턴에 미치는 영향, (b) 염소 원자수에 의한 동위체 패턴에 미치는 영향.

으로 이루어진 일반적인 유기 분자에서 분자 이온의 질량은 홀수 개의 질소를 포함할 때는 홀수가 된다. 이는 질소만이 짝수 질량수이며 홀수의 원자가를 가지기 때문이다. 또한 ESI에서 볼 수 있는 것과 같은 $[M + H]^+$나 $[M - H]^-$일 때는 이 관계는 반대로 되고 홀수 개의 질소를 포함할 때 이온의 정수 질량은 짝수가 된다.

고해상도 질량분석계를 사용함으로써 정밀한 질량의 측정도 가능하다. 질량분석에서는 계산에 의해 얻어진 정밀질량을 계산정밀질량(exact mass)이라고 하며, 측정에 의해 얻어진 정밀질량을 측정정밀질량(accurate mass)이라고 하여 구별한다. 이 둘은 동의어가 아니다. 주요 원소, 입자에 대한 계산정밀질량을 표 3.4에 나타낸다. 정확한 측정 정밀 질량이 얻어지면 상대적으로 큰 질량의 이온에 대해서도 분자식을 쉽게 유도할 수 있다.

표 3.4 원소의 동위원소 존재비

	질량수	m	존재비
양자	1	1.00727647	-
중성자	1	1.00866492	-
전자		0.000548580	-
H	1	1.0072825	99.988
	2	2.01410	0.011
C	12	12	98.93
	13	13.00335	1.07
N	14	14.00307	99.636
	15	15.00011	0.364
O	16	15.99491	99.757
	17	16.99913	0.038
	18	17.99916	0.205
P	19	18.99840	100
Na	23	22.9897693	100
Si	28	27.97693	92.223
	29	28.97649	4.685
	30	29.97377	3.092
P	31	30.97376	100
S	32	31.97207	95.99
	33	32.97146	0.75
	34	33.96787	4.25
	35	35.96708	0.01
Cl	35	34.96885	75.76
	37	36.96590	24.24
K	39	38.9637068	93.26
	40	39.963998	0.0117
	41	40.961826	6.730
Ca	40	39.962590	96.97
	42	41.958617	0.64
	43	42.958766	0.15
	44	43.955481	2.06
	48	47.952522	0.18
Br	79	78.91834	50.69
	81	80.91629	49.31
I	127	126.90447	100
Cs	133	132.905451	100

m은 질량을 통일 질량 단위로 나눈 값

3.9.2 정성분석

GC/EI-MS에서는 70 eV의 에너지로 충격받은 전자에 의해 이온화가 일어나는데, 이 값은 이온화 에너지보다 크고, 과도한 에너지를 받은 이온은 프래그멘테이션을 일으킨다. 프래그멘테이션 양식은 물질의 구조에 따라 달라지므로 매스 스펙트럼 상의 프래그먼트 이온의 흐름을 살펴봄으로써 이온의 구조에 대한 정보를 얻을 수 있을 것으로 기대된다.

GC/EI-MS로부터 얻을 수 있는 매스 스펙트럼에서 우선 주목하는 것은 분자 이온 $[M]^{+\cdot}$, 검출되고 있는 프래그먼트 이온과 분자 이온의 질량차(중성 로스), 저질량 영역에서 볼 수 있는 특징적인 m/z의 프래그먼트이다. 분자 이온의 정수 질량이 홀수인지 짝수인지도 이온이 질소를 포함하는지에 대한 판단 재료가 된다. 또한 분자 이온의 동위원소 패턴을 보면 염소나 브롬, 황과 같은 특징적인 동위원소가 포함되는지를 알 수 있다.

하이드록시기나 불소의 존재를 시사하는 질량 18이나 20의 중성 로스나 벤질기·트릴기의 존재를 시사하는 m/z 91의 이온 등 몇 가지 특징적인 값이 있어 구조를 읽어내는 데 재료가 된다. 표 3.5, 3.6에 EI-MS에서 볼 수 있는 대표적인 중성 로스와 계산 정밀 질량 값과 그에 상응하는 구조를 나타낸다. 작은 값에서 이온의 부분 구조를 읽고 전체 분자를 조립함으로써 분자식도 추정할 수 있다.

3

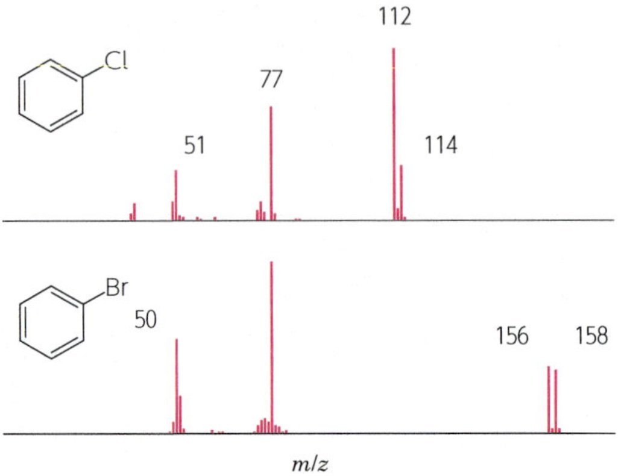

그림 3.17 클로로벤젠과 브로모벤젠의 EI에 의해 매스 스펙트럼 예

그림 3.17에 EI에서의 클로로벤젠과 브로모벤젠의 매스 스펙트럼을 나타낸다. 각각 분자이온이 특징적인 동위원소 패턴을 나타내어 벤젠 구조에서 유래한 프래그먼트 이온을 볼 수 있음을 알 수 있다. 또한, 분자에 포함된 원소 조성으로부터, 그 이온이 몇 개의 이중 결합이나 고리상 구조를 가지는지를 구할 수 있다. 이중 결합의 수와 고리의 합(ring and double bond equivalent: RDB)은 다음 식으로 구할 수 있다.

$$\mathrm{RDB} = x - \frac{1}{2}y + \frac{1}{2}z + 1$$

여기서 x는 탄소와 같은 원자가 4의 원소의 수, y는 수소나 할로겐과 같은 원자가 1의 원소의 수 z는 질소, 인과 같은 원자가 3의 원소 수이다. ESI의 MS/MS에서 볼 수 있는 이온은 짝수 전자인 경우가 많으며, 통상 RDB의 값은 이온에서 0.5의 단수가 되고 중성 로스는 정수값이 된다.

MS/MS에서의 CID에 의한 프레그먼트에서는 1단 MS에서 특정 m에의 이온만을 선택하고 있기 때문에, 이 시점에서 프로덕트 이온 스펙트럼으로부터는 동위원소 패턴의 정보는 상실되고 있다. 그러나 이 경우에도 특징적인 질량의 중성 로스, 특징적인 m/z의 프래그먼트 정보는 얻을 수 있다. 덧붙여 MS/MS에서 DIA를 이용한 경우는 프로덕트 이온 스펙트럼에도 동위원소 패턴의 정보가 남기 때문에 구조해석용 데이터 취득 모드라고 할 수 있다.

3.9.3 라이브러리 서치

EI에 의한 이온화는 기상 단분자 반응이기 때문에 재현성이 높다. 측정을 통해 얻은 매스 스펙트럼을 이용하여 라이브러리 상에 있는 매스 스펙트럼에서 유사한 것을 검색할 수 있다. NIST나 와일리사로부터 매스 스펙트럼 라이브러리가 시판되고 있으며, 그 수는 수십만을 넘어 화합물의 동정이 용이해졌다. 최근에는 MS/MS 라이브러리와 고해상도 장치로 측정된 매스 스펙트럼 라이브러리도 증가하고 있다.

표 3.5 대표적인 중성 로스의 값과 가능한 화합물의 종류

이온	탈리하고 있는 중성 로스	중성 로스의 계산 정밀 질량	가능한 화합물의 종류	
			일반	방향족 화합물의 경우
M–1	$H^{\cdot}$	1.007825	알데히드, N–알킬아민	
M–2	H_2	2.015650		
M–15	$CH_3^{\cdot}$	15.023475		
M–16	$O^{\cdot}$	15.994915	N–옥사이드, 술폭시드	$Ar-NO_2$
M–16	$NH_2^{\cdot}$	16.018724	제1아미드	$Ar-SO_2NH_2$
M–17	$HO^{\cdot}$	17.002740		
M–17	NH_3	17.026549		
M–18	H_2O	18.010565	알코올	
M–26	C_2H_2	26.015650		Ar–H
M–27	HCN	27.010899		Ar–CN, 함질소 방향족 화합물
M–28	CO	27.994915	키논, 산무수물	
M–28	C_2H_4	28.031300	에틸에스테르 $-CO-\overset{\vert}{\underset{\vert}{C}}-CH_2CH_3$	$Ar-O-CH_2CH_3$
M–29	CHO	29.002740		
M–29	$C_2H_5^{\cdot}$	29.039125	$-CO-CH_2CH_3$	$Ar-\overset{\vert}{\underset{\vert}{C}}-CH_2CH_3$
M–30	CH_2O	30.010565		$Ar-O-CH_3$
M–30	$NO^{\cdot}$	29.997989		$Ar-NO_2$
M–31	CH_3O	31.018390	메틸에스테르	
M–32	CH_3OH	32.026215		
M–33	$HS^{\cdot}$	32.979897	티올	
M–34	S_2O	33.987722	티올	
M–42	CH_2CO	42.010565	에놀아세테이트	$Ar-COCH_3$, $Ar-NHCOCH_3$
M–42	C_3H_6	42.046950	$-CO-\overset{\vert}{\underset{\vert}{C}}-CH_2CH_2CH_3$	$Ar-O-CH_2CH_2CH_3$, $Ar-\overset{\vert}{\underset{\vert}{C}}-CH_2CH_2CH_3$
M–43	$CH_3CO^{\cdot}$	43.018390	메틸케톤	
M–43	$C_3H_7^{\cdot}$	43.054775		
M–44	CO_2	43.989830	산 무수물	
M–45	$COOH^{\cdot}$	44.997655	카르본산	
M–45	$C_2H_5O^{\cdot}$	45.034040	에틸에스테르	
M–46	C_2H_5OH	46.041865		
M–46	$NO_2^{\cdot}$	45.992904		$Ar-NO_2$
M–56	C_4H_8	56.062600	$-CO-\overset{\vert}{\underset{\vert}{C}}-C_4H_9$	$Ar-O-C_4H_9$ $Ar-\overset{\vert}{\underset{\vert}{C}}-C_4H_9$
M–57	$C_2H_5CO^{\cdot}$	57.034040	에틸케톤	
M–57	$C_4H_9^{\cdot}$	57.070425	$-CO-C_4H_9$	$Ar-\overset{\vert}{\underset{\vert}{C}}-C_4H_9$
M–60	CH_3COOH	60.021130	초산에스테르	

(나카타 나오오, 「유기 매스스펙트로메트리 입문」 고단샤 사이언티픽, 표 4–3으로부터)

표 3.6 저질량 영역의 대표적인 프레그먼트 이온

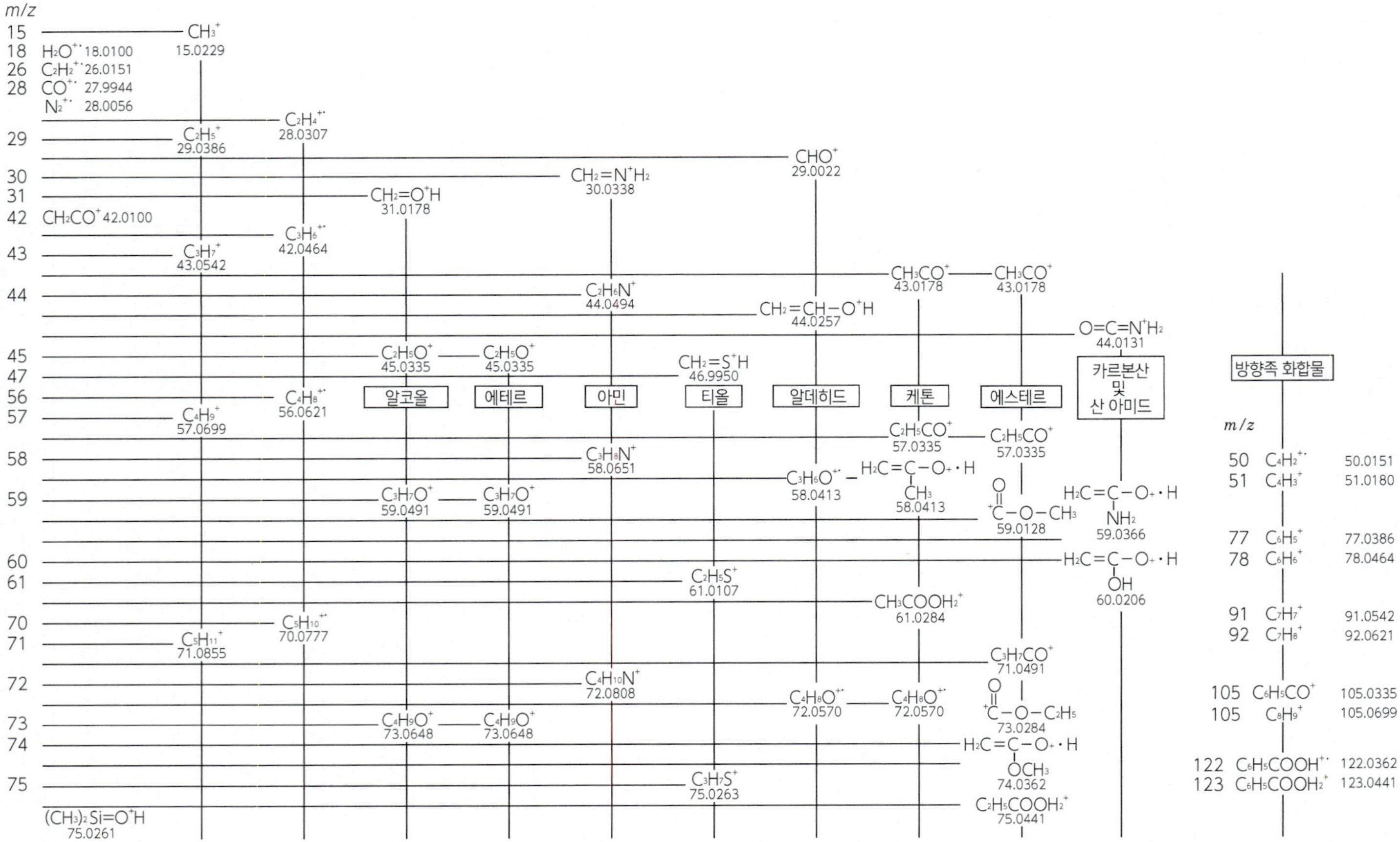

(나카타 나오오,「유기 매스 스펙트로메트리 입문」 고단샤 사이언티픽, 표 4-4으로부터)

3.9.4 프레그멘테이션 양식

프리커서 이온이 EI에서의 이온화에서 통상 볼 수 있는 것과 같은 홀수 전자의 이온화에 의한 것인가, ESI에서의 이온화에서 볼 수 있는 것과 같은 짝수 전자의 이온종에 의한 것인가에 따라, 프리커서 이온은 크게 다르다. 홀수 전자의 프리커서 이온에서는 홀수 전자와 짝수 전자의 프리커서 이온으로부터는 기본적으로 짝수 전자의 프리커서 이온이 생긴다.

프레그멘테이션은 주로 단순 개열과 전이 반응에 의해 일어난다. 프레그멘테이션의 반응을 표기하는데 있어서, 공유 결합의 두 전자 중 하나, 혹은 부대전자가 이동하는 경우를 외날개 화살표로 쓰고, 두 전자가 쌍으로 이동하는 경우를 양날개 화살표로 쓴다.

부대전자에 의한 단순개열을 호모리시스, 전자쌍의 이동에 의한 단순개열을 헤테로리시스라고 한다. 부대전자, 정전하, 음전하에 의해 일어나는 반응에 대하여 표 3.7과 같다.

표 3.7 프레그멘테이션에 있어서 주요 반응

부대전자에 의해 일어나는 단순 개열
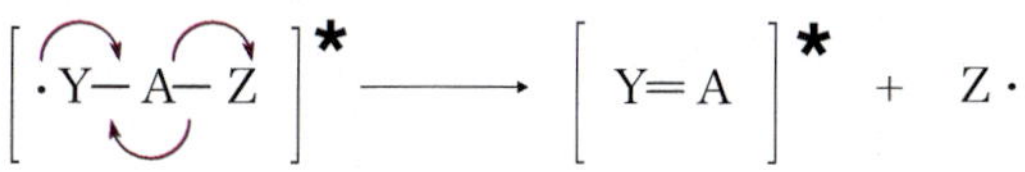
(* 는 양 또는 음의 전하를 타나낸다)
반응에 의해 발생하는 생성 종의 안정성이 반응의 용이성에 영향을 준다. 라디칼 Z·의 경우 안정성은 다음 순서로 크다. RO· > HO· > R· (*tert*>*sec*>*prim*) > CH_3· > H· 개열의 용이성에는 차이가 있으며, Y가 N > O > S > Br > Cl 순으로 일어나기 쉬운 것으로 경험적으로 알려져 있다.
부대전자에 의해 일어나는 전위 반응
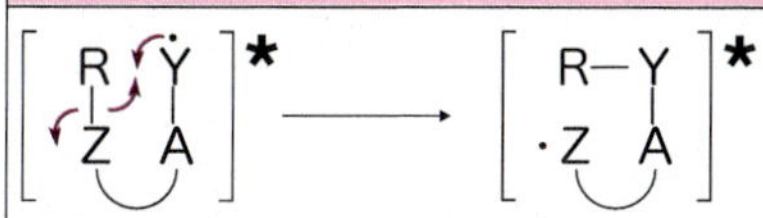 전이 반응이 일어난 후, 새로 생긴 Z상의 라디칼에 의해 개열 반응이 진행된다.
R이 수소 원자일 때, Y와 R 사이에 이중결합이 있고 R이 Y로부터 세어 6번째가 될 때, Y와 R 사이에 이중결합이 없어도 R이 Y로부터 세어 네 번째가 될 때 일어나기 쉬운 6번째 수소가 전이되는 경위 반응은 McLaffecrty 전위라고 한다.
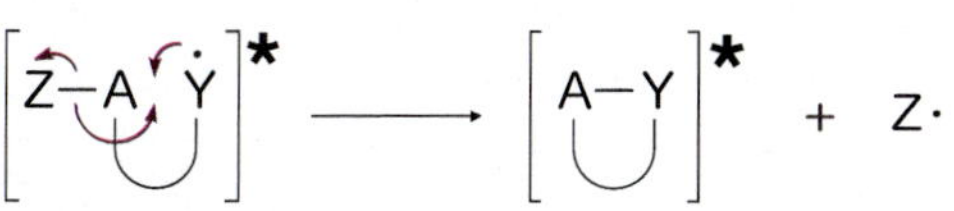 그 자체로 분열을 동반한 전이 반응.
Z가 알킬기일 때 일어나기 쉽다. 오원환이 생길 때 일어나기 쉽다.
정전하에 의해 일어나는 단순 개열
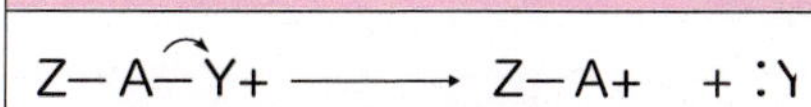
Y의 원자, 원자단에 O, N이 포함되어 오늄 이온이 되는 경우에 일어나는 개열. Y가 H_2O, CO, CH_3COOH라고 하는 안정한 확종의 경우에 의해 일어나는(오늄 이온이란 헤테로원자 수소화물에 프로톤이 부가할 수 있는 형 (NH_4^+, OH_3^+ 등).
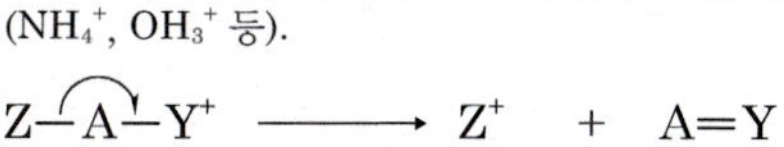
Y의 원자, 원자단이 3가의 C로 이루어진 카르베늄으로 되어 있을 경우에 일어나는 개열. 기본적으로 N은 2가의 니트레늄, O은 1가의 옥실륨의 양이온이 되지 않는다.

정전하에 의해 일어나는 전위 반응

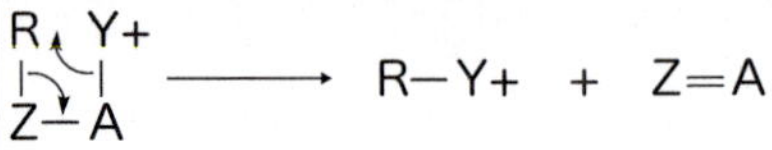

Y의 원자, 원자단에 O, N이 포함되어 오늄 이온으로 되어 있을 때 일어나는 전위개열
R은 수소 원자인 경우가 많다.

Y의 원자, 원자단이 3가의 C로 이루어진 카르베늄으로 되어 있을 때 발생하는 개열.

부전하에 의해 일어나는 단순 개열

−Y−A−Z ⟶ Y=A + :Z−

부전하에 의해 일어나는 전위 반응

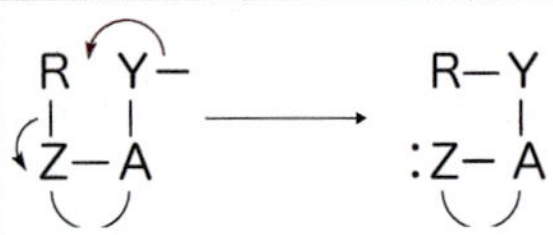

(나카타 나오오, 「유기 이온의 구조와 프레그멘테이션」으로부터. *J. Mass Spectrom. Soc. Jpn.*, 63 31(2015).

3.9.5 정량분석

GC/MS나 LC/MS를 이용한 정량분석에서는 목적성분에 특유의 SIM 혹은 SRM에 대한 크로마토그램에 대해 얻을 수 있는 피크 면적값을 정량에 이용한다. 농도와 피크 면적값의 관계에 폭넓은 선형관계가 있는 것이 질량분석이 정량분석에 많이 이용되고 있는 이유 중 하나이다.

절대검량선법에서는 피크면적값과 농도의 관계에서 검량선을 작성한다. 내부표준법에서는 목적성분과 비슷한 성질을 가진 성분을 이용하여 목적성분의 피크면적값과 내부표준 피크면적값의 비율과 농도의 비율로부터 검량선을 작성한다. 내부표준법에서는 안정동위원소로 표식한 화합물을 이용하면 질량을 제외한 물리화학적 성질은 거의 같기 때문에 실험공정의 각 단계에서 손실을 보정할 수 있다. 다이옥신 분석에서는 시료채취 시, 실험실에서의 정제·농축 시, 기기분석 시 각각 공정 직전에 라벨의 수가 다른 질량을 첨가하여 어느 공정에 어느 정도 로스가 있는지 조사하고 있다. 한편, 그러한 안정동위원소 표식 표준물질은 고가이며, 모든 목적 성분에 준비하는 것은 현실적이지 않다.

3.10 타당성 평가

최근 정량분석을 실시하여 값을 구하는 것에 대해 이용하는 시험법이 타당한지 여부를 나타내도록 요구되고 있다. 정해진 절차에 따라 정량분석을 실시할 뿐만 아니라 정량분석을 실시하는 기관 자신이 목적성분을 식품 등의 실제 시료에 첨가하여 정량값이 올바르게 첨가한 값이 되는지 여부와 복수의 분석에 의한 값의 변동에 대한 결과를 정리하지 않으면 안 된다. 변동에 대해서도 동시에 복수의 시료를 처리하는 경우(병행 정밀도), 동일한 분석법, 실험환경에서 복수의 일수로 시료를 처리하는 경우(실내 정밀도), 다른 환경에서 시료를 처리하는 경우(실간 정밀도) 등, 다양한 것이 있다. 공적으로 규정된 시험법은 이러한 과정을 거쳐 일정 수준에서 정확하고 정밀하게 결과를 얻을 수 있도록 규정되어 있다.

3.11 끝으로

고해상도 질량분석이 친숙해지면서 지금까지 구별하지 못했던 것들을 구별할 수 있게 되었고, 용어에서도 그것들을 적절히 구분할 필요성이 커지고 있다. 한번에 많은 성분의 미량분석을 할 수 있게 되었고, 양적인 비교, 정밀질량 등 방대한 데이터를 얻을 수 있게 되었다. PC에서의 파일크기도 수 GB로 커졌다. 필요로 하는 정보는 반드시 포함되어 있을 것이며, 무엇이 측정되었는지 올바르게 인식하고 필요한 정보를 얻을 수 있기를 바란다.

【참고 문헌】

1) J. H. Gross,『マススペクトロメトリー』, シュプリンガー・ジャパン (2007), 10章

2) 高山光男,J. Mass Spectrom. Soc. Jpn., 64, 169(2016)

3) 川崎英也, J. Mass Spectrom. Soc. Jpn., 61, 1(2013)

4) 平修,片野肇, J. Mass Spectrom. Soc. Jpn., 64,197(2016)

5) 佐藤浩昭, J. Mass Spectrom. Soc. Jpn., 64, 191(2016)

【더 자세히 공부하고 싶은 독자를 위해서】

1) J. Gross, “Mass Spectrometry: A Textbook", Springer (2017)

2) 豊田岐聡,『質量分析学—基礎編—』, 国際文献社 (2016)

3) 高山光男他編,『現代質量分析学』, 化学同人 (2013)

4) 平岡賢三,『質量分析の源流』, 国際文献社 (2011)

4 자외선, 가시, 근적외 분광법 및 형광 분석법

4.1 자외선, 가시, 근적외 분광법

4.1.1 처음에

그림 4.1에 자외·가시의 파장 영역과 그 구분을 나타낸다. 사람의 눈에 보이는 가시광의 파장은 대략 400~800 nm이며, 그보다 단파장의 빛을 자외선이라고 한다. 또한 가시광보다 장파장의 빛을 적외광이라고 부르며, 적외 중에서도 가시광 영역을 근적외선(800~2500 nm)이라고 한다.

자외광을 구분하는 방법에는 장면이나 사용법에 따라 여러 이름이 있는데, 분광학에서 자주 사용되는 구분은 다음과 같다. 가시광선에 가까운 영역을 근자외선(300~400 nm)이라고 부른다. 그보다 단파장은 각각 오존에 의해 흡수가 시작되는 300 nm, 산소에 의해 흡수가 시작되는 200 nm, 불화마그네슘 기판의 흡수가 시작되는 120 nm를 경계로 하여 심자외선(200~300 nm), 원자외선(120~200 nm), 진공자외선(10~120 nm)으로 나눈다.

이러한 자외선·가시·근적외 파장의 빛을 분자에 조사하면, 조사한 빛 중 분자의 전자 기저 상태와 전자 여기 상태의 에너지 차이에 일치하는 에너지의 빛은 일정한 확률로 흡수된다. 전자 여기 상태의 에너지나 흡수될 확률은 분자에 따라 다르므로, 이 파장 영역의 흡수 스펙트럼을 이용한 정량·질성 분석법을 자외선·가시·근적외 분광법이라고 한다. 파장 영역에서 5장의 근적외 분광법과 겹치는 부분도 있지만, 본 장에서는 오로지 전자 전이에 의한 흡수에 대해 기술한다.

4.1.2 자외선, 가시, 근적외 분광법으로 무엇을 알 수 있는가

(1) 정량 분석을 할 수 있다

빛의 흡수 정도를 흡광도로 나타내면 측정분자의 농도와 비례관계를 가지므로 정량분석이 가능하다. 분자가 측정범위에 허용 전자 전이를 갖는 경우 용액이면 1 cm의 광로 길이의 셀을 이용하여 용이하게 10^{-6} mol dm^{-3} 정도의 감도로 정량분석이 가능하다. 또한 분자에 따라 흡수를 나타내는 파장이 다르기 때문에 하나의 스펙트럼의 복수 파장을

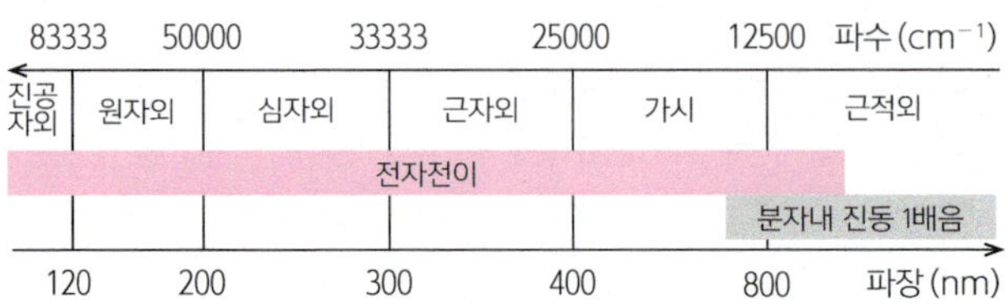

그림 4.1 자외·가시·근적외 진동수, 파수, 파장과 여기 에너지의 관계

이용함으로써 동시에 복수 성분을 정량할 수 있다. 여러 성분이 동일한 용액에 존재하더라도 동시에 정량할 수 있기 때문에 정량을 위한 성분 분리를 생략할 수 있다.

(2) 전자 상태를 안다

분자는 특유의 전자 상태를 가지므로 자외선·가시·근적외 스펙트럼에서 전자장 상태에 관한 정보를 얻을 수 있다. 정성적이지만, 분자 중의 전자의 피점유 궤도와 공 궤도의 차이인, 이른바 HOMO-LUMO갭의 정보를 얻을 수가 있다. 또, 이론 계산과의 비교에 의한 분자 내에서 전자가 어떻게 확산되고 있는지 알 수 있다.

(3) 분자의 정성이 가능하다

위와 같이 분자는 특유의 전자 상태를 가지므로, 자외선·가시· 근적외 스펙트럼에서는 기존의 분자와 측정 분자의 스펙트럼을 비교함으로써 동정이 가능하다. 다만 적외선·라만 분광처럼 스펙트럼에서 구조를 파악할 어려움이 많다. 반면, 회의체의 구조 속에서 회합하는 분자의 전자 전이의 전이 모멘트의 방향에 의한 그림 4.2 같은 회합체의 구조를 알아볼 수 있다.

4.1.3 측정의 원리

(1) 전자 전이

분자에 빛이 조사되자, 빛의 주기적인 전기장의 진동이 분자 속의 전자에 작용하고, 전자는 일정 확률로 높은 에너지 준위에 자극된다. 전자 전이가 일어나려면 다음 두가지 조건을 충족시킬 필요가 있다.

- 분자의 기저 상태와 여기 상태의 에너지 차이(전이 에너지)와 일치되는 에너지를 가진 빛의 파장이 강한 흡수된다(보어의 진동수 조건)

분자 속의 전자의 에너지 준위는 양자화되고 있다. 이는 분자 같은 미소한 공간에서는 원자핵과 전자의 양자적 성질이 두드러지기 때문에 취할 수 있는 전자 궤도가 한정되어 있다는 사실에 기인한다. 전자 상태의 에너지는 어떤 에너지를 갖는 궤도에 어떤 스핀의 전자가 존재하느냐에 의해서 결정된다. 안정한 상태에 있는 분자에서는 파울리의 법칙에 의하여 허용된 궤도에는 서로 스핀 양자 수의 다른 전자가 2개씩 존재할 수 있으며,

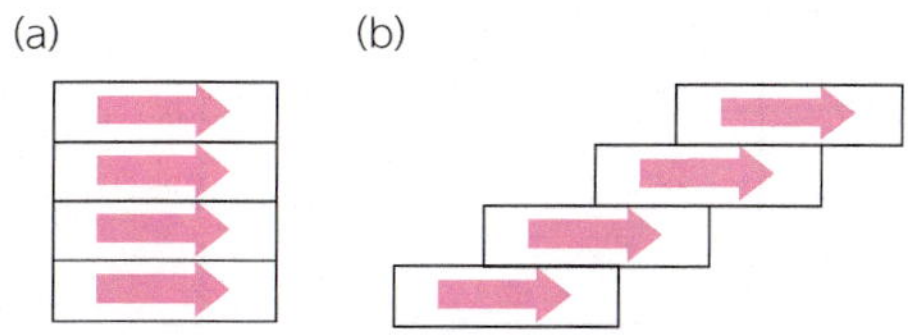

그림 4.2 전자 전이 에너지에 변화를 미치는 회합체 형성
(a) H 회합체 : 단분자에 비해 단파장 이동하 것으로 관측된다.
(b) J 회전자 : 단량체에 비해 긴 파장이 이동한 것으로 관측된다.

훈트 규칙대로 저 에너지 궤도에서 전자가 들어간다. 분자와 빛의 상호 작용에서는, 기저 상태의 에너지(E_i)과 여기 상태의 에너지(E_f)의 차로 나타내는 보어의 진동수 조건에 일치할 때 분자들은 서로 다른 전자 상태로 전환된다.

$$h\nu = |E_f - E_i| \tag{4.1}$$

외력이 가해지지 않는 상태에서, 분자는 가장 에너지가 낮은 전자 기저 상태에 있으므로, 분자에 빛이 조사되어 식 (4.1)을 만족시키는 진동수일 때 이 빛은 흡수되어 저에너지 궤도에 있던 전자가 고에너지 궤도로 옮겨가 전자 여기 상태가 된다. 자세한 것은 참고서에 제시하지만 궤도 에너지 차이가 여기 에너지 차이가 아니라는 점에는 주의한다.

- 전이 쌍극자 모멘트가 0이 아닐 때 빛은 흡수된다.

전자 전이가 일어날 확률은 전이 쌍극자 모멘트 μ_{12}에 비례한다. 간단히 말해서 빛의 전장이 공간 좌표 z 방향으로 진동하고 있다고 가정할 때, 그에 대한 전이 쌍극자 모멘트 $(\mu_z)_{12}$는 다음과 같은 식으로 나타난다.

$$(\mu_z)_{12} = \int \psi^*{}_2 \mu_z \psi_1 dr \tag{4.2}$$

여기서, $\mu_z = \sum e z_i$ (z_i는 i번째 전자좌표의 z성분)은 분자의 쌍극자 모멘트의 z성분이며, ψ_1와 ψ_2 또한 각각 전이 전과 후의 전자 상태의 파동 함수를 나타내며, ψ_2^*와 ψ_2의 복소 공역을 나타낸다. 즉, 전자 전이가 일어날지는 분자 내의 전자 배치에 의해 결정되며, 전이 쌍극자 모멘트가 0이면, 보어의 조건을 충족하더라도 빛은 흡수되지 않으며, 전자 전이는 일어나지 않는다. 분자의 전자 상태에 대해 자세한 내용은 4.3절에서 설명한다.

(2) 스펙트럼의 세로축과 가로축

가로축에 빛의 에너지(파장 또는 파수), 세로축에 각각의 파장에서 빛의 강도의 증감

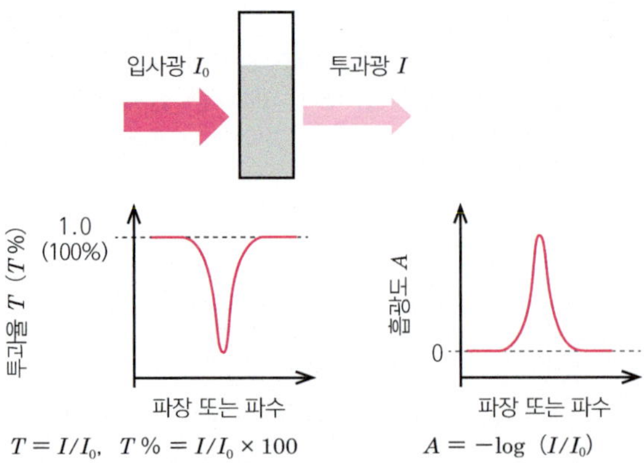

그림 4.3 흡광도, 투과율 구하는 방법과 각각의 스펙트럼

(흡광도 등)을 나타낸 그림을 스펙트럼이라고 한다. 그림 4.3에 나타나듯이, 자외선·가시·근적외 흡광도계에서는 빛이 얼마나 시료에 흡수되었는지를 나타내는 값으로 투과도 $T(T\%)$ 또는 흡광도 A를 이용한다. 강도 I의 단색광이 시료를 통과하고 그 강도가 I가 될 때 투과도(율) $T(T\%)$ 및 흡광도 A는 각각

$$T = \frac{I}{I_0},\ T\,\% = \frac{I}{I_0}\times 100,\ A = -\log\frac{I}{I_0} \tag{4.3}$$

가 된다. 두 값 모두 단위는 무차원이다.

투과율은 측정값이 되는 강도의 나눗셈으로 구하므로 오차는 강도가 가지는 상대 오차 $\delta I/I$의 전파로부터 다음과 같이 나타난다.

$$\frac{\delta T}{T} = \sqrt{\left(\frac{\delta I}{I}\right)^2 + \left(\frac{\delta I_0}{I_0}\right)^2} \tag{4.4}$$

한편, 흡광도에 대해서는 트와이먼·론샤의 법칙으로 알려진 바와 같이, 투과율의 오차 δT와 그 때의 투과율 T를 이용하여 다음 식으로 견적된다.

$$\frac{\delta A}{A} = \frac{\delta T}{T\ln T} \tag{4.5}$$

그림 4.4는 T가 모든 투과율에서 동일하게 식 (4.5)을 플롯한 것이다. 그림과 같이 흡광도의 상대오차는 흡광도가 0.434 정도일 때 최소값을 취하여 0.1~1.0 사이에서는 크게 변하지 않지만 그 전후로 커지는 것을 알 수 있다.

(3) 람베르트·비어의 법칙

기체 중의 분자나 희박용액에서는 흡광도가 시료 중의 빛의 광로 길이(셀 두께에 비례한다는 람베르트의 법칙과 흡광도가 시료의 몰농도에 비례한다는 비어의 법칙을 합친 람베르트·비어의 법칙이 성립한다.

$$A(\lambda) = \varepsilon(\lambda)\, cl \tag{4.6}$$

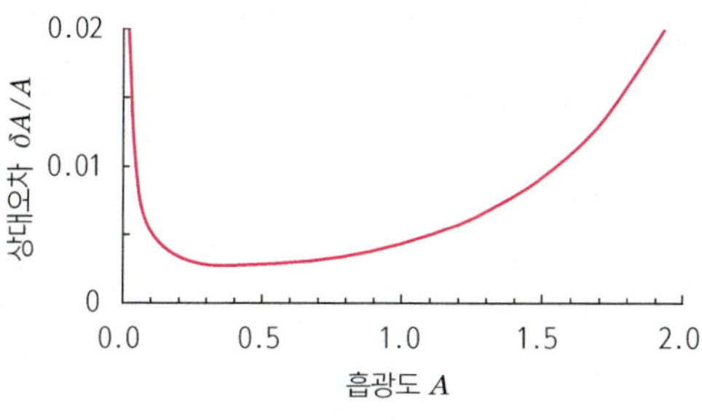

그림 4.4 흡광도의 상대 오차

투과도의 오차 $\delta T = 0.001$인 (투과도를 3자리 읽을 수 있음) 때의 흡광도의 상대 오차 $\delta A/A = -\delta T/(T\log T)$. 흡광도 3자리수 읽을 수 있는 것은 A가 대략 0.1~1.0 사이.

이때의 비례계수(λ)는 몰흡광계수이며, 1 mol dm^{-3}의 농도로 광로길이를 1 cm로 측정했을 때의 값(단위는 mol^{-1} dm^{-3} cm^{-1})으로 나타내는 경우가 많다. 정량분석에서는 이 식이 성립한다고 하여, 이미 알려진 농도의 용액의 흡광도에서 (1)을 산출한 후 농도 미지의 시료의 흡광도를 측정함으로써 농도를 얻는다. 식 (4.5)에 나타낸 흡광도의 상대 오차의 성질로부터 정밀도 좋게 정량을 실시하기 위해서는 흡광도의 측정값은 가능한 한 0.1~1.0의 범위에 넣어야 한다.

람베르트·비어의 법칙에서는 분석하는 농도 범위에서 ε (λ)이 불변임을 가정하고 있다. 따라서 분자의 회합체 형성 등에 의해 스펙트럼이 농도에 따라 변하는 경우는 성립되지 않게 된다. 또한 식 (4.6)은 적용하는 파장에서 분석하는 분자 이외에는 흡수가 없음을 가정하고 있다. n종류의 다른 분자가 그 파장에 흡수를 갖는 경우 흡광도의 가성성에서 다음 식을 생각할 필요가 있다.

$$A(\lambda) = \left(\sum_{i=1}^{n} \varepsilon_i(\lambda)\, c_i\right) l \tag{4.7}$$

각 성분의 ε_i (λ)에 대해서 n개 이상의 파장에서 이미 알고 있으면, 연립 방정식에서 n개 성분의 정량 분석이 가능하다.

4.1.4 장치의 개요

측정에 이용되는 자외선·가시·근적외 분광 광도계는 널리 판매되고 있다. 분광 광도계는 광원, 분광부, 시료부, 검출기, 데이터 해석부의 5개 모습으로 나뉜다. 각 요소에는 여러 종류가 있다.

(1) 광원

광원에는 가격, 강도의 장시간 안정성이나 수명 길이의 관점에서 시판 장치에서는 텅스텐 램프(350~2600 nm)와 중수소 램프(190~400 nm)를 파장에 따라 전환하여 사용하는 것이 많다. 그러나, 고휘도, 고시간 분해능이 필요한 용도로는 크세논 플래시 램프(190~2000 nm)를 이용한다. 또한, 위상이 가지런한 광대역 펄스 광원으로는 슈퍼콘티늄(SC) 광원(400~2400 nm)이 있다.

(2) 분광기

광원에서 입구 슬릿에 입사하는 빛은 넓게 파장의 빛이 연속적으로 포함되는 백색광이다. 이 백색광을 회절격자를 분광 소자로서 파장이 다른 빛으로 나누는 장치를 분광기라고 한다. 분자 소자로서는 그 밖에 프리즘 등 빛의 파장 분산을 이용하여 일정 파장폭의 빛만을 슬릿으로 이끄는 것이 이용되는 회절격자에서 법선과 입사광축, 출사광축이 이루는 각을 각각 α, β라고 하면, 파장와 이들 각도의 관계식은 회절격자의 홈간격 d를 이용하여 다음과 같이 쓸 수 있다.

$$d(\sin\alpha + \sin\beta) = 2d\sin\phi\cos\gamma = n\lambda \tag{4.8}$$

이 때, 각도는 입사광축과 출사광축의 이등분선과 회절격자의 법선 이루는 각 $\Phi = (\alpha +$

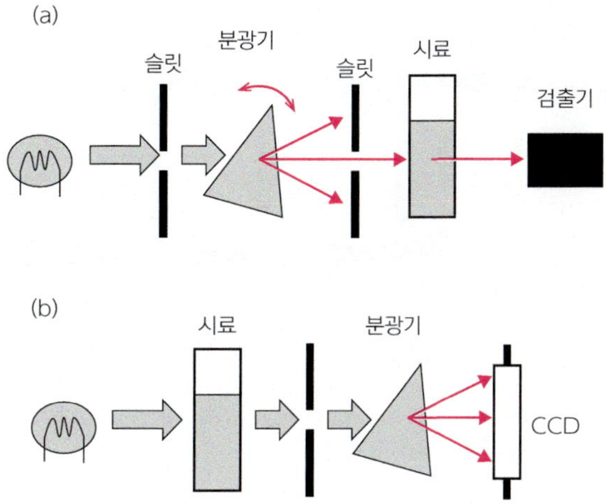

그림 4.5 (a) 모노클로메이터와 (b) 폴리클로메이터

4

β)/2이 된다. n은 회절 차수를 나타낸다. 이 식에서, 파장 λ의 빛이 슬릿에서 출사하는 조건에서는 그 파장의 절반, 3분의 1파장의 빛의 고차 회절 광선(n이 각각 2배, 3배의 빛)이 같은 각도로 반사된다. 광원에 이들의 빛이 포함되어 있으면 단파장 측의 빛을 제거하기 위한 광학 필터를 입사 슬릿의 앞에 설치할 필요가 있다. 장치는 이러한 광학 필터가 적절한 파장으로 전환되도록 설정할 필요가 있다.

분광기는 단색계(흑색계)와 다색계(폴리클로메이터)로 크게 나눌 수 있다(그림 4.5). 입구 슬릿으로 입사한 백색광을 단일 파장의 (단색화한) 빛으로서 출구 슬릿에서 출사하는 장치를 단색계라고 한다. 위와 같이 회절격자는 백색광을 입사하면 다른 파장의 빛을 다른 각도로 출사한다. 따라서 회절격자를 회전시키면 그 각도에 따라 출구 슬릿에서는 다른 파장의 빛이 출사한다. 더블 흑백계라고 하는 장치는 이 단색계가 2대 직렬로 연결된 장치이다. 다색계는 입구 슬릿에 입사한 백색광을 다른 파장의 빛을 동일면상의 다른 위치로 인도하고, 멀티 채널형 검출기(후술)에 의해 동시에 관측하는 분광기이다. 다색계에서는 동일면 상에 다른 파장의 빛을 집광하기 때문에 단색계와는 다른 회절격자나 집광거울 또는 렌즈가 필요하다.

(3) 시료부

스펙트럼의 측정에는 참조광의 강도(I_0)와 시료를 투과한 빛의 강도(I)의 두 가지 강도 값이 필요하다. 분광기에서 출사한 빛을 단순한 광로에서 샘플에 조사하는 싱글빔 방식의 분광 광도계에서는 샘플 없는 셀을 이용한 측정에 의해 참조 스펙트럼 강도 I_0를 얻고, 그 후 샘플이 들어간 셀을 이용하여 그 투과광 강도 I를 얻어 흡광도를 측정한다.

싱글빔 형 분광기에서는 광로가 단순해지기 때문에 시료실의 자유도가 높다는 장점이 있지만, 시간이 다른 2회의 측정에서 하나의 스펙트럼을 계산하므로 시간의 경과에 따른 장치의 감도 드리프트(광원의 변동이나 검출기의 감도 변화)의 영향을 무시할 수

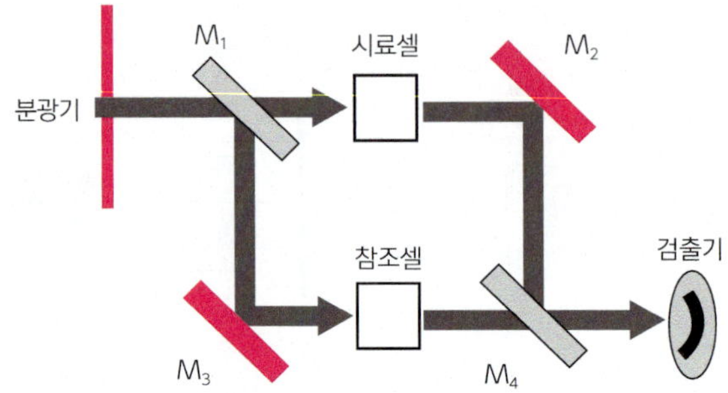

그림 4.6 더블빔 방식 분광 광도계의 광로 개념도

M_1 및 M_4는 동기화하여 움직인다(예를 들어 회전하면서 투과와 반사를 시간으로 2분한다) 거울에서 M_4가 투과일 때 M_1이 반사되면 위쪽 광로를, M_1이 반사일 때 M_4가 투과하면 아래쪽 광로의 빛이 검출기에 닿는다. 하나를 참조측, 다른 하나를 시료셀로 하고 측정한다.

없어 고정밀 측정이나, 장시간 측정, 또 다검체의 측정에는 적합하지 않다.

한편, 참조측과 샘플측의 두 개의 광로 및 셀을 가지고, 회전 미러 등을 사용하여 단시간에 전환하여 번갈아 데이터를 취득하는 더블빔 방식의 분광광도계(그림 4.6)에서는 거의 동시에 I_0와 I를 측정할 수 있다. 이러한 경우 장치에 있어서의 감도의 드리프트나 외란(온도나 습도)의 영향을 최소화할 수 있다.

(4) 검출기

빛의 강도를 전기 신호로 변환하는 장치를 이용하여 참조광이나 샘플을 투과한 빛의 강도가 측정된다. 단색계의 분광기로 단색화된 빛의 강도를 측정하는 경우에는 싱글 채널 검출기가 이용된다. 자외선·가시 영역에서는 Si 포토다이오드(감도 있는 파장은 190~1100 nm)나 광전자 증배관(PMT)(185~900 nm)이 이용된다. Si 포토다이오드는 저렴하고 높은 안정성을 가진다. 반면 PMT는 매우 미약한 빛을 포착할 수 있다. 근적외 영역의 빛에는 InGaAs 포토다이오드가 900~1800 nm로 강한 감도를 보이며, 그 외에도 PbS 광도전 셀이 1000~3200 nm라는 넓은 범위의 파장의 빛을 검출할 수 있다.

다색계의 분광기는 검출면에 있어서의 위치와 그 광강도를 검출할 수 있고, 멀티 채널 검출기와 조합하여 이용된다. 멀티 채널 검출기의 위치 검출에 있어서는 1차원과 2차원의 것이 있다. 1차원 멀티 채널 검출기의 예는 선형 포토다이오드 어레이 검출기이며, 2차원 멀티 채널 검출기의 예는 전하결합소자(charge coupled device: CCD) 검출기이다. CCD 검출기는 일반적으로 300~1000 nm 정도로 감도를 갖는 것이 많다.

(5) 데이터 해석부

얻어진 광강도는 PC에 받아들여져 디스플레이 상에 표시되며 흡광도, 투과율 등 세로축의 변환이나 파수와 파장의 변환 등을 소프트웨어 상에서 수행할 수 있다. 또한 얻어진 스펙트럼의 수치 미분이나 스무딩, 흡수밴드의 면적 계산 기능 등도 갖추고 있는 경우가 많다.

4.2 자외선·가시·근적외 분광 광도계에 의한 측정방법

4.2.1 측정에 사용하는 자재

(1) 분광용 셀

액체나 기체의 샘플을 측정할 경우 정해진 광로길이를 가지며 입사·투과면이 투명한 창재로 된 분광용 셀이 이용된다. 시판되고 있는 셀에 대해 일례를 표 4.1과 같다. 시판되고 있는 액체용 셀의 광로 길이는 0.3~100 mm 정도이다. 또한 단광로장 셀로서 창판과 스페이서를 조합한 조립셀 등도 시판되고 있다. 재질이나 형상에 따라 가격·성질(투과 파장 범위 내약품성 등)이 크게 달라진다.

셀을 선택할 때는 재질(창판)이 투과하는 파장 범위가 중요하다, 합성 석영으로 만들어진 셀은 고가인 반면 170~2500 nm라는 광범위한 파장에 대해 큰 투과율을 가지며 화학적 안정성도 높고 공작 정밀도도 높아 다양한 형상의 셀이 입수 가능하다. 플라스틱 셀은 일회용으로 쓸 수 있을 정도로 싼 것이 시판되고 있다.

사용 시에는 창판의 투과율 및 용매에 대한 화학적 내성에 주의가 필요하다. 기체용 셀이나 조립용 셀의 창판에 대해서는 가장 단파장까지 투과성이 있는 것은 불화리튬(104 nm~)이나 조해성이 있어 취급이 어렵다. 불화마그네슘은 110 nm라는 원자외부터 7500 nm라는 적외까지 높은 투과율을 가진다. 불화리튬에 비해 조해성은 낮지만 물에 약간 녹기 위해 건조재를 넣은 데시케이터와 같은 저습도 환경에서 보존할 필요가 있다.

(2) 용매

자외선·가시·근적외 분광광도계를 이용하여 정량분석을 할 경우 샘플을 용매에 녹여 흡광도를 측정하면 정밀도 높은 분석을 할 수 있다. 용매는 샘플을 녹일 수 있고 샘플이 흡수를 나타내는 측정범위에 흡수가 없는 것을 선택해야 한다. 표 4.2에 자주 사용되는 기본적인 용매에 대하여 1 cm의 셀을 이용하였을 때 흡광도가 0.1을 넘지 않는

표 4.1 광원의 종류와 파장, 특징

재질		파장(nm)	가격	비고
액체용 셀				
석영	용융석영	170~2500	1개 2~6만엔	
	석영	200~2500	1개 1만엔~	
유기	붕산실리카유리	320~2000	1개 3천엔~	
플라스틱	폴리스틸렌	400~800	100개 1천엔	내약품성 약
	폴리메타크릴산 메틸(PMMA)	250~800	100개 2천엔	내약품성 약
조립 셀(창재)				
불화마그네슘		110~7500	1개 3~5만엔	물에 살짝 가용
불화칼슘		130~12000	1개 2만엔~	물에 살짝 가용
사파이어		150~5500	1개 3만엔~	높은 반사율

표 4.2 이용되는 용매의 측정 가능한 최단파장

측정 가능한 최단파장(nm)	용매
190 이하	증류수, 아세토니트릴, 시클로헥산, n-헥산
220	메탄올, 에탄올,이소프로필알코올, 디에틸에테르
250	1,4-디옥산, 클로로포름
270	디메틸포름아미드, 초산에틸
275	사염화탄소
290	벤젠, 톨루엔, 크실렌
335	이세톤, 메틸에틸케톤, 피리딘
380	이황화탄소

단파장의 하한을 나타낸다. 이온교환수는 180 nm까지 투과하는 우수한 용매이다. 유기 용매에서는 n-헥산, 시클로헥산, 아세토니트릴 등이 원자외까지 투과하는 용매이다.

한편, 극성 유기용매로는 메탄올, 에탄올은 비교적 단파장까지(220 nm) 흡수를 가지지 않는다. 이들 용매를 이용하여 200 nm 부근의 단파장을 측정할 경우 용매에 포함된 불순물에는 주의가 필요하다. 용매는 불활성 가스와 함께 봉입되어 있는 동안에는 공기와 섞이지 않지만 개봉 후 시간이 지남에 따라 공기 중의 산소가 녹으면 220 nm 이하의 단파장에 흡수를 나타낸다. 이러한 용매에 대해서는 몰레큘러시브 등을 이용하여 산소를 흡착시켜 제거하는 등의 처리가 필요하다.

4.2.2 측정용액의 조제

람베르트·비어의 법칙을 이용한 용액 농도의 정량 분석에서 분석의 정밀도를 결정하는 것은 검량선의 정확도이며, 정확한 농도의 용액 조제가 그 정밀도를 결정한다. 여기서는 용액 농도의 정밀도에 영향이 있는 요인에 대해 나타낸다.

(1) 용매 선택

용매의 선택에 있어서 절대조건이 되는 것은 용매와 샘플 사이에 화학반응이 일어나지 않고 용매가 샘플을 녹인다는 것이다. 자외선·가시·근적외 분광법을 이용하여 분석하는 샘플의 몰흡광계수는 약 10^2~10^5 mol^{-1} dm^3 cm^{-1} 정도이므로 1 cm의 광로길이의 셀을 이용하여 정밀도 좋게 정량분석을 실시하려면 10^{-2}~10^{-6} mol dm^3 정도로 측정하는 것이 필요하다. 따라서 10^{-2} mol dm^3 정도의 용액을 조제할 수 있는 용해도가 있으면 된다.

측정 중에 용매가 휘발하여 용액의 농도가 변화하면 측정 오차의 요인이 된다. 따라서 휘발성이 낮은 용매를 이용하는 것이 바람직하다. 휘발성이 높은 용매를 선택하는 경우에는 캡 부착 셀을 이용하는 등 용액 농도가 변화하는 것을 막을 필요가 있다. 무극성 용매에서는 샘플끼리의 회합, 극성 용매에서는 용매와 샘플의 회합이 스펙트럼에 영향을 줄 수 있다. 검량선 작성 시 정량 시에 사용하는 것과 같은 용매로 작성하여 미리 측정 농도 영역에서의 직선성을 확인할 필요가 있다.

(2) 조제 시의 주의

용액의 제조에 있어서, 칭량은 용기에 봉입한 시료를 분석 저울로 측정하면, 0.1 mg의 정밀도로 측정할 수 있다. 흡광도 측정의 다이내믹 레인지인 3~4자리의 정밀도를 내기 위해서는 칭량을 0.2~1 g 이상으로 실시할 필요가 있다. 그보다 낮은 농도의 용액이 필요하다면 메스플라스크와 홀피펫을 이용한 희석으로 제조한다. 이 정용 측정기의 공정 정밀도는 다섯 자리 이상이며, 올바른 절차로 조작하면 충분히 정확도로 희석될 수 있다.

미지의 농도의 시료를 측정하는 경우에 그대로의 측정으로 흡광도가 1.0의 범위를 넘는 경우에는 이 범위에 흡광도가 들어가도록 용액의 일부를 정확하게 희석한 후, 희석 용액의 스펙트럼에서 농도를 결정하고, 추가로 희석률을 곱하여 농도를 구할 필요가 있다. 다만, 흡광도가 3~4인 경우에는 이미 흡광도를 정확하게 측정하지 못하며 실제로는 더 높은 흡광도일 가능성이 높다. 따라서 희석률은 10배 정도로 하는 것이 좋다. 1 cm의 셀로 측정할 경우, 셀에 넣는 용액의 양은 대략 4 mL이다. 용액의 교체 시에 공동 세척하는 것을 생각하면, 10배의 희석에는 20 mL의 메스플라스크와 2 mL의 홀피펫으로 사용하여 실시하는 것이 좋다.

4.2.3 흡광도 측정

이하에 시판의 흡광 광도계에서 일반적으로 이용되는 단색계의 분광기를 이용하여 흡수도를 측정하는 경우의 순서와 그 주의 사항을 말한다. 다색계를 이용할 경우에는 싱글빔형 장치의 측정에 배우면 좋지만, 설정 조건은 크게 다르다.

(1) 실험 조건의 설정

시판의 흡광 광도계를 이용하는 경우, 해당 기종에서 실험 조건의 설정 방법 및 표준적인 측정 방법은 매뉴얼에 기재되어 있으므로, 이에 따른다. 설정하는 파라미터에서 공통되는 것을 이하에 소개한다.

슬릿폭: 4.1.2항에서 언급한 대로, 분광부에서 빛은 다른 파장의 빛이 다른 각도로 반사 또는 투과하고, 슬릿에서 특정 파장으로 나눌 수 있다. 그러므로 슬릿의 폭은 시료에 조사되는 빛의 파장 폭, 결국은 스펙트럼의 분해능을 나타내는 파라미터이다. 슬릿폭의 값은 슬릿의 공간적 간격이 아니라 조사하는 파장 폭으로 표시하는 것이 일반적이다.

슬릿폭이 작을수록, 본래의 형태에 가까운 스펙트럼이 얻을 수 있다. 한편, 이용하는 빛을 슬릿으로 좁히게 되므로, 신호 잡음비(s/n)을 잘 측정하려면 오랜 시간을 필요하다. 슬릿폭이 크면, 광량이 크기 때문에 단시간에 s/n이 좋은 스펙트럼을 얻게 되는데, 너무 넓으면 얻는 스펙트럼의 분해능이 떨어지기 때문에 흡수 밴드의 피크 폭의 증대나, 파장의 가까운 피크끼리 오버랩하는 등의 폐해가 생길 수 있다. 슬릿폭의 설정은 측정 시료에 따라 적절하게 선택해야 한다.

데이터(캡처) 간격, 스캔 속도: 데이터 간격이란 데이터를 몇 파수마다 기록하느냐라는 파라미터이다. 슬릿폭의 반분의 값보다 작은 값을 설정하지 않으면 슬릿폭으로 정해지는 분해능을 발휘할 수 없다. 이 조건을 충족시키면 슬릿폭에 의해서 스펙트럼의 분해능은 확정되지만, 표시되는 스펙트럼의 매끈함은 데이터 간격에 따라 바뀐다. 충분한 광량이 있으면 데이터 간격이 작을수록 매끄러운 스펙트럼을 표시할 수 있지만, 반면에 1점에 걸리는 작업 시간이 작아지므로 광량이 작은 경우는 s/n이 나빠질 위험이 있다. 스캔 속도는 스펙트럼 측정시의 단위 시간당의 파장 측정 범위를 나타내고 있다. 그러므로, 스캔 속도가 느리면, 데이터 간격 사이에 적산할 시간을 많이 잡히므로 s/n이 개선되는 한편, 측정 시간은 길어진다.

측정 범위, 검출기/광원/고차광 필터 전환 파장: 분산형 분광기는 파장을 연속적으로 바꾸면서 측정하기 위한, 측정 파장 범위가 크면 그 만큼 시간이 걸린다. 또, 넓은 파장 범위의 측정에서는 측정 범위 도중에 검출기나 광원, 고차광 필터의 전환이 필요하다. 이러한 전환 파장에서는 데이터의 불연속성이 생기기 쉽기 때문에 주의가 필요하다. 전환 파장을 원하는 스펙트럼의 한가운데 있는 경우 등에서는 전환 파장을 문제 없는 파장으로 바꾸는 등의 설정을 변경해야 한다.

(2) 베이스라인·참조 스펙트럼의 측정

더블빔형 흡광광도계에서는 용액을 측정할 경우 참조측과 시료측을 지나는 두 광로에 대한 감도를 보정하기 위한 기준선 측정을 수행한다. 참조 셀과 시료셀 모두 용매를 넣어 기준선 측정을 수행한다. 싱글빔형 흡광광도계에서는 참조 스펙트럼 I_o를 얻기 위해 용매를 넣은 셀의 투과 강도를 측정한다.

기판 위에 형성된 박막의 투과 측정은 용매가 들어간 셀 대신 청정 건조한 기판만을 측정한다. 순 액체를 측정하는 경우는 아무것도 넣지 않고 기준선 측정을 한 후 빈 셀의 흡광도를 측정해 두면 좋다. 빈 셀로 기준선·참조 스펙트럼 측정을 했을 경우 목적 시료가 되는 액체를 넣어 흡광도 측정하면 베이스라인이 음의 값이 되는 경우가 많다. 이는 빈 용기에서는 셀 내부 벽면에서의 반사에 의한 빛의 감소가 샘플이 들어간 경우보다 커서 참조광 강도가 과소평가되어 버리기 때문이다.

기준선·참조 스펙트럼 측정은 시료의 흡광도를 계산하는 데 기본이 되는 측정이며, 이 측정이 잘못되면 이후의 측정이 모두 낭비될 가능성마저 있다. 어떤 의미에서 가장 중요한 측정이므로 주의 깊게 측정할 필요가 있다. 싱글빔형 흡광광도계에서는 얻은 참조 스펙트럼이 다른 날의 것과 변화가 없는지 등을 확인함으로써 잘못된 측정을 피할 수 있다. 또한 적산 횟수에 대해 가능하면 참조광 측정은 시료의 투과광 측정의 두 배의 횟수를 적산하는 것이 바람직하다. 이로써 참조 스펙트럼으로부터의 흡광도에 대한 오차를 억제할 수 있다.

(3) 시료 투과광, 시료의 흡광도 측정

더블빔형 광도계 측정에 있어서는 기준선 측정 후 참조측에는 용매를 넣은 셀 그대로, 시료측 셀은 용매에서 시료용액으로 대체하여 측정을 실시한다.

이 때, 시료용액으로 셀 내부를 함께 세척하기 위해, 가능하면 측정에 이용하는 것보다 배의 양의 시료 용액을 준비한다. 싱글빔형의 경우는 참조 스펙트럼 측정 후, 셀의 용매와 용액의 교체를 실시한다.

투과광 강도는 셀 표면에서의 반사에 의해서도 감소하므로 두 셀의 각도가 바뀌어도 베이스라인이 어긋나는 원인이 되므로 정밀한 측정에서는 셀 설치 재현성에 주의한다. 마찬가지로 시료가 탁할 경우 산란에 의해 투과광 강도가 감소하고 베이스라인이 어긋난다. 산란이 큰 시료의 측정은 4.2.5항의 (1) 적분구를 참조.

4.2.4 데이터의 해석

(1) 정량분석에서의 검량선 작성

분광광도계를 이용하여 목적이 되는 분자에 대하여 농도가 정확히 알려진 표준시료(4~5개 또는 그 이상)를 목적이 되는 시료와 똑같은 조건에서 측정하고 목적분자가 흡수하는 파장(대부분 흡수밴드의 피크파장)의 흡광도를 농도에 대하여 플롯함으로써 검량선을 작성할 수 있다(그림 4.7) 람베르트·비어의 법칙에 의하면 흡광도는 식 (4.6)과 같이 농도에 대하여 1차 식으로 나타내므로 다음 식의 회귀분석을 통해 검량선을 구할 수 있다.

$$y_i(\lambda) = ax_i + b \tag{4.9}$$

이때, $(y_i(\lambda), x_i)$를 (흡광도, 시료 몰농도)로서 최소 자승법을 이용하면, a는 몰흡광계수와 광로길이를 곱한 것으로 $a = \varepsilon(\lambda)\, l$이고, b는 셀의 반사나 용매에 의한 흡수 등에 의한 계통적인 제로점의 어긋남(잔차)이 된다. 구한 분석 곡선을 이용하여 농도 미지 시료의 그 파장에서의 흡광도 $y_u(\lambda)$를 측정해

$$x_u = (y_u(\lambda) - b)/a \tag{4.10}$$

에 의해서 시료의 농도 x_u을 얻을 수 있다.

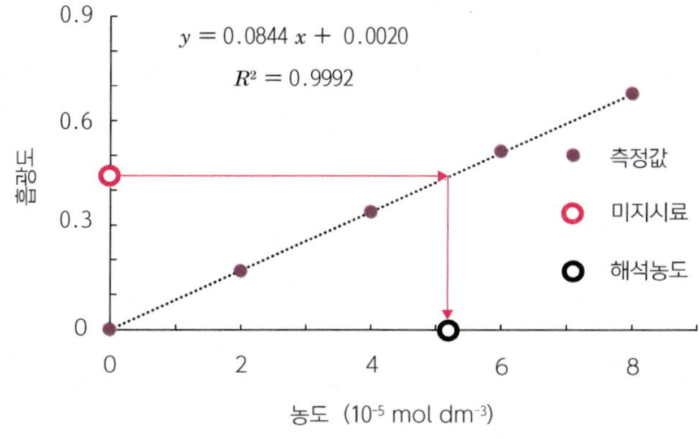

그림 4.7 검량선 작성

4

상기의 방법을 적용할 때의 주의점으로서 미지 시료의 측정 파장의 흡수도가 목적 분자에만 의한 것인지를 생각해야 한다. 다른 분자가 같은 파장을 흡수를 가질 경우는 계통적인 오차를 낳는 요인이 된다.

흡수가 단일 분자에 따른 것인지를 확인하기 위해서는 분석 곡선 작성에서 측정한 스펙트럼의 분석 곡선에 이용한 피크 파장만 아니라 그 다른 파장도 포함한 흡수대의 모양이, 미지 시료의 그것과 일치하는지를 보면 된다. 만약 그 밴드의 모양이 검량선에서 크게 변화하고 있다면, 다른 성분의 영향을 고려할 필요가 있으며 표준첨가법이나 케모메트릭스(자세한 해설은 참고서를 참조) 등을 사용해야 한다. 케모메트릭스에 대해서는 다음 장의 근적외 분광법에서 상세히 설명되므로 여기에서는 보다 간편하게 사용할 수 있어서 차이 스펙트럼과 미분 스펙트럼에 대해서 말한다.

(2) 차이 스펙트럼

차이 스펙트럼과는 두개의 시료 a, b의 흡광 A_a, A_b의 차이 ΔA의 스펙트럼이다.

$$\Delta A(\lambda) = A_b(\lambda) - A_a(\lambda) \tag{4.11}$$

식 (4.11)에서는 시료 b에 비해 시료 a에 많이 포함되는 성분의 흡수는 하향으로, 반대로 시료 a에 비해 시료 b에 많이 포함되는 성분의 흡수는 상향으로 시그널을 나타낸다. 흡수 스펙트럼의 미소한 차이나 변화를 검출하는데 간편하고 효과적이다.

(3) 미분 스펙트럼

얻어진 흡광도 A의 스펙트럼을 파장 λ에 대해 미분하고, 그 미분계수를 파장에 대해 플롯한 스펙트럼을 미분 스펙트럼이라고 한다. 미분 스펙트럼에서는 기준선 쉬프트의 영향을 제외하고, 중첩된 스펙트럼의 분리를 좋게 하는 장점이 있다. 스펙트럼의 미분은 컴퓨터를 이용하면 쉽게 할 수 있기 때문에 매우 사용하기 쉬운 데이터 처리 중 하나이다. 그러나 한편으로는 인공적인 피크(아티팩트)나 파장 쉬프트를 일으켜 경우에 따라서는 s/n이 나빠지는 단점이 있다.

미분 스펙트럼의 형상: 흡수 스펙트럼의 대표적인 스펙트럼형으로서 가우스 함수를 이용하여 그 1~2차 미분 스펙트럼의 형상을 그림 4.8에 나타내었다. 흡광도 스펙트럼 A (λ)가 입.을 중심 파장, 반값 전폭을 $\sqrt{\ln 4w}$가 되는 가우스 함수로 나타낼 때, A (λ)는 다음과 같은 식으로 나타난다.

$$A(\lambda) = \alpha \exp\left[-\left(\frac{\lambda-\lambda_0}{w}\right)^2\right] \tag{4.11}$$

1차 및 2차 도함수는 다음과 같이 된다.

$$\frac{dA}{d\lambda} = -2\frac{\lambda-\lambda_0}{w^2}\alpha exp\left[-\left(\frac{\lambda-\lambda_0}{w}\right)^2\right] = -2\frac{\Delta\lambda}{w^2}A \tag{4.12}$$

$$\frac{d^2A}{d\lambda^2} = \left(-2\frac{1}{w^2} + \frac{4\,(\lambda-\lambda_0)^2}{w^4}\right)\alpha exp\left[-\left(\frac{\lambda-\lambda_0}{w}\right)^2\right] = -2\frac{A}{w^2}\left(1 - 2\frac{\Delta\lambda^2}{w^2}\right) \tag{4.13}$$

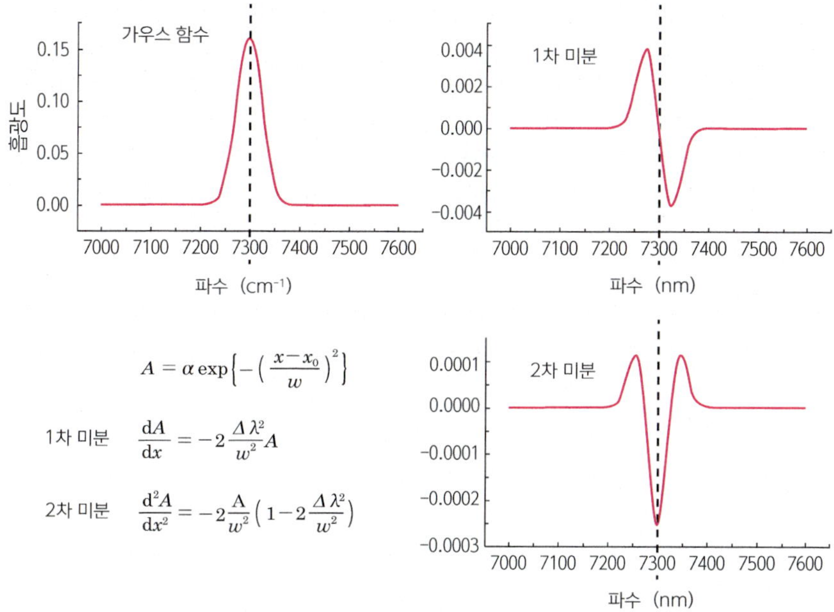

$$A = \alpha \exp\left\{-\left(\frac{x-x_0}{w}\right)^2\right\}$$

1차 미분 $$\frac{dA}{dx} = -2\frac{\Delta\lambda^2}{w^2}A$$

2차 미분 $$\frac{d^2A}{dx^2} = -2\frac{A}{w^2}\left(1-2\frac{\Delta\lambda^2}{w^2}\right)$$

그림 4.8 미분 스펙트럼

중심파수와 측정파수의 차이를 Δλ이라고 했을 때, Δλ = 0에서, 1차 도함수는 0이 된다. 반대로 생각하면, 1차 도함수가 0이 되는 값이 원래의 스펙트럼의 피크이다. 또한, *A* 2차 도함수는 $-2(A/w^2)$이며, 원래의 피크 위치에서는 음의 극소값이 되는 것으로 나타난다. 또한 계산된 식에서 미분 스펙트럼에서 원래의 스펙트럼과 같은 정량성을 담보하기 위해서는 스펙트럼 선폭이 변화하지 않을 필요가 있다.

또 상기의 계산 결과로부터 1차, 2차 도함수에는 $1/w^2$를 곱하기 때문에 선폭이 넓은 피크는 눈에 띄지 않게 되고 선폭이 좁은 변화가 두드러진다. 이것은 용매의 옷자락에 파묻힌 목적물질의 피크를 검출한다는 장점이 되기도 하는 한편, 노이즈를 돋보이게 하는 것도 의미한다. 따라서 미분 스펙트럼을 이용할 때는 가능한 한 s/n의 좋은 스펙트럼을 이용하는 것이 중요하다.

기준선 쉬프트 제거: 목적이 되는 스펙트럼 $A(\lambda)$, 가법적 기준선 b와 선형 기준선 c가 어떠한 영향으로 혼입되어 버렸다고 하자. 이 스펙트럼

$$A(\lambda) + b + c\lambda$$

의 1차 및 2차 도함수는 각각 다음과 같다.

$$\frac{dA}{d\lambda} + c \quad \text{및,} \quad \frac{d^2A}{d\lambda^2}$$

1차 미분에서는 가법적 기준선(b), 2차 미분에서는 선형 기준선($c\lambda$)이 제거된다.

Savitzky-Golay(SG)법: SG법은 다항식 근사를 사용한 수치 미분법이다. 스펙트럼이 있는 점 λ_i에서의 미계수를 구하기 위해 λ_i을 중심으로 장·단파장 각각의 점(λ_{i-k}~λ_{i+k}, 즉 이용하는 점수는 $2k+1$개)을 포함하여 n 다음의 다항식에 맞춘다.

다항식의 각 차의 계수를 구하면 즉시 미계수를 구할 수 있다. 예를 들어 λ_{i-k}~λ_{i+k}의 점을 이차 다항식

$$A(l) = a\lambda^2 + b\lambda + c$$

를 이용하여 최소자승법으로 계수 a, b, c를 얻으면 그 1차 미계수, 2차 미계수는 각각

$$\left(\frac{dA}{d\lambda}\right)_{\lambda i} = 2a\lambda_i + b \quad \text{및} \quad \left(\frac{d^2A}{d\lambda^2}\right)_{\lambda i} = 2a$$

에 의해 구할 수 있다. n차의 다항식에서는 최대 $n-1$개의 피크밖에 만들지 않으므로, SG법은 미분뿐만 아니라 스무딩 효과도 있다.

4.2.5 적용 가능한 측정법

(1) 적분구

적분구란 그림 4.9와 같이 내면이 구형이고 내벽을 반사율이 높은 소재로 덮은 소자이다. 적분구 안으로 취입된 빛이 벽면에서 고르게 산란되어 검출기를 놓은 수광부로 인도된다. 수광부 외에는 분광광도계의 광로가 통과되도록 벽면에 입구와 출구의 구멍이 뚫려 있다. 이 소자를 이용하여 현탁용액의 흡수 스펙트럼이나 고체시료의 확산 반사 스펙트럼이 측정 가능하다.

현탁액 측정의 경우 그림 4.9(a)와 같이 입구측에 시료를 설치하고 출구측을 반사율이 높은 표준 산란판으로 닫으면 시료를 통과한 빛의 투과광 및 산란광을 모두 수광부에서 검출할 수 있다. 산란광에 의해 빛이 감소하는 효과를 없애고 현탁액을 정확하게

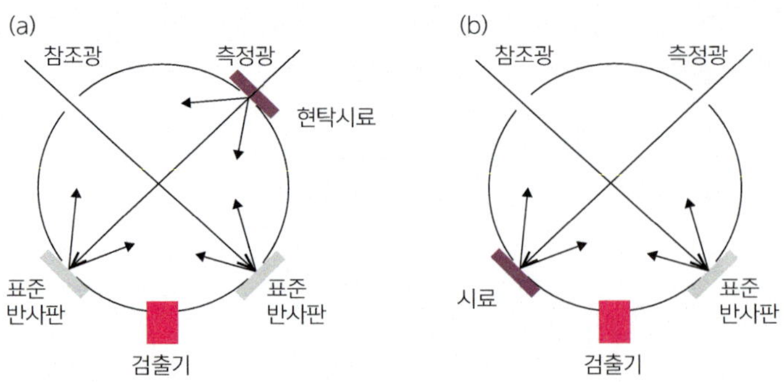

그림 4.9 적분구
(a) 현탁 시료의 측정, (b) 확산 반사 스펙트럼의 측정

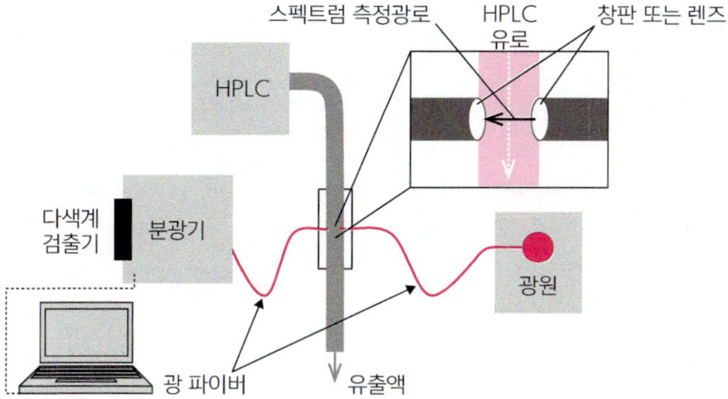

그림 4.10 광섬유의 예

측정할 수 있다. 또, 출구측에 고체시료를 두는 것으로 고체시료의 확산반사 스펙트럼을 측정할 수 있다(그림 4.9(b)). 확산반사 스펙트럼의 해석방법에 대해서는 5장을 참조.

반면 적분구를 이용한 측정에서는 빛이 적분구에 고르게 퍼지기 때문에 검출하는 광량은 크게 감소하고 s/n이 나빠진다. 그것을 회피하기 위해서, 평상시보다 슬릿폭을 넓혀 측정하는 것이나, 스캔 속도를 느리게 하는 것 등이 필요하다. 고체 측정에서는, 분자가 원래 가지고 있는 스펙트럼의 확대가 큰 경우가 많으므로, 예를 들면 슬릿폭을 5 mm 상당이라고 해도 문제없는 경우가 많다.

(2) 광섬유를 이용한 측정

가시나 자외선, 근적외 영역의 일부는 광섬유에 의해 빛을 감소시키지 않고 회복 될 수 있다. 예를 들어 그림 4.10과 같이 광섬유로 광원에서 시료가 흐르는 유로로 빛을 인도하고, 시료를 투과한 빛을 다색계에서 검출하면, 유로를 흐르는 시료의 그 순간의 흡광 스펙트럼을 측정할 수 있다. 이 유로를 액체 크로마토그래피 등의 컬럼 직후에 설치하면, 머무름 시간(리텐션 타임)마다의 흡수 스펙트럼을 측정할 수 있다. 스펙트럼을 사용함으로써 각 머무름 별 성분의 동정이 용이해진다.

4.3 자외·가시·근적외 스펙트럼의 시각

4.3.1 분자의 전자 상태와 흡수대

자외·가시·근적외 영역에 나타나는 흡수대는 전자 전이로서는 저에너지 쪽에 위치한 전자 전이다. 이 전이는 분자 안에서 결합하고 있는 원자에서 최외각의 전자(가전자)가 그 궤도를 바꾸는 것에 의한 것이다. 따라서, 자외·가시·근적외 스펙트럼은 전자 결합의 종류와 그 주변의 전자의 상태에 따라 변화한다.

(1) 유기 분자의 흡수대

유기 화합물에서 기본 골격이 되는 탄소의 결합에서는 탄소 원자의 최외각이 되는 L

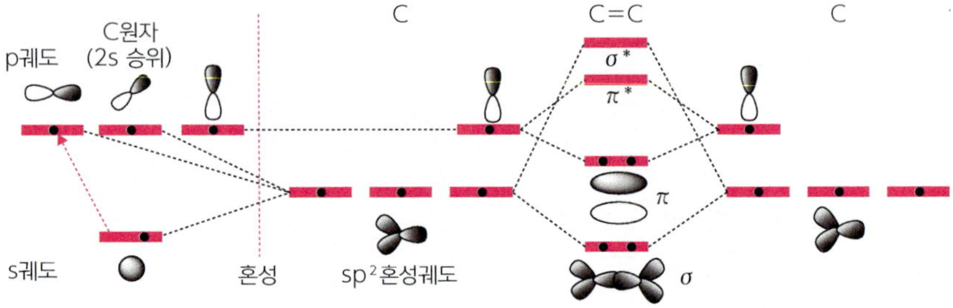

그림 4.11 sp² 혼성궤도에서 생기는 결합성 반결합성궤도

껍질에서 2s 궤도의 전자 중 하나가 2p 궤도로 승위하고, 그리고 2s 궤도와 2p 궤도의 3개 또는 일부와 섞임으로써 형성되는 sp^3, sp^2, sp 혼성 궤도 중 하나와 다른 원자가 공유 결합을 형성한다. 이러한 혼성 궤도는 인접한 분자와 원자핵간 축상에 전자가 분포하는 σ궤도를 형성한다. 한편, sp^2, sp궤도에서는 혼성되지 않은 1개 또는 2개의 p궤도는 원자간 결합축과는 수직방향으로 p궤도가 넓어지고, 결합에 의해 인접한 원자의 p궤도와 원자간 축상에 전자가 분포하지 않는 궤도를 형성한다(그림 4.11). σ, π 어느 궤도에서도 전자가 그 궤도에 들어가면 안정화하는 결합성 궤도(σ궤도, π궤도)와 전자가 그 궤도에 들어가면 결합이 불안정해지는 반결합성 궤도(σ*궤도, π*궤도)가 존재한다. 또한 유기 화합물에서는 산소나 질소 원자와 같은 비공유 전자쌍(*n*)을 가진 원자도 존재한다.

이들을 전자의 안정한 순서, 즉 진공으로 돌출 용이성(궤도 에너지)이 낮은 순서에 늘어놓으면, 그림 4.11처럼 $\sigma < \pi < n < \pi^* < \sigma^*$가 되고, 불안정한 분자에 대해서는 n궤도까지 전자가 들어가 피점 궤도가 되고, π*, σ*궤도는 공궤도가 된다. 이상과 같은 결합에 의해서 형성되는 분자 궤도 함수 외에, 전자가 분자에서 튀어 이온화하기 직전의 에너지 궤도로 Rydberg궤도로 불리는 것이 있다. Rydberg궤도에의 전이는 원자외선(~200 nm)에 관측된다(자세한 내용은 물리화학 또는 양자화학 교과서를 참조), 전자 전이는 피점 궤도에 있는 전자가 빛 에너지를 흡수하고 공궤도로 옮긴 전자 상태로 전이하는 것이다(단, 궤도 에너지의 차이가 그대로 전자 상태의 에너지 차가 아닌 것에 주의). 표 4.3에 전자 전이 관측이 다 가능한 파장 영역과 몰흡광계수의 대략적인 값을 정리했다.

발색단과 조색단: 자외선·가시·근적외 흡광광도계로 관측 가능한 190 nm보다 장파장 측에서는 π–π*전이 및 n–π*전이가 관측된다. 또 n궤도를 가진 같은 분자에서는 π–π*전이가 π–π*전이보다 강도가 크고 단파장 측에 관측된다. 어쨌든 궤도를 형성하는 다중결합을 가진 분자만으로 흡수가 관측되므로 다중결합을 가진 원자단(C=C, C=O, 벤젠고리)을 발색단이라고 한다. 대표적인 발색단을 가진 분자의 흡수대는 표 4.4와 같다.

또한 n궤도를 가진 원자(O, N, S, C1 등)가 발색단에 결합하면 발색단 흡수대의 흡광도 증대나 장파장 쉬프트를 일으킨다. 이러한 발색단에 결합하는 n궤도를 가진 원자단을 조색단이라는 표 4.5에 일치환 벤젠으로 관측되는 흡수대의 강도와 최대 흡수 파장을 나타낸다. 조색단이 되는 치환기에서는 그렇지 않은 치환기에 비해 위와 같은 효과를 볼 수 있다.

표 4.3 흡수대의 구분

전이의 종류	파장영역 (nm)	특 징	E_{max} ($mol^{-1}dm^{3}cm^{-1}$)
σ–σ* σ–Rydberg n–Rydberg	원자외부	원자외선 장치로만 측정된다.	10^3~10^4
n–σ*	180-200	H_2O, NH 등에서 볼 수 있다. 수소 결합의 영향을 강하게 받는다	10^3
π–π*	170~220	알켄이나 카르보닐 등의 고립된 발색단(E_1 흡수대).	10^3~10^4
	170~800	방향족으로부터의 허용 전이 공역의 신장이나 조색단의 영향에 의해 장파장 쉬프트한다($K(E_2)$ 흡수대).	10^4~10^5
	250~	방향족으로부터의 빗 모양 전이 다른 π–π* 전이에 비해 작다(B 흡수대).	10^2~10^3
n–π*	250~	비공유 전자쌍을 가진 분자에서 관측된다. ε는 작다.	10~100

표 4.4 주된 화합물과 흡수대

발색단	화합물	피크파장 (nm)	Emax ($mol^{-1}dm^{3}\ cm^{-1}$)	용매
R–CH=CH–R	에틸렌	175	15000	기상
R–C≡C–R	아세틸렌	185	21000	기상
O ‖ R–C–R	아세톤	196	7000	기상
		279	15	헥산
O ‖ H–C–R	아세트알데히드	180	10000	기상
		290	20	헥산
O ‖ R–C–OH	초산	208	32	95% 에탄올
O ‖ R–C–NR2	아세트아미드	220	63	물
O ‖ R–N–O	니트로메탄	278	20	석유 에테르
O ‖ R–C–O–R	초산에틸	211	58	이소옥탄
O ‖ R–N–O	니트로소부탄	300	100	에탄올
O ‖ R–O–N–O	질산에틸	270	12	디옥산
R–O–N=O	아질산아밀	219	1120	석유 에테르

4

표 4.5 일치환 벤젠의 흡수피크

	K-흡수대		B-흡수대		용매
	피크파장 (nm)	ε ($mol^{-1}\ dm^3\ cm^{-1}$)	피크파장 (nm)	ε ($mol^{-1}\ dm^3\ cm^{-1}$)	
H —	204	7900	256	200	에탄올
CH_3—	207	7000	261	200	에탄올
NH^{3+}—	203	7500	254	200	강산성 수용액
I —	207	7000	257	700	에탄올
Br —	210	7900	261	200	에탄올
Cl —	210	7400	264	200	에탄올
OH —	211	6200	270	1500	물
CH_3 — O —	217	6400	269	1500	물
COO^- —	224	8700	268	560	물
CN —	224	13000	271	1000	물
COOH —	230	10000	270	800	물
NH_2 —	230	8600	280	1400	물
O^- —	235	9400	287	2600	강알카리성 수용액
SH —	236	10000	269	700	헥산
CH ≡ C —	236	12500	278	700	헥산
$CH_3C(O)$ —	240	13000	278	1100	에탄올
CH_2 = CH —	244	12000	282	500	에탄올
C(O)H —	244	15000	280	1500	에탄올
C_6H_5 —	246	20000			
$(CH_3)_2N$ —	251	14000	280	2100	헥산
NO_2 —	269	7800			

(2) 금속 착체의 흡수대

유기 화합물의 배위자와 전이 금속에 의해 형성되는 착체는 자외선·가시·근적외 영역에서 d–d 전이 흡수대, 배위자 전이 흡수대, 전하 이동(CT) 전이 흡수대의 세 종류의 전이에 의한 흡수 밴드가 관측된다.

d–d 전이 흡수대는 중심 금속의 d 궤도가 배위자의 배위에 의해 분열되고 분열된 궤도 준위 사이에서 전자가 전이함으로써 생기는 흡수대이다. 관측되는 흡수 파장은 착체의 구조를 반영한다. 몰흡광계수는 수백 $mol^{-1}\ dm^3\ cm^{-1}$ 이하로 비교적 약한 흡수대이며, 저농도의 정량 분석에는 적합하지 않다. 배위자 전이 흡수대는 배위자가 되는 유기 화합물 자신의 π–π* 및 n–π*전이이다. 금속의 배치에 의한 흡수대가 이동하고 관측된다. 몰흡광계수는 몇 만 $mol^{-1}\ dm^3\ cm^{-1}$가 되는 것도 있지만 미배위의 것과 겹쳐서 관측되는 것이 많아, 정량 분석을 위해서는 미배위의 리간드를 분리하는 작업이 필요하다.

CT전이 대역은, 리간드의 전자가 빛 에너지를 흡수하고 금속 이온의 공궤도로 옮겨

(LMCT), 또는, 금속 이온의 d전자가 리간드의 공궤도(π^*)로 전이함으로써 태어난 대역이다. 몰흡광계수는 몇 만 mol^{-1} dm^3 cm^{-1}를 넘고, 착체 형성하면서 새로 생길 대역이며, 미배위의 리간드의 흡수대과도 크게 다른 파장에 관측되기 때문에, 정량 분석에 가장 잘 쓰인다.

(3) 양자 화학 계산에 의한 흡수대의 전자 전이 귀속

분자 내 원자의 좌표를 고정하면, 분자의 전자 상태의 에너지와 구조에서 취할 수 있는 분자 궤도, 전자 전이의 에너지는 이론적으로 슈뢰딩거 방정식을 푸는 것으로 계산할 수 있다. 소프트웨어를 적절히 이용하여 이 계산을 하면, 어느 정도 크기의 분자에 대해서 전자 전이 에너지로 약 5~10% 이내의 정밀도로 예측이 가능하다. 양자 화학 계산은 크게 나누면 반경험적 수법과 비경험적 기법이 있다. 반경험적 수법이란 계산의 일부에 실험에 의해서 얻은 파라미터를 이용하는 방법이며, 비경험적 수법이란 실험적으로 구한 값은 이용하지 않고 이론만으로 구하는 기법이다. 반경험적 기법이 실험값을 이용함으로써 계산을 생략할 수 있는 부분이 있기 때문에, 계산 시간이 짧아서 계산 대상에 따라서는 비경험적 방법보다 실험을 재현하지만, 한편 이용한 실험값의 적용 범위를 벗어난 분자에 대해서는 올바른 계산 결과를 주지 않는다. 따라서 반경험적 기법을 이용할 경우에는 이용하는 방법과 계산 대상을 잘 검토해야 한다. 비경험적 방법의 계산 비용은 모델의 포함한 전자 수와 요구 받은 계산 정도에 의해서 결정된다. 계산의 정밀도는 사용하는 계산 방법과 모델이 되는 분자의 전자 궤도(또는 전자 밀도)를 맞추는 함수(기저 함수)의 수에 의해 결정된다.

분자의 전자 궤도를 재현하기 위해서는 보다 많은 종류의 함수를 포함하는 기저 함수를 이용하는 것이 필요한데, 한편 이를 위해서는 오랜 계산 시간이 걸린다. 대상으로 하는 분자의 자외선·가시·근적외 스펙트럼 예측에서는 분자의 기저 상태뿐만 아니라 여기 상태의 계산이 필요하다. 간편한 여기 상태의 계산법으로 CI single(CIS)법 및 시간 의존 밀도 범함수법(TD-DFT)법이 있다. 또한 고정밀도의 여기상태 계산으로는 Symmetry-Adapted Cluster CI (SAC-CI)법이 있다. 여기상태 계산에서는 확산된 전자의 궤도를 표현하기 위한 연구가 필요하다. 기저함수는 반드시 분산함수를 포함하는 기저함수(6-31+G (d, p), 나 aug-ce-pVDZ)를 이용한다. 또한 TDDFT법에서는 장거리 보정을 포함하는 함수인 CAM-B3LYP와 같은 범함수를 선택하는 것이 좋다. 그림 4.12에 벤젠에 대한 TD-DFT법의 입력 및 출력 예를 나타낸다. 각 전자 여기 상태에 대하여, 전자 상태의 대칭성, 여기 에너지(여기 파장), 진동자 강도 및 여기 전자 배치가 출력된다. 이 결과에서 첫째 여기 상태는 여기 에너지가 5.39 eV(230 nm), 진동자 강도는 0.00이고 기저 상태의 분자 궤도로 표현한다면 20 → 22와 21 → 23으로 여기한 전자상태가 반반 기여하고 있는 셈이다. 벤젠의 제1전자 여기상태로의 전자 전이는 금지이지만, 진동의 기여에 의해서 여기하는 이른바 진동전이이므로 계산에서는 진동자 강도가 0.00으로 계산되어 버리는 것을 주의해야 한다. 계산된 전자 여기 에너지는 실험값인 4.90 eV와의 차이가 약 0.66 eV 정도이다.

(a)

```
%chk=benzene.chk
#TD=Nstates=25 B3LYP/6-31+g(d)          ← TD-DFT 계산을 한다

Benzene    TD-B3LYP/6-31+g(d)           ← 계산의 제목

                                        전하, 스핀 다중도
 0   1
 C       1.2112590778   -0.6993207546    0.00000000  ┐
 C       1.2112590778    0.6993207546    0.00000000  │
 C      -0.0000000000    1.3986415092    0.00000000  │
 C      -1.2112590778    0.6993207546    0.00000000  │
 C      -1.2112590778   -0.6993207546    0.00000000  │
 C      -0.0000000000   -1.3986415092    0.00000000  ├ 벤젠의 구조
 H       2.1529976846   -1.2430337928    0.00000000  │
 H       2.1529976846    1.2430337928    0.00000000  │
 H      -0.0000000000    2.4860675856    0.00000000  │
 H      -2.1529976846    1.2430337928    0.00000000  │
 H      -2.1529976846   -1.2430337928    0.00000000  │
 H       0.0000000000   -2.4860675856    0.00000000  ┘
```

(b)

```
Excitation energies and oscillator strengths:   (여기상태의 대칭성, 여기에너지, 여기파장, 진동자 강도)

Excited state symmetry could not be determined.
Excited State 1: Singlet-?Sym  5.3922 eV 229.93 nm  f=0.0000 <S**2>=0.000   ← 제1 여기상태에 관한 결과
  20- > 22     0.49953   }  전이에 기여하는 궤도와 그 계수, 계수가 튼 궤도가
  21- > 23     0.49952   }  그 여기상태를 특징짓는다

        <중략>

Excited State 5: Singlet-?Sym  6.8402 eV 181.26 nm  f=0.0589 <S**2>=0.000   ← 제5 여기상태에 관한 결과
  20-> 25      0.49813                 큰 흡수강도를 가진 최초의 전이
  21-> 26      0.49771
```

그림 4.12 벤젠의 여기 상태 계산에 있어서 (a) 입력 및 (b) 출력 예

4.3.2 스펙트럼 변화에 따른 분자구조 및 물성 추정

(1) 공역 다중 결합은 공역 길이가 길어지면 장파장이 바뀐다

발색단 중에서 이중결합은, 공역장이 길어질수록, 흡수대가 장파장으로 쉬프트하는 것으로 알려져 있다. 표 4.7에 나타낸 바와 같이 폴리엔의 흡수대에서는 공역장의 증가로 인해 흡광도의 증대와 장파장 쉬프트를 볼 수 있다.

(2) 발색단 또는 조색단 치환기를 포함하는 방향족 화합물의 π–π^* 전이 흡수대는 장파장 쉬프트하여 강도가 증대한다

표 4.5에 일치환 벤젠의 π–π^* 전이에 대해 나열했다. 치환하는 관능기가 비공유 전자쌍을 가지지 않는 –CH나 –NH의 경우는 피크 파장은 벤젠과 거의 다르지 않다.

한편, OH나 $-NH_2$ 등 비공유 전자쌍이 직접 벤젠 고리에 결합하는 경우는, 피크 파장은 장파장 쉬프트하고 몰흡광계수도 증대한다. 또한, –C=C–와 같은 다중 결합을 하는 분자가 직접 치환하는 경우도 같다.

표 4.6 대표적인 생체분자의 흡수대

종류	화합물	피크파장(nm)	ε_{max} ($mol^{-1}\ dm^3\ cm^{-1}$)	용매
카로티노이드	β-카로틴	451	135	헥산
클로로필	클로로필-a	430	1.1×10^5	디에틸에테르
		663	9×10^4	디에틸에테르
헤모글로빈	O_2-헤모글로빈	414	137	물
		542, 578	14.7, 15.3	
		929	0.3	
	환원 헤모글로빈	430	144	물
		556	13.5	
		760, 905	0.45, 0.27	

표 4.7 폴리엔 화합물, 폴리인 화합물의 최대 흡수 피크
폴리엔 화합물 $H-(C=C)_n-H$

n	1	2	3	4	5	6
피크파장(nm)	162	217	268	304	334	364
ε ($mol^{-1}\ dm^3\ cm^{-1}$)	10	21	34	64	121	138

(3) 솔바토크로미즘

용액에서 용질의 흡수 파장은 용매의 극성에 의해 변화하는 것으로 알려져 있다. 이 현상을 솔바토크로미즘이라고 한다. 일반적으로, n–π* 전이는 극성 용매 중에서는 무극성 용매 중보다 짧은 파장으로 쉬프트한다. 한편, π–π* 전이는 극성 용매 중에서 무극성 용매 중보다 긴 파장으로 쉬프트한다.

4.4 형광 광도법

4.4.1 처음에

형광 광도법은 물질이 자외선·가시·근적외 영역의 빛을 흡수하여 여기한 후 여기 상태에서 기저 상태로 실활할 때의 광방출 현상(형광)을 관측하는 기법이다. 분자를 여기하기 위한 빛의 파장이나 형광으로 방출되는 빛의 파장은 분자에 고유한 값을 가지므로 형광 스펙트럼을 이용하여 흡수 스펙트럼과 마찬가지로 분자의 동정·선택적 정량 분석을 수행할 수 있다. 흡수 스펙트럼보다 고감도이며 화학종의 선택성이 높은 분석법이다. 특히 최근에는 현미경 등과의 조합을 통해 표적 화학종의 공간 분포를 얻는 데 사용된다.

4.4.2 형광 스펙트럼에서 무엇을 알 수 있는가

형광 스펙트럼에서는 같은 전자 전이 분광 분석법인 자외선·가시·근적외 흡수 스펙트

럼과 마찬가지로 정량 분석, 여기 상태에 대한 정보, 물질의 동정을 실시할 수 있다. 본항에서는 형광에서 볼 수 있는 특징을 기술한다.

(1) 감도와 정량성

형광은 배경이 되는 신호가 없기 때문에 장치의 미광을 억제함으로써 흡수 스펙트럼보다 1~3배 높은 감도로 검출할 수 있다. 한편, 다양한 주변 환경 요인이 형광의 강도나 이와 관련된 소광 과정에 영향을 미치기 때문에 정량적 재현성에 많은 주의를 기울일 필요가 있다.

(2) 분석 대상의 선택성

형광은 분자가 광흡수에 의해 여기했다가 나중에 발광하는 두 과정을 포함하므로 여기 파장을 바꿈으로써 분석 대상이 되는 화학종을 선택할 수 있다. 한편 형광 발색하는 분자로 분석 대상이 한정된다. 형광을 발하지 않는 화학종의 분석에는 형광 표지화가 필요하다.

(3) 분자간 상호작용이 보인다

여기한 분자와 형광 발색하는 분자가 다를 경우 여기 분자와 형광 분자 사이에 에너지 이동을 일으키는 분자간 상호작용이 있음을 직접적으로 보여주는 증거가 된다. 또한 상호작용의 선택성에 따라 혼합물 중에서 대상이 되는 화학종을 선택하여 형광 표식을 할 수 있다.

4.4.3 측정원리

(1) 전자 여기 상태와 형광

빛을 흡수하여 여기한 분자는 전자 여기 상태가 된다. 여기서 분자가 획득한 에너지를 빛으로 방출하여 기저 상태로 돌아가는 현상을 형광이라고 한다.

일반적으로 분자가 빛을 흡수하여 그 에너지가 어떻게 전달되는지는 야블론스키 그림(그림 4.13)에 의해 나타난다. 용액이나 고체중에서는 여기상태의 분자는 인접분자와의 충돌 등으로 얻어진 에너지를 외부로 방출하면서 우선은 진동상태간에 빠르게 실활(진동완화)한다. 이때 진동완화는 빛을 방출하지 않는 무복사과정이며 열로서 에너지를 소비한다.

또한 동일한 스핀 다중도를 갖는 저전자 여기 상태의 고진동 상태로 내부 전이(S2→S, 인터널 컨버전: IC)가 일어난다. 내부 전이에서는 분자의 에너지는 거의 변하지 않은 채 전자 여기 상태만이 변화하여 제1전자 여기 상태로 옮겨간다. 제1 여기 상태 중에서 추가적인 진동 완화를 거쳐 최종적으로 진동 기저 상태로 실활한다. 그림 4.13에 나타나듯이 형광은 이 제1 전자 여기 상태(S)의 진동 기저 상태에서 전자 기저 상태(S)의 각 진동 여기 상태로 빛을 방출하여 에너지를 방출하는 과정이다. S1~S_0로의 전이는 대략 10^{-9}~10^{-7} s 사이에 일어난다. 진동 완화에서 에너지는 외부로 방출되기 때문에 관측되는 형광은 여기광보다 반드시 저에너지가 되는 장파장 측에 관측된다. 또한 S,의 진동 기

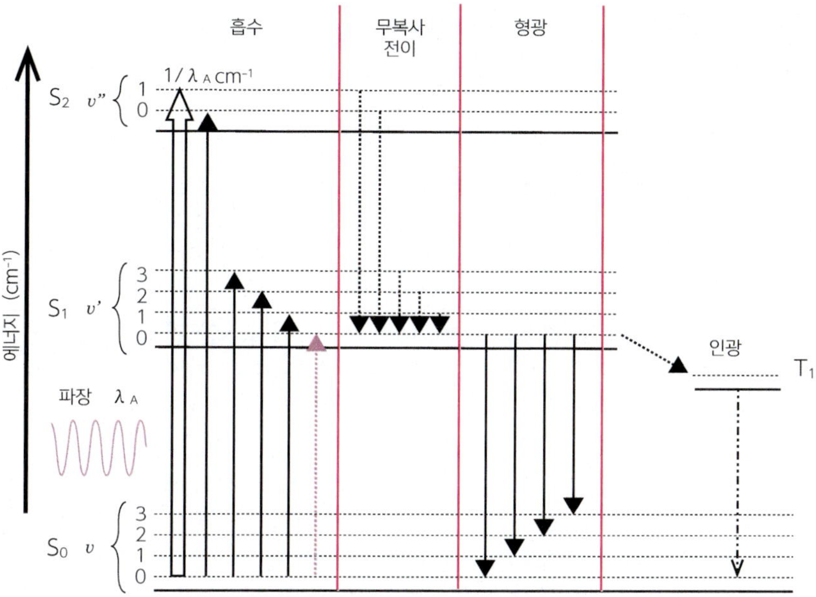

그림 4.13 흡수와 형광과 인광 (야블론스키도)

저 상태로부터의 발광 과정이므로, 가장 짧은 파장으로 관측되는 전이의 에너지는 S와 S의 진동 기저 상태 사이의 전이 에너지에 상당한다.

형광에 영향을 주는 과정으로 서로 다른 스핀 다중도를 갖는 전자 여기 상태의 고진동 상태로 전이하는 계간 교차(인터시스템 크로싱: ISC)가 있다. 기저 상태에서 부대전자가 없는 분자(홑겹항 상태)에서는 ISC에 따라 두 전자가 같은 스핀 상태를 갖는(삼중항 상태)(T_1)로 전이한다. T_1에서 S로의 발광 과정은 인광이라 불리지만 스핀 다중도가 다른 상태간의 전이이므로 전이 확률은 낮고 T_1에 분자가 머무른다. 수명이 길어지고 형광보다 여기광이 소광된 후 더 오래 발광할 것이다.

(2) 양자 수율

형광 양자 수율 ϕ_f = (형광을 발한 분자의 수)/(흡수된 광자 수)로 나타내며, 일반적으로는 1 이하의 값을 나타낸다. 흡수된 후에 형광을 발하지 않는 분자에서는 S_1에서 S_0로의 IC에 의해 기저 상태로 완화하거나, T_1로의 ISC에 의해 인광을 발한다.

(3) 정량 분석

관측되는 형광 강도 F는 분자가 흡수한 여기광의 광자수 I와 비례 관계에 있다. 즉, 형광 양자 수율을 이용하여 다음 관계가 이루어진다.

$$F = I_a \phi_f$$

I_a는 입사광의 광자수 I_0와 샘플 투과광의 광자수 I_t의 차이 $I_a = I_0 - I_t$이며, 빛의 흡수

는 람베르트 비어의 법칙 $-\log(I_0/I_t) = \varepsilon cl$을 따른다면, 다음 식이 된다.

$$F = I_0(1-10^{-\varepsilon cl})\ \phi_f$$

흡광도가 크지 않은 범위(εcl = 0)에서 전개 제1항만을 이용한다면 다음 식이 성립된다.

4

$$F = \ln(10)\ I_0 \varepsilon cl \phi_f$$
$$F / I_0 = \ln(10) \varepsilon cl \phi_f$$

여기서, In (10)은 10의 자연 로그이며, 대략 2.303이다. s란 관측한 분자와 그 전이(파장)에 의해 결정되는 계수이며, 광로길이도 일정한 크기로부터의 경향을 집광한다면, 동일조건에서의 검량선의 작성에 의해서 형광강도를 입사광강도로 나눈 값으로부터 시료 중의 목적물질의 농도를 도출할 수 있다.

이러한 정량을 실시할 경우 시료는 극히 저농도인 것이 조건이 된다. 이는 위에 나타낸 도출의 전개 제1항만을 취급하기 위한 조건이기도 하다. 그림 4.14에 나타난 바와 같이 시료농도가 커짐에 따라 형광강도의 감소를 볼 수 있게 된다. 이는 시료가 고농도가 되면 농도소광이라고 불리는 시료 분자끼리의 상호작용에 의한 실활과정이 작용하기 때문이다. 소광과정에는 농도소광 이외에 용액 중의 용존산소에 의한 영향(산소광)이나 온도상승에 의한 분자끼리의 충돌 증가로 인한 소광(온도소광) 등 다양한 요인에 의해 야기된다. 따라서 형광분광에 의한 정밀한 정량측정에는 이용하는 측정계의 환경을 안정시킨 후 정량가능범위를 확인할 필요가 있다.

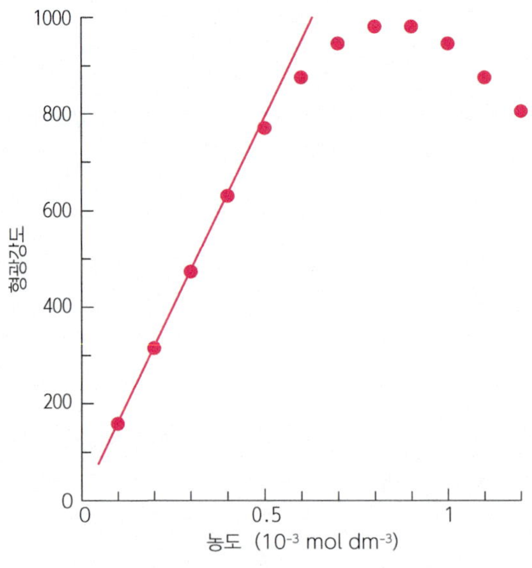

그림 4.14 형광강도와 농도의 관계

4.4.4 장치의 개요

(1) 분광기

그림 4.15에 형광 측정 장치의 모식도를 나타낸다. 광원에는 가시에서 자외선까지 높은 강도의 백색광을 내는 크세논 램프가 이용된다. 이 백색광이 여기광용 분광기에 입사된다.

회절격자를 이용한 분광 소자에 의해, 특정 파장의 여기광만이 분광기의 출사 슬릿에서 출사된다. 여기광은 빔 스플리터로 두 방향으로 나뉘고, 하나는 여기광의 세기를 측정하기 위해 검출기로 집광된다. 다른 하나는 셀 홀더에 놓인 시료에 입사된다.

시료에서 나오는 형광은 형광 분광기에 의해 분광되고 파장마다 검출기에서 강도가 측정되어 스펙트럼을 얻는다.

많은 형광 분광계에서 형광용 분광기는 여기광의 영향을 받지 않고 형광만을 검출하기 때문에 여기광의 광로에 대해 90°가 되는 위치에 설치된다.

(2) 시료부 · 분광셀

용액을 측정할 때 4면 모두 무형광이고 투명한 각진 석영셀이 사용된다. 형광은 여기광의 집광부에서 사방팔방으로 발광되므로 고감도 측정이나 절대 양자 수율의 측정에서는 적분구가 이용된다. 박막이나 분체 등의 고체 측정에서는 시료를 여기광에 대해 45° 배치로 고정하는 시료대가 이용된다.

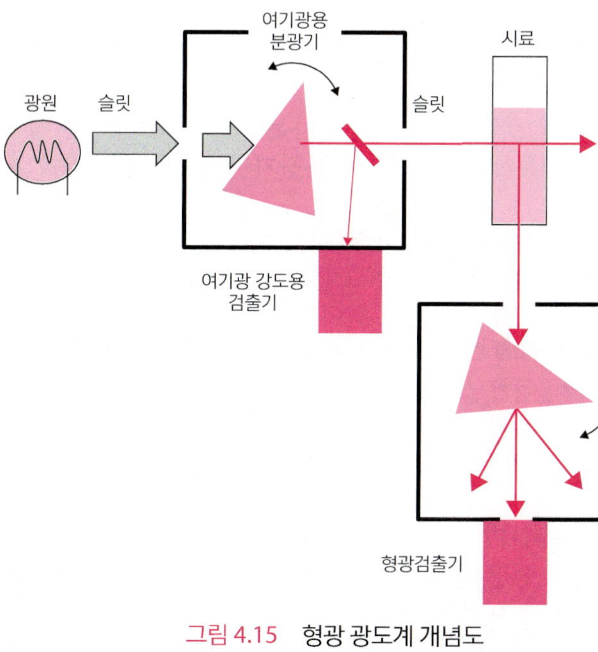

그림 4.15 형광 광도계 개념도

① 광원은 Xe 램프나 레이저(레이저라면 분광기는 필요 없다). ② 시료셀은 4면 투명셀(형광용 셀) ③ 검출기는 광전자 증배관 검출기에 CCD를 이용한 폴리클로메이터라도 좋다.

(3) 용매

형광 스펙트럼은 배경 신호가 없는 측정이므로 흡수 스펙트럼에 비해 용매에 있어서 극히 미량의 불순물로부터 영향을 받기 쉽다. 따라서 유기 용매에서는 형광을 발하는 불순물의 영향이 없음을 확인한 형광 분석용 용매가 시판되고 있다. 또한 산소 소광이 있는 시료를 측정할 때는 미리 용매의 용존 산소를 제거할 필요가 있다.

4.4.5 형광 스펙트럼 측정법

형광 분광 광도계는 두 개의 분광기가 구비되어 있기 때문에, 어느 하나의 분광기의 파장을 스캔함으로써 얻을 수 있는 두 종류의 스펙트럼이 있다. 또한, 양쪽 파장을 움직여, 2차원 스펙트럼을 얻는 측정법이 있다.

(1) 여기 형광 스펙트럼과 확산 형광 스펙트럼

형광측 분광기의 파장을 특정 파장 또는 넓게 슬릿을 벌린 상태로 하여 여기광측 분광기를 스캔하여 얻을 수 있는 스펙트럼을 여기 형광 스펙트럼이라고 한다. 4.4.3항에서도 언급했듯이 형광의 강도는 분자의 흡수 강도에 비례한다. 따라서, 형광측 분광기의 슬릿을 넓게 열어 측정한 여기 형광 스펙트럼은 흡수 스펙트럼과 유사하다. 또한 형광측 분광기의 파장을 특정 파장으로 좁힘으로써, 그 파장의 형광을 발하는 화학종만의 흡수 벡터가 된다. 이를 이용하여 형광 분자의 동정에 사용될 수 있다.

한편, 여기광측 분광기의 파장을 고정하고 형광측 분광기의 파장을 스캔함으로써 얻을 수 있는 스펙트럼을 확산 형광 스펙트럼이라고 한다. 또한 단순히 형광 스펙트럼이라고 하는 경우는 확산 형광 스펙트럼을 가리키는 경우가 많다. 이로써 분자로부터 발원되는 형광 스펙트럼을 알 수 있다.

신규 물질의 형광 스펙트럼을 얻기 위한 절차는 다음과 같다. 신규 물질로는 어디에 형광이 있는지 모르기 때문에, 우선 형광 측 분광기의 슬릿을 넓게 열어 여기 형광 스펙트럼을 측정한다.

여기 형광 스펙트럼에서 어떤 여기 파장에서 형광이 발하는지를 알 수 있으므로 우선 형광을 발하는 파장에 여기광을 맞추고 분광기측의 슬릿폭을 스펙트럼 측정폭으로 바꾸어 형광 확산 스펙트럼을 측정한다. 얻어진 형광 스펙트럼이 시료 중의 형광물질에 의한 것인지를 확인하기 위해 확산 형광 스펙트럼의 목적으로 하는 피크 파장에 형광측 분광기의 파장을 맞추어 여기 스펙트럼을 측정한다. 슬릿을 크게 벌려 측정한 스펙트럼과 비교하여 강도비가 다른 부분이 있으면 그 부분이 다른 기원의 형광임을 알 수 있다.

(2) 여기 형광 매트릭스

여기광의 파장을 변화시키면서, 각 여기파장에서의 확산 형광 스펙트럼을 3차원적으로 중첩한 데이터를 여기 형광 매트릭스(excitation emission matrix: EEM) 또는 형광 지문이라고 부른다. 그림 4.16에 메밀가루 80%와 밀가루 20% 혼합 시료의 여기 형광 매트릭스의 데이터를 나타낸다. 이와 같이 망라적으로 여기광 파장을 스캔하여 얻은 데이터는 서로 다른 물질이 다른 파장에서 형광을 발하고 있음을 하나의 그림 속에서 확

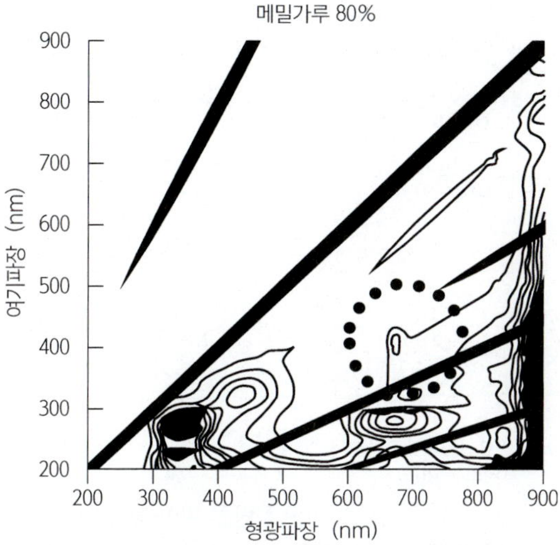

그림 4.16 메밀가루 80%와 밀가루 20% 혼합시료의 여기형광 매트릭스
杉山武裕ら, 日本食品科学工学会誌, 57, 238 (2010).

인할 수 있기 때문에 식품 분석이나 환경 분석 등의 여러 화학종이 혼재하는 대상의 분석에 있어서 힘을 발휘한다. 한편 여기광과 형광 양쪽 파장을 일일이 스캔하여 측정하기 위해 측정 시간은 길어지는 단점이 있다.

이에 대해서는 최근 몇 년간의 장치 개량에 있어서 검출 감도가 높아짐에 따라 이것에 대해서는 최근의 장치의 개량에 있어서 검출 감도의 향상에 수반해 측정 시간도 단축되어 왔으며 몇 분만에 측정할 수 있게 되었다.

또한 형광측의 검출기에 멀티 채널 검출기를 구비한 다색계를 채용해, 측정 시간의 현저한 단축에 성공한 기종도 있다. 얻는 데이터 양이 많기 때문에 그 데이터의 정리는 쉽지 않다. 식품 등 종류의 화학종의 혼합물로부터 얻은 여기 형광 매트릭스의 결과만으로 갑자기 판별과 정량을 수행하기 어렵다. 여기 형광 매트릭스 데이터를 살리기 위해서는 성분비 등이 알려진 시료에서 다변량 해석 기법을 사용하여 판별(또는 정량) 모델을 조립할 필요가 있다.

4.4.6 형광 표지시약을 이용한 정량 분석

(1) 미량 금속 이온의 형광 정량 분석

생명과학이나 환경화학 등의 분야에서는 10^{-8} mol dm^{-3} (약 ppb 오더)의 미량 금속 이온에 대한 정량분석이 필요하다. 그 중에서 높은 감도와 선택성을 가지면서 간편한 측정장치로 실시할 수 있는 분석방법으로 형광 표지시약을 이용한 정량분석법이 있다. 용도나 검출 이온의 선택성, 검출 파장 등을 바꾼 많은 지시약들이 개발되고 있다. 일례를 그림 4.17에 나타낸다. 이 시약들은 다음 중 하나의 특징을 가진다.

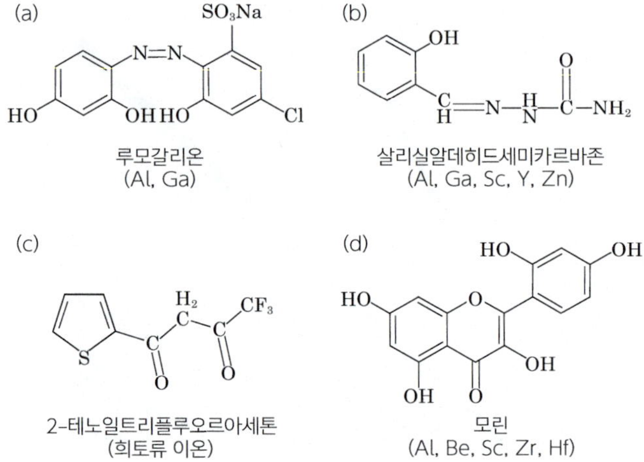

그림 4.17 금속 이온 정량을 위한 형광 시약

(a) 루모갈리온 (Al, Ga)
(b) 살리실알데히드세미카르바존 (Al, Ga, Sc, Y, Zn)
(c) 2-테노일트리플루오로아세톤 (Sm, Eu, TB 등)
(d) 모린 (Al, Be, Sc, Zr, Hf)

- 표지시약 자체의 형광 강도는 그다지 강하지는 않지만 표적이되는 금속 이온과 복합체를 형성했을 때 강한 형광을 나타낸다. 또는 그 반대로 표지시약 자체는 강한 형광을 나타내는 시약이지만, 복합체의 형성에 따라 소광한다.
- 표지시약과 생성된 복합체는 용매 추출 및 TLC와 같은 간단한 조작으로 분리 할 수 있다.

(2) 유기화합물의 형광 정량분석

다환방향족을 갖는 유기화합물 등 그 자체가 형광을 발하는 분자에 대해서는 전처리를 하지 않고 형광광도계에 의해 정량분석이 가능하다. 한편, 무형광성 또는 약형광성 유기화합물에 대해서는 형광시약과 반응시키는 것으로 정량 분석된다. 그림 4.18과 같이 화합물이 갖는 관능기를 타겟으로 한 축합반응 또는 산화반응에 의한 형광 유도체 반응이 알려져 있으며, 이에 이용하는 형광시약(유도체화시약)이 시판되고 있다. 그림의 예 이외에도 검출하고자 하는 분자나 검출에 사용하는 여기파장이나 형광파장에 따라 다양한 시약이 개발되고 있다.

(3) 생체 분자 세포 내의 형광 표지

생체 내에서 생체분자가 생성, 기능 발현, 소실이라는 과정을 동적으로 관측하는 방법으로 생체분자에 형광표지를 하고 형광현미경으로 세포 내의 생체분자를 관측하는 것이 행해진다. 단백질, 핵산, 금속이온, 활성산소 등에 반응하는 형광표지가 개발되어 있다. 이들 형광표지는 유기소분자와 형광단백질로 대별된다. 유기소분자는 (2)에서 볼 수 있는 것과 같은 타겟이 되는 관능기에 대한 유기화학반응을 이용한 수법으로 비교적

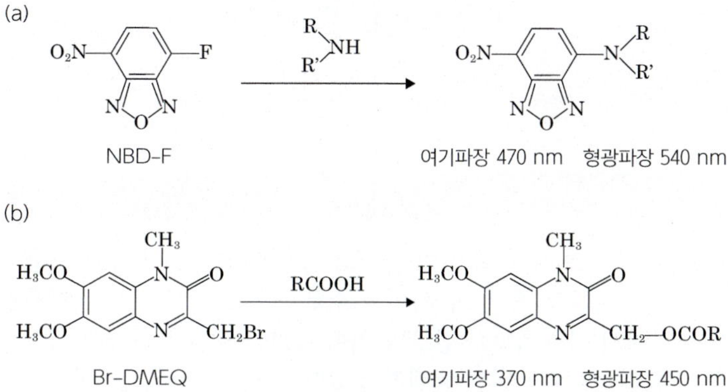

그림 4.18 형광유도체화 시약

(a) 아미노산을 타겟으로 하는 유도체화 시약
(b) 카르복시기를 타겟으로 하는 유도체화 시약

간편한 조작으로 사용이 가능하다. 형광단백질은 유전자공학적 방법에 의해 세포 내에 형광을 발하는 단백질을 생성하는 방법으로 복잡한 구조를 가진 생체분자의 매우 특이한 현상을 볼 수 있다.

【더 자세히 공부하고 싶은 독자를 위해서】

1) 真船文隆,『量子化学 基礎からのアプローチ―』, 化学同人 (2008)
2) 長谷川健,『スペクトル定量分析』, 講談社サイエンティフィク (2005)

5 근적외 분광법

5.1 처음에

근적외 분광법은 근적외 영역의 빛의 흡수나 발광을 측정하는 분광법이다. 흡수나 발광의 강도를 근적외광 파장(혹은 파장)의 함수로 도시하면 근적외 스펙트럼을 얻을 수 있다. 근적외 영역에서는 스펙트럼 정보와 위치 정보를 조합하여 취득하는 이미징 측정이나 하이퍼 스펙트럼 측정도 널리 행해지고 있다. 또한 비행시간 근적외 분광법(Time-Of-Flight Near-Infrared Spectroscopy: TOF-NIRS)이나 기능적 근적외 분광 분석법(functional Near-Infrared Spectroscopy: fNIRS)이라 불리는 방법으로 비교적 큰 물체 내부의 물질의 분포 측정이나 뇌의 기능 해명 등 특수한 응용도 시도되고 있다. 이 장에서는 근적외 분광법에서 가장 널리 사용되고 가장 기본적인 흡수 스펙트럼의 측정과 얻은 스펙트럼의 해석법에 대해 기술한다. 근적위광은 단파장 측의 가시광과 장파장 측에서 중적외광에 낀 영역의 파장을 가진 전자파이다. 중적위선의 경계선인 근적위선의 장파단은 2500 nm (2.5 μm)이다.

이 파장을 경계로 스펙트럼의 특징이나 스펙트럼으로부터 얻을 수 있는 정보가 크게 변화함에 따라, 이 경계 파장은 널리 받아들여지고 있다. 한편, 단파장단은 800 nm로 하는 것이 일반적이지만, 장파장단과 달리 명확한 경계가 있는 것은 아니며, 750 nm나 700 nm 등 다른 값이 채용되기도 한다.

근적위광의 영역에는 가시광에 가까운 짧은 파장 영역(에너지로서는 큰 영역)에 낮은 전자 여기 상태에 대한 전자 전이가 관측될 수도 있으며, 주로 관측되는 것은 측정 대상 물질의 분자 진동의 배음과 결합음이다. 그러므로, 근적외 분광법은 적외선 분광법과 같은 진동 분광법의 일종이다. 그러나 근적외 분광법은 주로 분자 진동의 기본음을 관측하는 적외선 분광법은 크게 다른 특징을 가진, 측정 대상도 스펙트럼의 측정 법 및 해석법도 적외선 분광과는 다른 경우가 많다.

5.2 근적외 분광법의 원리와 특징

5.2.1 진동의 배음·결합음을 관측하는 분광법

근적외 분광법에서 관측하는 것은 주로. 분자 진동 배음이나 결합음이다. 배음은 양자수가 2 이상 다른 진동 준위간의 전이다(그림 5.1(a). 상온에서는 많은 분자 진동이 기저 상태(v = 0, v는 진동의 양자수)에 존재하므로 통상적인 측정에서 관측되는 최저 에너지의 배음(2배음)은 v = 0에서 v = 2로의 전이다. v = 0에서 하나 v = 3, v = 4, …로의 전이를 각각 3배음, 4배음, …이라고 부른다. 배음(2배음), 3배음, 4배음 …를 각각 제1배음, 제2배음, 제3배음, …라고 부르는 경우가 있다. 같은 전이라도 숫자가 하나 어긋나므로 주의가 필요하다.

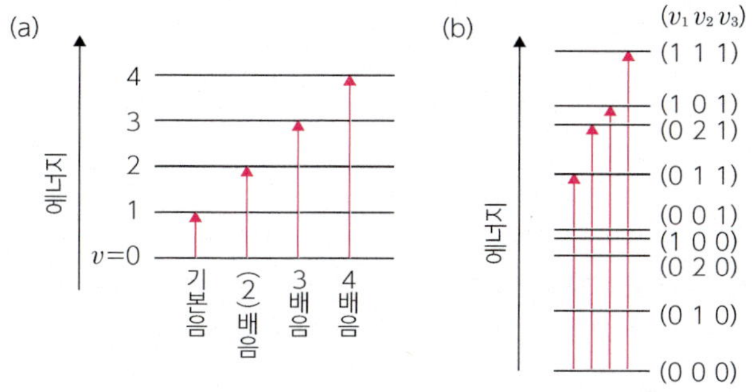

그림 5.1 분자진동의 (a) 배음과 (b) 결합음

한편, 결합음은 복수 진동의 양자수가 동시에 변화하는 상태간의 전이다. 예를 들어, 물분자는 세 개의 기준 진동, ① 대칭 신축 진동, ② 변각 진동, ③ 역대칭 신축 진동, 을 가진다. 이 세 기준 진동의 양자수를 이 순서대로 나열하여 (v_1 v_2 v_3)와 같이 나타내면, 예를 들어 기저 진동 상태 (0 0 0)에서 여기 진동 상태의 (0 1 1), (0 2 1), (1 0 1), (1 1 1) 등으로의 전이가 결합음이다(그림 5.1(b))(0 1 1)으로의 전이에서는 변각 진동과 역대칭 신축 진동의 양자수가, (1 1 1)으로의 전이에서는 모든 기준 진동의 양자수가 동시에 변화하고 있다.

5.2.2 약한 흡수를 측정하는 분광법으로 비파괴 계측에 응용 가능

분자진동이 조화진동자(훅의 법칙이 엄밀하게 이루어지는 스프링과 같은 에너지 퍼텐셜을 갖는 진동자)라고 가정할 때, 전자파의 흡수나 방출에 의해 일어날 수 있는 전이(허용전이)는 $\Delta v = \pm 1$이 된다. v가 한번에 2이상 변화하는 전이는 금제 전이이며, 배음을 전자파의 흡수에 의해 관측할 수 없다(그림 5.2(a)) 그런데 현실의 분자진동은 많든 적든 비조화성을 가지며, 금제가 약간 풀리고 있다. 그리고 충분히 큰 비조화성을 갖는 진동의 스펙트럼은 없다. 배음과 마찬가지로 결합음에 대해서도 분자 진동이 엄밀한 조화 진동자만으로 이루어진 경우에는 금제 전이가 되어 관측할 수 없다. 그러나 큰 비조화성을

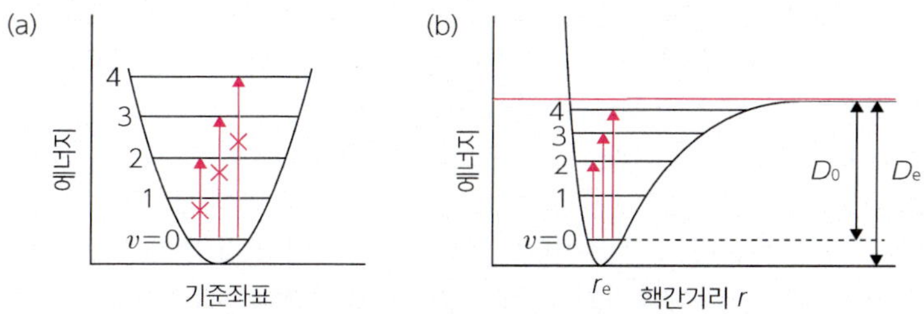

그림 5.2 (a) 조화 진동자와 (b) 결합된 두 원자 사이의 모스 퍼텐셜

배음은 조화 진동자에서 금지 전이가 되지만 모스 포텐셜에서는 허용 전이가 된다. D_0와 D_e는 각각 해리 에너지와 결합 에너지, r_e은 평형 핵간 거리이다.

갖는 진동이 관계되는 결합음도 근적외 흡수 스펙트럼에 관측될 수 있다.

배음이나 결합음은 기본적으로는 금제의 전이가 비조화성에 의해 조금만 허용되어 관측되는 것이므로 관측되는 경우에도 약한 흡수로 관측된다. 이는 흡수의 강도가 약하고 관측하기 어려운 전이라는 결점이 된다. 그러나 반대로 흡수가 약한 덕분에 측정광은 측정대상(시료)의 내부까지 파고들 수 있다. 즉, 근적외광은 자외 가시광선이나 적외광에 비해 투과력이 크다. 따라서 근적외광을 이용하면 어느 정도의 크기를 가진 측정 대상이라도 파괴하지 않고 그 내부의 정보를 얻을 수 있을 가능성이 있다. 이 특징을 살려 근적외 분광법은 농작물, 의약품, 생체, 공산품, 건조물 등 다양한 대상의 비파괴 분석이나 검사에 널리 응용되고 있다.

5.2.3 주로 관측되는 것은 제한된 종류의 진동뿐

근적외 흡수 스펙트럼에 관측되는 것은 시료를 구성하는 분자의 기준 진동의 배음이나 결합음이다. 그러나 모든 진동의 배음이나 결합음이 관측되는 것은 아니며, 특히 비조화성이 큰 진동의 배음이나 결합음만이 관측된다. 주로 관측되는 것은 O–H 결합, C–H 결합, N–H 결합의 신축 진동이 관계되는 배음이나 결합음이다. 이것들은 기본음의 에너지가 3000 cm^{-1} 전후로 높은 진동이다. 분자 진동 퍼텐셜 바닥 부근은 조화성이 높다. 따라서 기본음의 에너지가 낮은 진동은 높은 수준의 배음이 되어야 잠재력의 비조화성이 현저해지는 에너지 영역에 도달할 수 있다.

차수가 큰 배음은 전이의 확률이 작아지므로 관측이 어렵다. 반면 기본음의 에너지가 높은 O–H 결합, C–H 결합, N–H 결합의 신축 진동은 낮은 차수의 배음에서도 비조화성이 현저한 에너지의 영역에 도달할 수 있다. 또 이들은 가벼운 수소 원자가 큰 진폭으로 운동하는 진동이어서 비조화성 효과가 나타나기 쉽다.

근적외 흡수 스펙트럼에는 적은 종류의 기준 진동의 배음이나 결합음만이 관측되므로 관측되는 흡수대의 수가 그리 많지 않고, 언뜻 보기에는 단순한 형태인 경우가 많다.

5.2.4 관측되는 흡수의 엄밀한 귀속은 종종 어렵다

저압의 기상 등 분자간의 상호작용이 작은 조건하에서 비교적 작은 분자의 근적외 흡수 스펙트럼을 측정하면, 각각의 전이가 폭이 좁은 흡수대로서 독립적으로 관측되어 이들의 귀속이 가능해지는 경우도 있다. 그러나, 신호 강도가 작은 근적외 흡수 스펙트럼을 밀도가 작은 기상 시료에 대해 측정하는 것은 매우 어렵기 때문에 근적외 흡수 스펙트럼의 측정의 대부분은 액체나 고체 시료에 대해 이루어진다.

이러한 응축계에서 측정된 근적외 흡수 스펙트럼에는 대부분의 경우 특징이 부족한 폭넓은 흡수대만이 관측된다. 그 이유는 ① 관측되는 전이의 대부분이 O–H결합, C–H결합, N–H결합의 신축진동의 배음이나 결합음에 한정되어 다양성이 떨어진다는 점 ② 분자가 조금 커지면 측정대상분자가 여러 개의 O–H결합, C–H결합, N–H결합을 갖게 되고, 이들의 조합에 의해 생기는 여러 종류의 배음이나 결합음이 같은 파수 영역에 겹쳐 관측될 것, ③ 분자간 상호작용에 의해 각 전이의 선폭이 넓어질 것 ④ 특히 OH결합이나 N–H결합이 관계되는 흡수에 대해서는 이들의 결합이 수소결합을 형성하고 있는지에 따라서도 진동수가 변화할 것 ⑤ 근적외 분광법은 비파괴 분석에 응용되므로 많은 경우 측정 대상이 복잡한 혼합물이며 각 성분의 밴드가 겹쳐 관측될 것 등이다.

이러한 상황에서 근적외 흡수 스펙트럼에 관측되는 밴드가 단일 분자종 유래 단일 전이에 의한 것은 드물고, 그 귀속을 엄밀히 밝히기는 어려운 경우가 많다. 따라서 중적외 분광법에서 일반적으로 행해지고 있는 것처럼 관측된 밴드를 귀속하여 시료 분자의 종류나 구조에 관한 정보를 얻거나 특정 밴드의 강도를 측정함으로써 목적분자의 농도나 존재량을 구하는 것은 근적외 분광법에서는 대부분 어렵다. 대신 근적외 분광법에서는 다변량 해석(케모메트릭스)을 이용하여 스펙트럼에서 다양한 정보를 도출한다.

5.3 근적외 분광법으로 무엇을 알 수 있는가

근적외 분광법은 측정 대상 분류나 판별, 성분의 정량 등을 실시하는 분석적 목적으로 사용되는 경우가 많다. 한편, 분자 진동 가능성의 정밀 해석 및 응축상 중의 분자의 상호 작용이나 수소 결합 상태의 해석 등의 분자 과학적인 목적으로도 쓰인다.

5.3.1 분석적인 응용

근적외 분광법의 특징은 중적외 분광법과 크게 다르지만 진동 분광의 일종이기 때문에 스펙트럼의 형태는 분자마다 다르다. 또한 시료 중의 어떤 분자종의 농도가 높아지면 그 분자종에 기인하는 흡수의 강도(흡광도 표시 시에는 신호의 강도, 투과율이나 반사율의 표시의 경우에는 광강도 감소 비율)가 커진다. 따라서 근적외 분광법은 목적물질의 동정, 판별, 정량 등에 이용할 수 있다. 그러나 위에서 설명한 바와 같이 얻어진 스펙트럼에 관측되는 흡수대를 특정 분자나 특정 전이에 귀속하기 어렵기 때문에 다변량 해석을 이용하여 스펙트럼에서 필요한 정보를 끌어내는 것이 일반적으로 이루어진다.

근적외광은 투과성이 높은 빛이기 때문에 비파괴 계측에 적합하다. 농작물, 의약품, 공산품 등 복잡한 혼합물 속의 특정 성분의 동정이나 정량이 이루어진다. 한편 성분의 분석이 아닌 농작물의 품종, 산지, 숙도, 품질 등의 평가나 판별에 이용되기도 한다. 또한 목재의 밀도나 경도와 같은 물성 평가에 이용되기도 한다. 분석의 목적이나 획득 목표가 되는 정보는 다양하지만, 어떤 경우에도 근적외 분광법이 직접 관측하고 있는 것은 측정 대상을 구성하는 분자임을 잊어서는 안 된다. 분자의 종류, 양, 존재 상태 등의 정보가 스펙트럼에 포함되어 있고, 그것들을 분석 목표가 되는 다양한 정보와 관련짓는 것이다.

근적외 분광법은 비파괴 계측에 적합한 분석법이기 때문에 공장, 농지, 선과장과 같은 생산이나 유통 등의 현장에서 이용되는 경우도 많다. 또한 온라인 분석이나 인라인 분석에도 이용되고 있다.

5.3.2 분자 과학적인 응용

분자 진동의 퍼텐셜은 종종 근사적으로 조화 진동자로 취급되지만 실제로는 위에서 설명한 바와 같이 반드시 비조화성을 갖는다. 어떤 분자진동에 대하여 배음계열의 진동수로부터 그 진동의 비조화성도 포함한 퍼텐셜의 형태를 결정할 수 있다. 또한 퍼텐셜형의 상세한 해석에서 그림 5.2(b)에 나타낸 결합에너지 D_o 및 해리에너지 D_e의 값을 얻을 수도 있다. 배음 계열의 상세한 진동수를 얻기 위해 근적외 분광법이 이용된다.이러한 목적으로 고차 배음을 관측할 경우 근적외광 영역뿐만 아니라 가시광 영역의 스펙트럼 측정도 필요할 수 있다.

근적외 스펙트럼에 주로 관측되는 O–H 결합이나 N–H 결합은 비조화성이 높으며, 그 신축 진동의 배음이나 결합음은 이들 결합이 수소 결합을 하거나 분자간 상호작용을 받으면 진동수를 크게 변화시킨다.

5 따라서, O–H 결합이나 N–H 결합을 가진 분자가 고체나 액체(용액 포함) 속에서 어떤 분자간 상호작용을 받고 있는지를 조사하는 수단으로 근적외 분광법을 이용할 수 있다. O–H 결합이나 N–H 결합의 신축 진동에 의한 흡수는 중적외 흡수 스펙트럼에도 관측되지만, 수소 결합이나 분자간 상호작용에 의한 파수 쉬프트는 근적외 흡수 스펙트럼에 비해 작은 경우가 많다.

5.4 장치의 개요

5.4.1 분광방식

근적외 영역에서는 저렴하고 고성능인 광원, 검출기, 광학 소자가 입수 가능하다. 또한 근적외 분광법은 다양한 목적으로 응용되고 있다. 따라서 많은 종류의 근적외 분광장치가 시판되고 있다. 분광방식에는 파장소인형, 푸리에 변환형, 멀티채널형, AOTF (Acousto-Optic Tunable Filter, 음향광학식 파장 가변 필터)형, 필터형 등이 있다. 파장소인형과 푸리에 변환형은 일반적인 분광방식으로 잘 알려져 있으므로 나머지 세 가지 방식에 대해 간략히 소개한다. 모두 근적외 영역뿐만 아니라 가시광 영역에서도 이용되는 방식이다.

(1) 멀티 채널형

작은, 예를 들어 손바닥 정도의 크기의 섀시 안에, 파장 분산용의 그레이팅과 리니어 어레이 검출기(다수의 미소한 광 검출기를 일렬로 나열한 것), 및 전자 회로를 조합한 검출기가 장착된 분광기이다. 그림 5.3에, 구조의 일례를 모식도로 나타낸다. 광원, 시료 등과의 사이의 빛의 전달이나, 분광기에의 측정광의 도입은 광섬유를 통해서 행하는 경우가 많다.

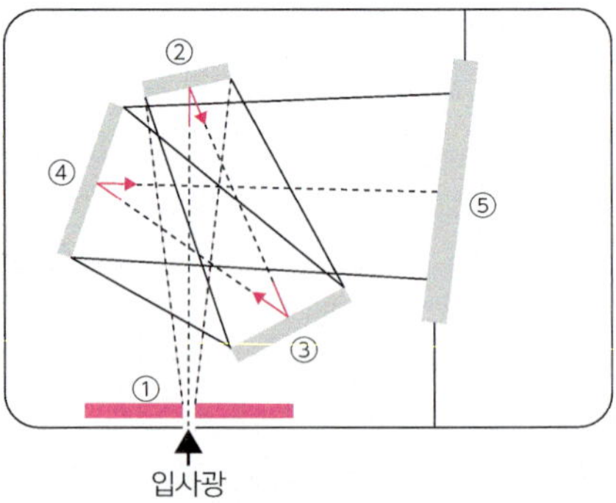

그림 5.3 멀티채널형 소형분광장치의 일례 모식도(체르니 · 터너형 분광기)
① 입구 슬릿 ② 오목거울 ③ 그레이팅 ④ 오목거울 ⑤ 멀티채널 검출기

멀티 채널형 분광장치는 소형, 내부에 가동부분이 없고 견고, 비교적 저렴한 등의 특징이 있으므로 측정현장에 휴대하여 간편하게 측정을 행하는 목적에 적합하다. 반복측

정을 하여 결과를 적산하는 것이 가능하다. 한편, 측정파장 영역이나 분해 등의 측정조건을 변경하는 것은 곤란한 경우가 많다.

(2) AOTF형

밀착시킨 압전소자로부터 초음파를 공급함으로써 산화테를륨(TeO_2) 등의 결정 내부에 발생시킨 소밀파를 회절격자와 같이 이용하여 백색광에서 단색광을 추출하여 분광측정에 이용하는 방식이다(그림 5.4). 초음파의 진동수를 변화시킴으로써 소밀파의 파장을 변화시켜 추출하는 빛의 파장을 변화시킴으로써 스펙트럼을 얻는다.

AOTF 방법의 분광기는 작고 빠른 파장 소인이 가능하기 때문에 모바일 형태의 현장 측정용 분광계에 응용된다.

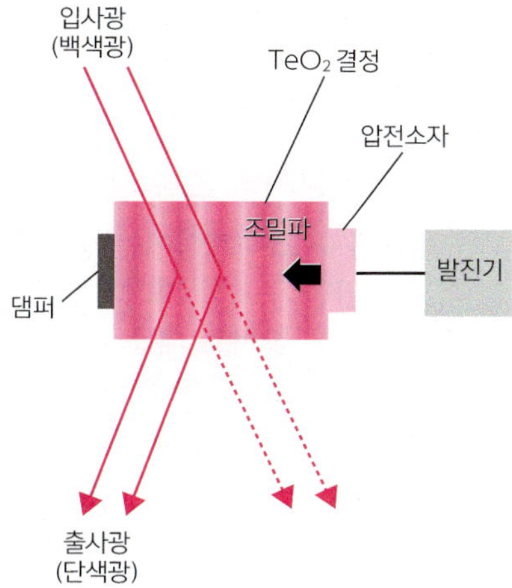

그림 5.4 AOTF형 분광장치에서 단색광을 얻는 방법

(3) 필터형

다른 파장의 근적외선 빛을 투과하는 다수의 필터를 순차적으로 이용함으로써 측정의 빛 파장을 변화시키고 분광 측정을 하는 방법이다. 근 적위광의 전 영역을 몇가지(10~30 정도)으로 분할하고 측정을 실시하는 경우도 있지만 필요한 몇가지 파장 영역의 빛만을 꺼내고 측정을 실시하는 경우도 있다. 백색 광원과 필터를 혼합 필요한 파장의 측정 등을 얻는 대신, 필요한 파장으로 발광하는 몇 개의 LED를 광원으로 이용함으로써 측정을 실시할 수 있다. 특정 파장의 측정 등만을 이용하는 장치는 범용적이 아니라 특정 목적을 위해서 설계 제작하여 이용하는 것이 많다.

5.4.2 분광 장치

근적외 영역에 특화된 분광 광도계도 판매되고 있다. 그러나 자외선 가시 분광 광도계 측정 영역을 장파장으로 확장하는 것이나, 적외선 분광 광도계 측정 영역을 짧은 파장(고파수)측에 확장함으로써, 근적외 영역의 측정을 가능한 장치도 많다.

자외선 가시 분광 광도계의 장파장 확장형은 주로 소인형, 적외선 분광 광도계 단파장 확장형은 주로 푸리에 변환형이다. 어떤 경우에도 모든 파장 영역을 측정하기 위해서는 복수의 광원이나 검출기, 광학 소자를 교환하고 사용할 필요가 있다. 자외 가시근 적외 분광 광도계에서는 이들의 교환을 자동으로 하는 것이 주류이며 모든 영역의 스펙트럼을 연속 측정할 수 있다. 적외 근적외 분광 광도계의 경우에는 수동으로 교환 및 조율이 필요한 부분도 있다. 또한 푸리에 변환형 분광광도계에서는 적외광과 근적외광의 전 영역의 스펙트럼을 한꺼번에 측정하기는 어려우며, 한번에 측정할 수 있는 것은 사전에 선택된 광학소자나 검출기에 의해 결정되는 특정 파장 영역의 스펙트럼에 한정된다.

사용법에 따른 분류로는 거치형, 가반형(이동 가능은 하지만 사용할 때는 놓고 쓰는 타입), 핸디형(손으로 쓰는 타입) 등의 종류가 있다. 일반적으로 소형, 가반으로 갈수록 성능이 떨어지는 경향이 있다는 점에 유의할 필요가 있다. 즉, SN 비율이 낮아지고 분해가 낮아지며 파장과 신호 강도의 재현성도 저한한다. 과일용, 쇠고기용, 플라스틱 판별용 등 사용 목적을 특화하여 분석용 소프트웨어와 함께 판매된다.

5.4.3 분광 장치의 선택 방법

5 근적외 흡수 스펙트럼에는 중적외영역의 흡수 스펙트럼과는 달리 폭이 좁은 흡수대는 적고 세밀한 구조를 가지지 않는 폭넓은 흡수대가 주로 관측된다. 그러나 성능이 그다지 높지 않은 장치로 대충 측정해도 된다는 것은 아니다. 근적외 흡수 스펙트럼을 이용하여 동정, 판별, 정량 등을 행하는 경우에는 육안으로는 구별이 되지 않는 스펙트럼의 근소한 차이를 다변량 해석을 통해 감지하여 정보를 얻으므로 스펙트럼 측정은 다른 파장 영역에서의 측정 이상으로 정밀도 좋게 하여야 한다. SN비, 파장 정밀도, 재현성 등에 대하여 다른 분광법 이상으로 신중하게 설정하여 측정할 필요가 있다. 그러나 스펙트럼을 육안하는 것만으로는 필요한 조건에서 측정이 이루어지고 있는지를 판단하기가 어렵다. 그래서 근적외 영역에서는 종종 다음과 같이 분광계에 요구되는 성능을 검토한다[3,4].

① 최대한 고성능 분광계에서 스펙트럼을 측정하고 판별과 정량을 위한 모델(스펙트럼에서 판별과 정량에 관한 정보를 인출하는 계산법과 처리 절차)를 작성한다. 이 단계에서 만족스러운 결과를 얻지 못할 경우에는 근적외 분광법에 의한 판별과 정량이 원리적으로 어렵다고 판단하거나 더 고성능 분광계를 사용하여 분석을 시도할 필요가 있다.

② 앞에서 충분히 만족할 수 있는 결과를 얻을 수 있었을 경우, 해석에 이용한 스펙트럼을 가공하여 잡음을 부가하거나 분해와 파장 정밀도를 떨어뜨리기도 한다.그것들의 가공한 스펙트럼을 이용하여 해석을 시도하고 만족스러운 결과를 얻기 위해서 분광계에 필요한 성능을 검토하다. 예를 들어 부가하는 잡음의 크기를 점차 늘리면서 해석을 반복함으로써, 허용되는 잡음의 최대 크기를 검토할 수 있다.

③ 필요한 성능을 가진 분광계를 시판되고 있는 것 중에서 선택하거나 해당 목적을 위한 성능을 가진 전용기를 설계 제작한다.

가급적 고성능의 장치를 이용하여 검토를 시작하는 것이 중요하다. 목적에 의한 분광계에 필요한 성능이 다양한 것으로, 처음부터 성능이 낮은 소형 장치와 가반형 장치를 사용하여 검토를 시작하면 소기의 결과가 나올 수 없다.

이상에서, 5.4.2항에 제시한 어느 분광 방식을 채용할 수 있을지에 대한 지침도 얻을 수 있다. 현장에서 사용하려면, 소형 및 가반형 멀티채널형, AOTF형, 필터형 등이 편리하다. 하지만 그것들이 유효하게 작용할지 여부를 검토하기 위해서는 소인형이나 푸리에 변환형의 장치를 이용한 사전 검토가 필요하다.

소인형과 푸리에 변환형을 비교했을 때, 일반적으로 밝고 파장(파수) 정밀도가 높으며 고속에서의 적산이 가능한 푸리에 변환형이 우위라고 생각된다. 그러나 스펙트럼의 세로축(빛의 강도나 흡수의 강도) 정밀도는 유한 영역의 인터페이스에 아포다이제이션 함수를 곱한 후 푸리에 변환을 실시하여 스펙트럼을 얻고 있는 푸리에 변환형에 비해 각각의 파장의 광 강도를 직접 측정하는 소인형이 더 높을 것으로 기대된다. 또한 근적외 영역에 특화된 소인형 분광계 중에는 고속으로 소인이 가능하고 파장 (파수)의 재현 정밀도가 좋고 적산이 가능한 장치도 있다. 따라서 현재 상황에서는 대체로 어느 쪽이 우위라고 말하기 어렵다.

5.4.4 광섬유의 이용

근적외 분광법은 다양한 대상을 비파괴로 측정할 목적으로 사용된다. 온라인이나 인라인 측정에도 종종 사용된다. 따라서 분광계로부터 떨어진 곳에 있는 형태와 크기도 다양한 시료의 측정이 필요할 수 있다.

더욱이, 후술한 바와 같이, 근적외 분광법에서는 투과법 외에 확산 반사법이나 인터랙턴스법 등의 다양한 광학 배치에서의 측정이 널리 이루어지고 있다. 그러한 목적을 달성하기 위해 종종 광섬유를 이용한 측정이 이루어진다. 즉, 장치로부터 떨어진 장소에 있는 측정 대상까지 빛을 전달하거나 측정광을 장치로 되돌리거나 측정 대상에 대해 빛을 적절한 방향에서 조사·집광하기 위해 광섬유가 이용된다.

다양한 조사구와 집광구를 가진 광섬유용 프로브들이 이용되고 있다. 대표적인 예를 그림 5.5에 나타낸다.

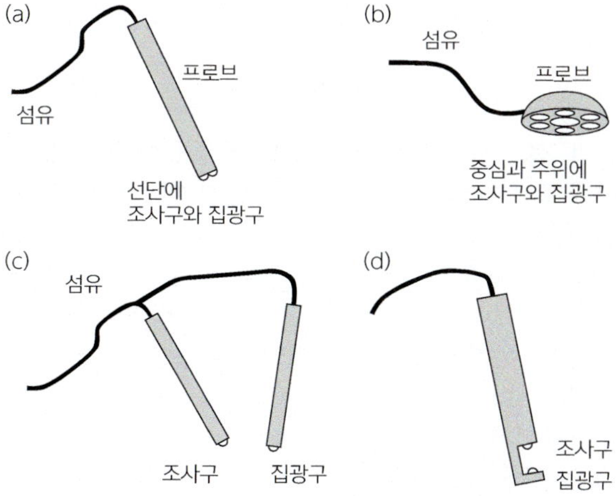

그림 5.5 대표적인 광섬유용 프로브

(a) 가장 일반적인 프로브로서 선단에 빛의 조사구와 집광구를 병설한 것. 확산 반사법으로 측정하는 데 이용된다. (b) 청진기형의 선단을 가지고 주변에서 광조사를 실시하여 중앙에서 집광 혹은 그 반대를 한다. 확산반사법이나 인터랙턴스법에서의 측정에 이용된다. 확산반사법에서의 측정에서는 프로브를 시료에서 분리하여 사용하고 인터랙턴스법에 의한 측정에서는 조사광이 직접 집광구에 입사하지 않도록 시료에 프로브 선단을 밀착시킨다. (c) 광조사용 프로브와 집광용 프로브를 별도로 한 것. 측정대상의 형태나 크기, 측정법에 따라 다양한 배치에서 사용할 수 있다. (d) 선단의 절단 부분에 측정광의 조사구와 집광구가 마주 보고 설치되어 있고, 그 틈새에 들어간 물질의 스펙트럼을 투과법으로 측정한다. 이 프로브는 액체나 분체 등에 그대로 꽂아 사용한다.

5.4.5 분광 광도계 측정용 옵션 기구

측정의 대상이나 목적이 다양하기 때문에 근적외 분광 광도계에서는 자외 가시나 중적외 분광 광도계에 비해 측정에 사용할 옵션이 다수 준비되어 있고, 실제로 그 옵션들을 이용하여 측정을 하는 경우도 많다. 예를 들어, 아래와 같은 옵션이 준비되어 있다.

① 확산반사 측정용 적분구 : 근적외 전용 분광광도계에서는 표준 장비인 경우도 많다. 시료실 내에 세팅하는 작은 시료 측정용인 것도 함체 벽면에 적분구 시료용 창을 부착하고 분광계 외부에 시료를 두고 측정하기 위한 것도 있다(5.5.2항 참조).

② 확산반사 측정용 시료 회전 기구: 불균질적인 시료를 컵에 넣어 회전시키면서 다수의 장소에서의 확산반사 스펙트럼을 측정하기 위한 기구. 자세한 것은 후술한다(5.6.1항 참조).

③ 외부투과: 시료실에 들어가지 않는 크기의 시료를 측정하기 위해 분광계 외부에 광로를 설정한 것이다.

④ 광섬유용 포트: 측정에 사용되는 여러 섬유를 연결하는 포트.

⑤ 온도 조절 기구: 시료의 온도를 일정하게 유지하는 기구. 근적외 흡수 스펙트럼은 종종 온도에 따라 크게 변화하므로 측정 시 온도의 조정이 필요하다.

이상과 같은 옵션 중 일부는 장치 제조 시에만 내장할 수 있으므로 분광계 구입 시 어떤 측정이 가능한지를 사전에 충분히 검토할 필요가 있다.

5.4.6 근적외 영역에서 사용되는 광학 소자의 재질

샘플용 셀이나 창판, 섬유 등에 자주 사용되는 재질에 대해 간략히 설명한다.

근적외 영역에 강한 흡수를 갖는 물질은 거의 없기 때문에 많은 재질을 이용하는 것이 가능하다. 일반적인 광학 유리인 BK7은 2 μm 부근보다 장파장 영역에서는 흡수가 강하고 사용하기 어렵지만 단파장 영역에서는 사용할 수 있다. 석영 유리는 근적외 영역 전체에서 사용 가능하다. 그러나 유리 안에 포함된 물에 의한 흡수가 1.40 μm와 2.22 μm 부근에서 볼 수 있다. 이러한 흡수가 방해되는 측정을 할 때, 함수량을 줄인 적외광용 무수합성 석영유리를 사용해야 한다.

최근에는 근적외 영역에서 투과율이 좋은 재료로서 석영 유리 외에 불소 유리나 산화테룰 화합물이 광섬유 등에 이용되고 있다.

5.5 측정법 : 광학 배치

근적외 흡수 스펙트럼의 주요 측정법은 투과법, 확산 반사법, 인터랙턴스법의 세 가지이다. 각각을 그림 5.6에 나타내었다.

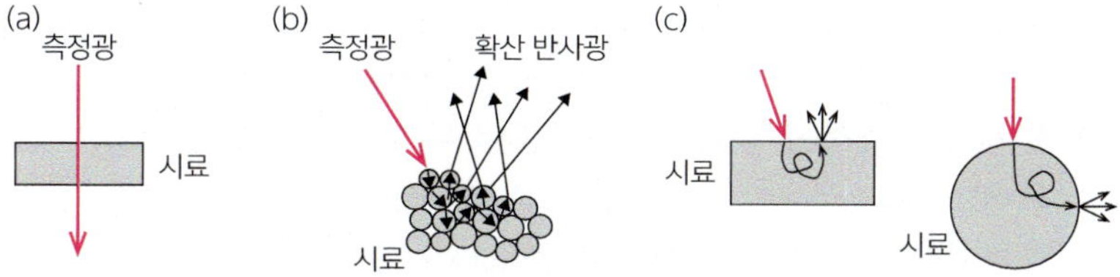

그림 5.6 대표적인 측정법
(a) 투과법, (b) 확산 반사법, (c) 인터랙턴스법

5

5.5.1 투과법 (그림 5.6(a))

투과법은 가장 일반적인 측정법이다. 시료를 투과하는 측정광에 대하여 시료 전후의 강도를 측정함으로써 스펙트럼을 얻는다. 이미 말했듯이 근적외광은 투과력이 큰 빛이기 때문에 겉보기에는 투명하지 않은 어느 정도의 두께(수 mm에서 몇 cm 정도)를 가진 시료도 투과법으로 측정할 수 있는 경우가 있다. 그러나 빛을 강하게 산란하는 시료는 그다지 두껍지 않아도 통상적인 투과법으로 측정하기 어려울 수 있다.

투과법은 광축에 따른 시료 전체의 정보를 얻을 수 있는 점이 뛰어나다. 불균질적인 시료에 대해 시료 전체의 정보를 확실히 얻기 위해서는 투과법을 선택하는 것이 바람직하다. 두께가 큰 시료를 측정하면 투과광 강도가 현저히 작아져 정량성이 저하되는 결점이 있지만 시료 전체의 정보를 얻기 위해 굳이 투과법으로 측정하기도 한다. 후술한 바와 같이 근적외광의 투과능은 파장에 따라 크게 다르기 때문에 시료의 두께와 측정에 이용하는 파장 영역을 적절히 조합하여 측정하는 것이 필요하다.

5.5.2 확산 반사법 (그림 5.6(b))

근적외 분광법으로 가장 많이 사용되는 측정법이다. 확산 반사광은 시료에 조사된 측정광이 시료 내부로 들어가 산란과 반사를 반복해 다시 외부로 나온 것이다. 따라서 확산 반사광에는 시료 내부의 정보가 포함되어 있다. 확산 반사광의 강도를 측정하여 스펙트럼을 얻는 측정 방법이 확산 반사법이다. 확산 반사광은 지향성이 낮고 시료의 넓은 면으로부터 출사해 오므로 적분구(그림 5.7)를 이용하여 측정하는 경우가 많다. 적분구는 반사율이 높고 광확산성이 뛰어난 구형의 면을 안쪽에 갖는 광학기구이다.

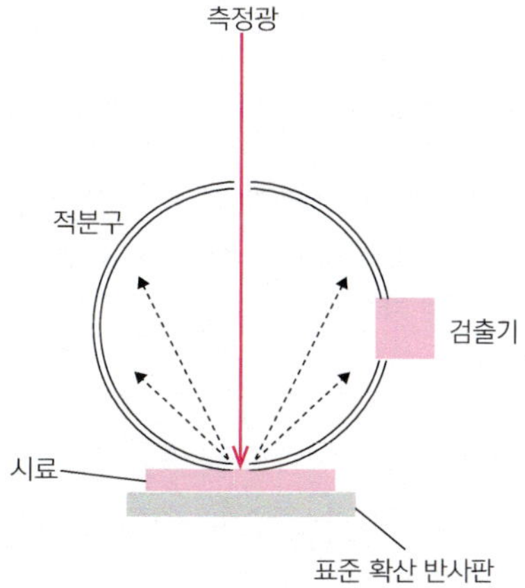

그림 5.7 적분구를 이용한 확산 반사법에서의 측정

내부의 빛을 균질화하기 때문에 확산 반사광이 시료에서 어떤 방향으로 방출되든

그 모든 것을 가능하게 한다. 반면에 적분구를 사용하지 않고, 확산 반사광을 시료 근처에서 광 파이퍼에 효율적으로 흡수하여 측정하는 경우도 있다.

두께를 가진 시료의 측정에서는 확산 반사광이 투과광보다 더 큰 강도를 갖는 경우가 많으므로 확산 반사법을 채택하는 것이 투과법에 비해 용이하게 양질의 스펙트럼을 얻을 수 있다. 특히 분체, 입상 시료, 거친 표면을 가진 시료의 측정에는 효과적이다. 그러나 확산 반사법으로는 빛을 조사한 표면 근방의 정보밖에 얻을 수 없다. 또한 거울면 반사가 강하게 일어나는 매끄러운 표면을 가진 시료로의 응용은 어렵다.

5

확산 반사광은 시료 내에서 반사나 투과를 반복하므로 시료에 의한 흡수가 약한 파장의 빛은 보다 긴 거리 시료내를 지나서야 출사되게 된다. 따라서 약한 흡수가 강조되어 관측되며, 시료 농도와 흡광도 상당의 신호 강도가 비례하지 않는다. 정량적인 신호 강도가 필요할 때에는 쿠벨카 뭉크(Kubelka-Munk) 변환을 실시하면 농도와 신호 강도가 비례한 스펙트럼을 얻을 수 있다. 쿠벨카 뭉크 변환은 다음 식으로 나타난다.

$$f(R_\infty) = \frac{K}{S} = \frac{(1 - R_\infty)^2}{2R_\infty} \tag{5.1}$$

여기서, K는 흡광계수, S는 산란계수(scattering coefficient), R_∞은 절대반사율이다. $f(R_\infty)$는 시료농도에 비례하는 값이다. 일반적으로 R_∞을 직접 측정하기는 곤란하므로, $K \approx 0$의 표준시료(근적외 영역에서는 통상 세라믹판을 이용한다)와의 상대반사율 r_∞ = (시료의 반사율)/(표준시료의 반사율)이 대신 이용된다.

표면에서의 반사가 효율적으로 일어나 시료 내부에 빛이 들어가기 어려운 시료에 대해서는 확산 반사법을 이용하기 어렵다. 시료 내부의 정보를 포함하지 않는 표면에서의 반사광이 현저하게 강하면 상대적으로 약한 확산 반사광의 강도를 측정하기가 어려워지기 때문이다. 적분구를 이용하지 않는 확산 반사 측정에서는 직접 반사광의 영향을 저감시키는 방법이 몇 가지 있다. 하나는 직접 반사광 광축과는 다른 방향에서 확산 반사광을 관측하는 방법이다.

두번째는 입사광의 편광이 직접 반사광에서는 보존되지만 확산 반사광에서는 보존되지 않는 것을 사용하여 직접 반사광과 확산 반사광을 구별하는 연구를 하는 방법이다. 즉, 입사광에 편광을 이용하고 측정은 입사광과 직교하는 편광 성분에 대해서만 수행함으로써 직접 반사광과 확산 반사광을 구별한다. 직접 반사광을 피하기 위해 이상과 같은 방법이 취해지기도 하지만, 표면 반사가 강한 시료에 대해서는 일반적으로 투과법이나 다음에 기술하는 인터랙턴스법의 적용을 검토하는 편이 효과적이다.

5.5.3 인터랙턴스법 (그림 5.6(c))

인터랙턴스법에서의 측정은 확산 반사법에서의 측정과 비슷한 광학 배치를 취한다. 확산 반사법에서는 빛을 조사하는 위치와 거의 같은 위치에서 확산 반사광을 관측하는 반면 인터랙턴스법에서는 빛을 조사하는 위치와 다른 위치에서 시료에서 출사하는 빛을 관측한다. 즉, 시료의 내부로 한번 들어가 다른 곳에서 나온 빛을 측정한다.

따라서, 확산 반사법에서 문제가 되는 직접 반사광의 영향을 받지 않는다. 측정광의 시료에의 입사 위치와 인터랙턴스 빛의 관측 위치는 이웃하는 경우도 있고, 직교하는 방향 등에 떨어져 배치하는 경우도 있다. 전자에서는 측정기의 프로브(빛을 출입사하는 부분)를 예를 들어 청진기형과 같이 일체형으로 제작하여 시료의 한 곳에서 측정을 실시할 수 있게 되어 모바일형 장치에서의 측정에 편리하다.

한편, 빛의 조사 위치와 관측 위치가 가까우면, 측정광이 시료 속을 투과하는 거리가 짧아져 신호 강도가 약해질 염려나, 시료 내부를 통과하지 않고 검출기에 입사하는 미광의 영향이 커질 수 있다.

반대로 빛의 조사 위치와 관측 위치가 멀면 관측할 수 있는 광 강도가 작아져 양호한 스펙트럼을 얻기 어려워질 수 있다. 측정광의 입사 위치와 관측 위치는 이러한 조건을 감안하여 결정할 필요가 있다.

인터랙턴스 방법은 출사광을 관측하는 위치를 제외한 모든 방향에서 시료로 측정광을 조사할 수도 있다. 조사광의 총량을 크게 하면 관측되는 신호 강도를 크게 할 수 있다. 그러나 시료가 뜨거워지거나 빛이나 열의 영향으로 변질될 수 있으므로 광 강도를 제한없이 크게 할 수는 없다.

5.5.4 기타 방법

대부분의 빛을 투과하지만 산란이 강해 투과법으로 측정이 곤란한 시료의 측정에는 확산 반사법의 발전형이라고 할 수 있는 투과 반사법이 이용된다. 탁한 액막이나 불투명한 필름 형태의 시료 등의 측정에 이용된다. 이 방법에서는 시료의 뒷면에 확산 반사판을 두고, 측정광을 반사시켜 측정을 실시한다. 사전에 측정한 확산 반사판만의 스펙트럼을 백그라운드로 한다(그림 5.8(a)). 투과율이 높지만 산란이 강하여 투과법으로 측정하기 어려운 시료에 대해서는 적분구 직전에 시료를 두고 산란 투과한 빛을 적분구로 측정하는 방법이 사용되기도 한다(그림 5.8(b)).

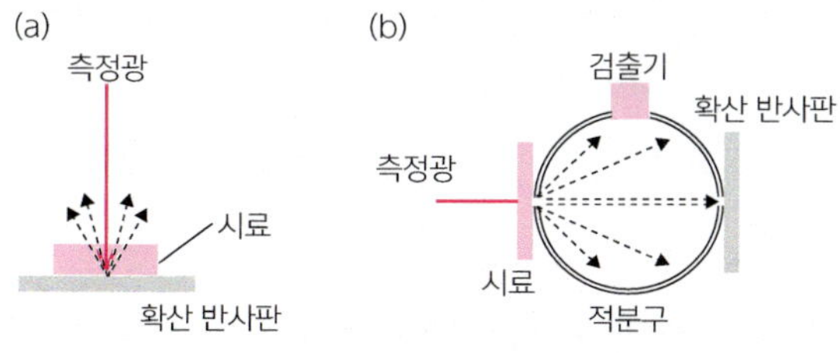

그림 5.8 산란이 강한 시료의 측정법

5.6 측정법: 시료를 다루는 법

5.6.1 시료의 상태 : 전처리와 불균질 시료의 측정법

근적외 분광법은 비파괴 분석, 검사, 평가 등에 이용할 수 있는 것이 특징이다. 따라서 시료에 전처리를 하지 않고 스펙트럼을 측정하는 경우가 많다. 또한 적외선 분광법에서의 KBr 정제법과 같이 근적외 분광법에서 특별히 범용되는 전처리법은 없다.

전처리 없이 측정을 수행하기 때문에 측정 대상은 복잡한 혼합물인 경우가 많다. 또한 구성 성분이 시료 내부에 불균질하게 존재하는 경우도 종종 있다. 게다가 시료의 형상이나 크기도 제각각이다. 예를 들어 크기로 말하면, 건조물처럼 이동시키기 어려울 정도로 거대한 것부터, 일반적인 분광광도계의 시료실에 들어가지 않을 정도의 크기의 것, 미세한 입자 같은 것까지가 측정 대상이 될 수 있다. 곡물이나 콩류와 같은 한 알마다 조금씩 다른 크기, 모양, 성분을 가진 다수의 알갱이 모양의 물체가 모여 있는 시료나 토양, 퇴비, 가축 사료(거친 사료나 음식물 찌꺼기로 제조한 친환경 사료)와 같이 불균질하고 복잡한 혼합물 등도 측정 대상이 된다. 이러한 다양한 시료의 각각에 대해 유의미한 결과를 얻기 위해서는 어떤 목적으로 어떤 정보가 필요한지를 명확히 한 후 측정을 실시할 필요가 있다.

불균질한 시료를 측정할 경우, 평균값 등의 대표성을 갖는 측정결과를 얻는 것이 목적이라면 시료의 다수의 다른 장소에서 측정하여 평균값을 구하는 것이 가장 일반적이다.

이 경우, 다수의 장소에서 측정한 스펙트럼의 평균 스펙트럼을 계산한 후 해석을 실시하는 것도, 각각의 장소에서 얻은 스펙트럼을 해석하여 얻은 결과를 평균하는 것도 가능하다. 만약 비파괴에서의 측정이 필수적이지 않은 경우에는 시료를 미세하게 분쇄하여 잘 혼합하고 균질화한 후 측정을 실시하는 선택지도 있다.

상술한 곡물이나 토양, 퇴비, 사료와 같은 시료의 경우, 시료를 측정용의 투명한 컵(샤레와 같은 용기)에 넣고 컵을 회전시키면서 측정을 반복함으로써 다수의 장소의 정보를 포함하는 스펙트럼을 측정하는 방법도 종종 이용된다(그림 5.9) 이러한 측정을 수행하기 위한 기구(시료컵을 회전시키는 기구와 컵에 아래쪽에서 측정광을 조사하여 확산 반사 스펙트럼을 반복 측정하는 광학계)를 구비한 분광 광도계가 판매되고 있다.

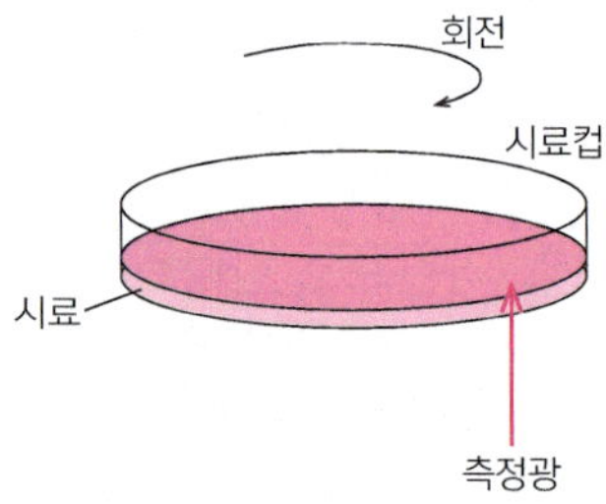

그림 5.9 회전하는 컵을 이용한 불균질한 시료 측정법

5.6.2 셀을 이용한 측정

액체나 용액 외에 입체나 분체의 측정에도 셀이 사용된다. 셀에 담긴 시료의 측정은 일반적으로 투과법으로 이루어지지만 확산 반사법이나 투과 반사법으로 이루어지기도 한다.

액체의 측정을 투과법으로 실시할 경우, 주로 측정하는 파수 영역에 따라 셀의 광로길이를 적절히 선택할 필요가 있다. 그림 5.10에 물의 근적외 흡수 스펙트럼을 나타냈다. 이 스펙트럼은 광로 길이 1 mm의 셀을 이용하여 측정한 것이다. 저파수 측에는 강한 결합음이나 배음의 흡수가 관측되고 있는데, 고파수로 진행됨에 따라 관측되는 흡수가 고차의 배음과 관계되는 것이 되어 급속히 약해진다.

물뿐만 아니라 일반적으로 저파수 쪽에는 강한 흡수가 관측되고, 고파수 쪽의 흡수는

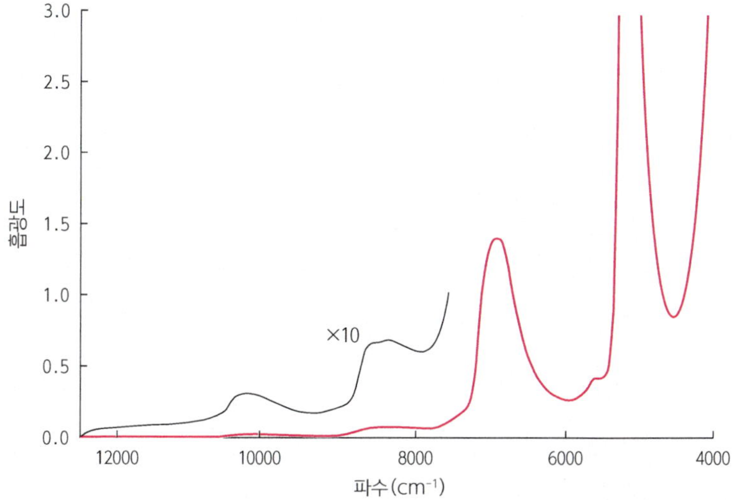

그림 5.10 물의 근적외 흡수 스펙트럼
광로 길이 1mm인 셀에서의 측정 결과, 파수(파장)에 따라 흡수 강도는 몇 자릿수 차이가 난다.

약하다. 따라서 저파수 영역의 스펙트럼을 측정할 때에는 광로 길이가 작은 셀을 이용하지 않으면 흡수의 포화가 일어나 올바른 스펙트럼을 얻을 수 없다.

한편, 높은 파수 영역의 스펙트럼을 측정할 때 흡수가 약하기 때문에 셀의 광로 길이를 늘리지 않으면 좋은 스펙트럼을 얻을 수 없다. 근적외광은 종종 관측되는 신호의 강도에 따라 세 영역으로 분할된다. 그림 5.11에 세 영역과 각각의 영역에 관측되는 주요 전이를 정리해 제시했다. 또한 각 영역에서의 측정에 적합한 셀의 광로 길이 기준을 제시했다. 표에 나타낸 광로 길이는 순수한 액체를 측정할 때의 기준이므로 용액 속의 용질의 스펙트럼을 얻고 싶을 때 등에는 광로 길이가 더 큰 셀을 이용할 필요가 있는 경우도 있다.

입체를 셀에 넣어 측정하는 경우, 광로 길이가 크고 시료의 출납에 편리하도록 입이 큰 셀을 이용하는 경우가 많다. 투과법으로 측정하는 경우에는 공극률을 고려하여 신호 강도를 견적하여 적절한 광로 길이를 선택할 필요가 있다.

5.6.3 온도의 조정

근적외 흡수 스펙트럼은 종종 온도에 따라 크게 변화한다. 이는 주로 O–H 결합이나 N–H 결합의 수소 결합 상태가 온도에 따라 변화하기 때문이다. 근적외 흡수 스펙트럼은 수소 결합 상태를 민감하게 반영하기 때문에 온도가 바뀌면 스펙트럼이 변화한다.

판별 모델이나 정량 모델을 이용할 경우에는 그 모델을 작성했을 때와 같은 온도에서 스펙트럼을 측정하는 것이 필요하다. 지정 온도의 항온실 내에 충분히 오랜 시간 방치한 시료나 항온조를 이용하여 지정 온도로 조정한 시료를 측정하는 등의 연구가 필요하다.

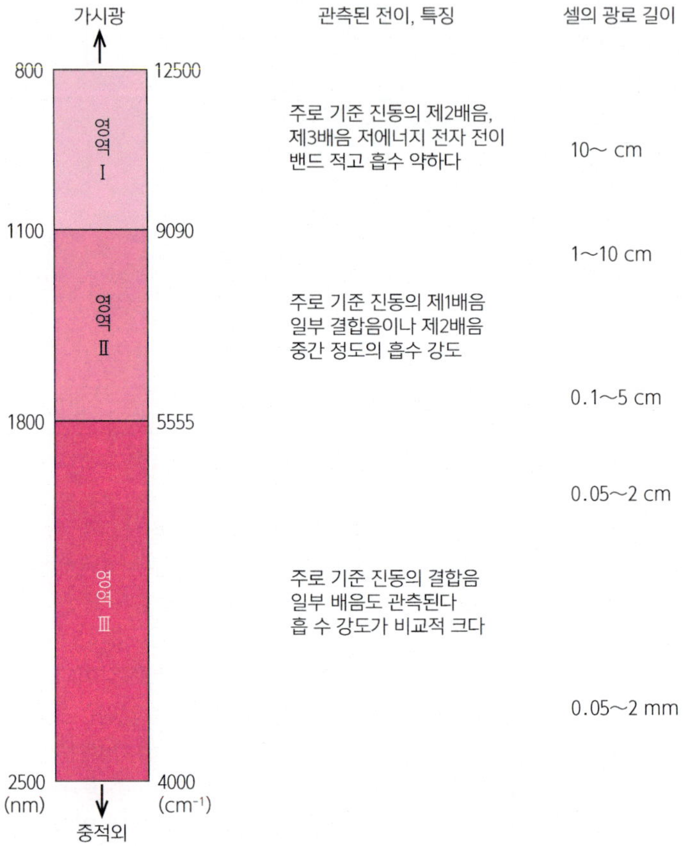

그림 5.11 근적외선의 3영역과 각 영역에서 사용하는 셀의 적절한 광경로 길이

용액 측정에서는 서모스탯이 장착된 셀 홀더가 이용되기도 한다. 반대로 스펙트럼에서 시료의 온도를 추정할 수도 있다.

5.6.4 주위 빛의 영향

근적외광은 태양광이나 조명기구로부터의 빛에도 포함되어 있으므로 환경 속의 빛이 스펙트럼 측정을 방해할 수 있다. 특히 분광광도계의 시료실 이외의 장소에 시료를 두고 측정할 때 주의가 필요하다.

태양광이나 조명기구에서 나오는 빛이 직접 검출기로 들어가는 일이 없으면 심각한 영향을 받지 않는다. 그럼에도 외부 빛이 직접 검출기로 들어가지 않도록 측정하는 장소를 선택하는 것 외에 시료 주변에 덮개를 씌워 외부 빛을 차단하는 등의 주의가 필요하다.

5.7 근적외 흡수 스펙트럼

근적외 흡수 스펙트럼의 가로축에는 파장(nm 또는 μm)을 취하는 경우와 파수(cm^{-1})를 취하는 경우가 있다. 자외 가시 분광 광도계의 측정 영역을 장파장으로 확장한 장치와 (중) 적외 분광 광도계의 측정 영역을 단파장으로 확장한 장치는 각각 파장에 선형 혹은 파수로 선형으로 측정한다. 그러므로 양자가 측정에 이용되는 근적외 스펙트럼에는 파장 단위로 나타나는 것과 파수 단위로 나타나는 것이 혼재하게 된다.

스펙트럼을 볼 때에는 그 스펙트럼이 어느 쪽을 가로축에 있어서 나타나 있는지를 조심해야 한다. 근적외 흡수 스펙트럼을 배음이나 결합음이 관측되고 있는 진동 스펙트럼으로 볼 때나 관측된 흡수대를 귀속하는 경우에는 적외선 흡수 스펙트럼에 관측되는 흡수대의 파수 정보와 비교하면서 검토를 하는 경우가 많으므로 가로축을 파수로 나타낸 스펙트럼을 이용하는 것이 편리하다. 스펙트럼 간의 비교를 할 경우에는 대상 스펙트럼을 파장 표시 또는 파수 표시로 통일하여 실시하지 않으면 유의미한 비교를 할 수 없다.

근적외 흡수 스펙트럼의 세로축에는 주로 투과율 T, 반사율 R, 흡광도 A 중 하나를 취한다. 흡광도 A는 시료의 양(농도)에 비례하지만, 투과율 T나 반사율 R은 비례하지 않는다. 따라서 스펙트럼을 분석적으로 해석할 때는 흡광도 표시 스펙트럼을 반드시 사용해야 한다.

근적외 분광법에서는 종종 해석에 다변량 해석을 사용한다. 다변량 해석에도 흡광도 표시 스펙트럼을 이용해야 한다. 다변량 해석을 하면 세로축이 어떤 표시든 유의미한 결과를 얻을 수 있다고 착각하는 경우를 종종 볼 수 있다. 그러나 다변량 해석은 목적물질의 정량이나 정량적인 정보에 입각한 판별을 하기 위해 이용하는 것이므로 흡광도 표시 이외의 스펙트럼에 적용해도 유의미한 결과를 얻기는 어렵다. 측정이 투과율이나 반사율로 이루어진 경우에는 흡광도 혹은 흡광도 상당의 스펙트럼으로 변환한 후 해석해야 한다. 확산반사 측정의 경우에는 쿠벨카 뭉크 변환에 의해 흡수 강도에 의한 빛의 스며드는 깊이의 차이를 보정할 필요가 있다. 쿠벨카 뭉크 변환은 통상 분광계 광도계에 프로그램이 준비되어 있다. 준비되지 않은 경우에는 식 (5,1)에 의해 변환할 수 있다. 투과반사법이나 인터랙턴스법으로 측정된 경우에는 투과법으로 측정한 경우와 마찬가지로 $\log (I_0/I)$[I_0는 입사광강도, I는 반사광이나 시료를 통과하여 나오는 빛(투과광)의 강도]를 계산함으로써 흡광도 상당의 스펙트럼으로 변환할 수 있다. 반사율 R로 측정되고 있는 경우, 근적외 영역에서의 반사 측정은 일반적으로 확산 반사 측정이 되므로 쿠벨카 뭉크 변환을 실시하는 것이 적당하지만, 근사적으로 $\log (1/R)$의 변환을 이용하기도 한다.

5.8 스펙트럼 분석법

근적외 분광법은 분자 과학적인 응용에도 분석적인 응용에도 이용된다. 응용의 목적이 다양하기 때문에 스펙트럼 해석법도 목적에 대응하여 다양하게 변화한다.

근적외 영역 이외의 파장 영역의 스펙트럼에 대한 일반적인 해석은 먼저 관측된 밴드를 귀속시키고, 그 다음에 귀속된 밴드의 진동수로부터 시료 분자의 구조나 존재 상태를 검토하거나 흡수 강도로부터 존재량의 정보를 얻는다. 그러나 이미 말했듯이, 근적외 흡수 스펙트럼에서는 관측된 밴드를 특정 성분의 특정 진동 모드에 귀속하는 것이 많은 경우는 쉽지 않다. 그래서 해석은 주로 케모메트릭스라고 불리는 다변량 해석 기법을 이용하여 이루어진다. 즉, 여러 파장(혹은 파수)에서의 흡광도를 각각 변량으로 간주하여 해석한다. 일부 파장의 데이터를 선택하여 해석하는 경우도 있고, 측정이 이루어진 모든 파장의 데이터를 해석하는 데 사용할 수도 있다.

다변량 해석을 이용하면 스펙트럼의 유사성을 수치화하여 평가하는 것이나, 여러 파장에서의 흡수 강도를 종합적으로 평가하여 목적물질의 농도를 결정하는 것 등이 가능해진다. 따라서 근적외 분광법을 능숙하게 사용하기 위해서는 케모메트릭스의 상세를 아는 것이 필수적이다. 스펙트럼에서 동정·판별이나 정량에 관한 정보를 이끌어내는 계산법이나 처리 절차를 각각 '판별모델', '정량모델'로 부른다.

이하, 정량 분석, 판별 분석에 대하여 각각 대표적인 해석 절차 등의 개요를 서술한다. 케모메트릭스에 대한 자세한 내용은 참고서[1, 2, 6]를 참조하기 바란다. 또한 본 장 집필 시점에서 케모메트릭스는 급속한 발전 도상에 있어 새로운 기법이나 흥미로운 응용 사례가 속속 발표되고 있다. 이용에 있어서는 최신 정보를 수집하는 것을 추천한다. 실시하고 있지만, 현재로서는 범용적인 해석법은 거의 볼 수 없다.여기서 우리는 흡수대의 귀속에 대해서만 간략히 말할 것이다.

5.8.1 정량분석

신뢰할 수 있는 정량 모델을 구축하기 위한 절차를, 과실이 당도 측정을 예로 그림 5.12에 나타낸다. 모델 구축에 이용 표준 시료를 충분히 수집할 필요가 있다. 그러나 그에 앞서, 어느 범위의 시료를 대상으로 한 모델을 구축할 것인지 결정해야 한다.

과실은 당도 외에도, 산도, 색채, 크기, 모양, 품종, 산지, 수확 시기, 수확 나이 등 각종 파라미터를 가진다. 이들 파라미터는 모두 당도 예측에 영향을 미칠 수 있다. 그러나 각

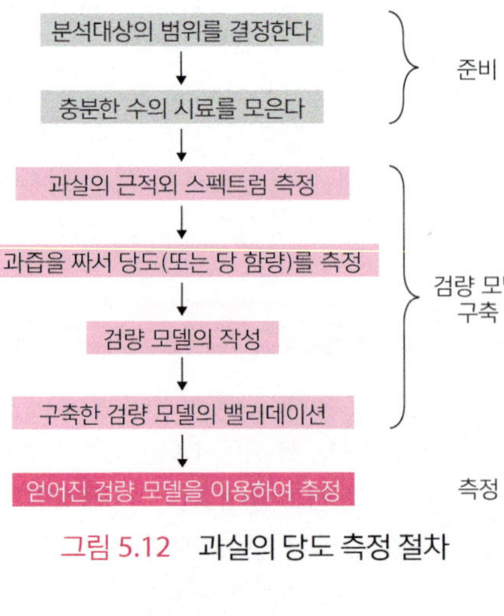

그림 5.12 과실의 당도 측정 절차

자가 당도의 전망에 어떤 영향을 미칠지는 모르고, 예상되는 범위 내의 모든 값을 갖는 것을 모아 모델 구축 시에 고려할 필요가 있다. 즉 표준시료를 모으는 단계에서 구축한 모델이 적용될 수 있는 범위가 한정되게 된다.

이것은 기존에 이용되어 온 람베르토-비어 규칙을 이용하여 검량선을 구할 때 예상되는 농도를 충분히 커버하는 농도 범위의 표준시료를 준비하는 것이 필요하다는 것과 동등한 의미가 있다. 반대로 변동하는 파라미터의 수를 늘리면 일반적으로 예측 정확도가 떨어지므로 정밀도 좋은 정량 모델을 구축하기 위해서는 일부 파라미터를 고정하고 예를 들어 품종별, 산지별, 수확연별 등의 모델을 구축하는 것이 필요하다. 이와 같이 어느 범위의 시료를 대상으로 한 모델을 구축할 것인지를 먼저 결정할 필요가 있다.

어떤 파라미터에 대해 특정한 값을 갖는 표준시료밖에 준비되어 있지 않은 경우에는 구축한 모델은 그 파라미터에 대해 표준시료가 준비된 값을 가진 시료 이외의 시료에 대해서는 적용할 수 없다 예를 들어, 어떤 특정 품종의 과실(예를 들어 블루레이라는 품종의 블루베리 과실)만 모아 정량모델을 구축한 경우, 그 모델을 다른 품종의 과실(예를 들어 샤프블루라는 품종의 블루베리 과실)에 적용해도 정밀도 좋은 결과를 얻을 수 있다는 보장은 없다. 산지나 수확시기 등에 대해서도 마찬가지라고 할 수 있다.

변화한 파라미터에 대해서 일어날 수 있는 모든 값을 가진 시료를 갖추려고 하면, 그 수는 최소한 수십개, 경우에 따라서는 수백개 이상이 되기도 한다. 표준 시료 수가 너무 적으면, 범용성이 낮은 정밀도가 나쁜 모델을 구축할 수 있다.

표준 시료가 충분히 모이면, 그것들의 시료의 스펙트럼을 하나씩 측정한다. 이 때, 측정을 투과법, 확산 반사법, 인터랙턴스법의 어느 것으로 할지를 검토해야 한다. 어떤 측정법을 선택해도 이 정도의 예측 정밀도 모델을 구축할 수 있는 경우도 있지만, 하나의 측정법이 특히 유리한 경우도 왕왕 있다. 모델의 구축과, 그 모델을 이용한 예측은 같은 측정법으로 얻어진 스펙트럼에 대해서 실시할 필요가 있다.

과실처럼 완전한 구형이 아닌 비대칭 부분을 가진 시료의 경우에는 어느 위치(예를 들어 꽃이 붙어 있는 위치, 가지에 붙어 있던 위치, 그 이외의 측면 등)로 측정을 해야 할지 검토도 필요하다. 하나의 과실에 대해서 여러곳에서 스펙트럼을 측정하고, 그 평균 스펙트럼으로 해석할 수도 있다.

스펙트럼 측정이 끝나면, 각각의 과일 즙을 짜서 당도를 측정한다. 과실의 당도는 일반적으로 과즙의 굴절률을 이용한 브릭스 당도로 나타난다. 브릭스 당도는, 핸디캡 당도계 같은 간편한 장치로 측정이 가능하지만 정확도는 낮다. 한편, 고속 액체 크로마토 그래피 같은 기기를 사용하여 과당, 설탕, 포도당 등의 당을 정밀하게 정량할 수도 있다. 최종적으로 구축하는 모델의 예측 정확도는 여기서 측정 정밀도 이상의 것에는 결코 안 되니까 혹시 고정밀도 예측 모델을 구축하고 싶은 경우에는 충분한 정밀도를 가진 방법으로 측정할 필요가 있다. 반대로, 예측 모델에 그 만큼 정확도가 필요 없을 경우에는, 여기서 측정의 정밀도도 그다지 높게 할 필요는 없다.

모든 표준 시료에 대해 스펙트럼과 당도의 데이터가 세트로 갖추어지면 스펙트럼에서 당도를 예측하는 모델을 구축한다. 정량 모델을 구축한다면 주성분 회귀법[PCR

(Principal Component Regression)]이나 부분적 최소 제곱 회귀법[PLS(Partial Least Squares) 회귀법]을 이용하는 것이 일반적이다. 스펙트럼과 당도의 데이터를 세트로 입력하는 것만으로 적절한 모델을 구축해주는 소프트웨어도 시판되고 있으며, 분광도계에 그러한 해석용 소프트웨어가 준비되어 있기도 하다.

보다 높은 정밀도로 예측하기 위해서는 다변량 분석 소프트웨어 등을 이용하여 각각의 분석 대상에 적합한 모델을 구축해야 한다. 이 때의 절차는 대략 다음과 같다.

① 스펙트럼 전처리[사비츠키 골레이(Savitzky-Golay, SG)법에 의한 평활화를 겸한 미분처리(1차 미분 또는 2차 미분)가 많이 이용됨]
② 해석한 파장 영역의 선택
③ 규격화[MSC(Multiplicative Scatter Correction)법이나 SNV(Standard Normal Variate)법 등]
④ 모델 구축

①에는 주로 산란광 등에 의해 생기는 스펙트럼의 기준선이나 그 변동을 제거하는 효과가 있다. ②는 정보를 포함하지 않는 파장 영역이나 유해한 파장 영역(목적 물질과 무관한 강한 흡수 등 올바른 결과를 도출하는 것을 방해하는 정보를 가진 파장 영역)을 제외하고 보다 올바른 결과를 효율적으로 얻기 위해 수행한다. ③에는 광로길이의 편차(과실로 말하면, 투과법으로 측정했을 때의 크기 차이)에 따른 신호 강도의 차이를 보정하는 효과가 있다.

①과 ④에서, 각각 어떻게 처리 방법을 선택하면 최선의 결과를 얻을 수 있는지에 대한 명확한 지침은 본 장의 집필 시점에서는 유감스럽게도 없다. 일반적으로는 얻은 결과를 검토하면서 시행착오를 거듭하여 처리 방법이나 해석에 사용할 파장 영역을 선택하는 파장 영역의 선택에는 moving window PLS라고 불리는 방법이 효과적이라는 보고가 있으나, 이 방법도 만능이라고는 할 수 없다.

구축한 모델은 실제 현장에서 사용하기 전에 올바르게 작동하는지 검증할 필요가 있다. 이 작업을 밸리데이션이라고 부른다. 밸리데이션에는 모델 구축에 사용한 것과 동일한 시료를 사용하여 수행하는 내부 밸리데이션과 모델 구축에 사용한 것과는 다른 시료를 사용하여 수행하는 외부 밸리데이션이 있다.

케모메트릭스에 의해 구축한 모델은 때때로 모델 구축에 이용한 표준 시료에만 적용 가능한 범화성 없는 모델(과학습한 모델)이 될 수 있으므로 엄밀한 검증을 실시하기 위해서는 외부 밸리데이션에 이용하는 시료에 대해서도 스펙트럼과 당도의 실측값이 세트로 얻어져야 한다. 모델의 평가는 그 모델을 이용하여 스펙트럼에서 예측한 당도가 실측값을 어느 정도 재현하느냐에 따라 실시한다. 평가에 있어서는 그림 5.13과 같이 목적의 값에 대해 실측한 결과와 스펙트럼에서 예측한 값을 각각 가로축과 세로축에 플롯하여 양자의 상관계수 r이나 결정계수 r^2를 구하거나 RMSEP(root mean square error of prediction, 예측의 평균 제곱근 오차) 계산 등을 실시한다. r이나 r^2은 1에 가까울수록, RMSEP는 작을수록 예측 정확도가 높다.

5.8.2 정성분석

근적외 분광법은 종종 판별이나 동정에 이용된다. 이때 가장 많이 이용되는 것은 주성분 분석(Principal Component Analysis: PCA)에 기초한 스코어 플롯이다. 주성분 분석에서는 스펙트럼이 그 스펙트럼을 구성하는 데이터 점의 수와 동일한 차원수를 갖는 공간 내의 1점에 대응한다고 생각한다. 복수의 스펙트럼이 있는 경우 다차원 공간 내에 스펙트럼의 수와 같은 수의 점이 존재하게 된다.

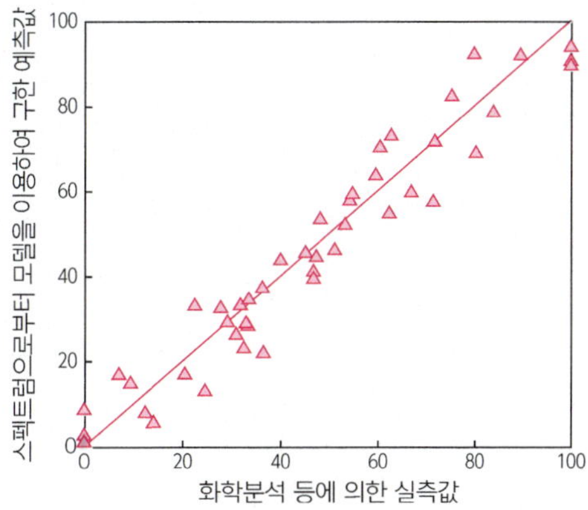

그림 5.13 정량 모델의 밸리데이션에 이용하는 그래프의 예

▷가 각각의 시료 결과에 대응한다. 실선은 $y = x$ 의 직선

이 공간에 대해 좌표 변환을 실시함으로써 스펙트럼의 특징을 추출한다. 직교 선형 변환에 의해 데이터 점의 분산이 최대의 방향(각 점을 사영했을 때 가장 분산이 커지는 축)을 제1축으로 한다. 제2축 이후에는 순차적으로 그때까지 정한 축의 모든 것에 직교하고 또한 데이터 점의 사영이 가장 큰 분산을 나타내는 방향으로 결정한다. 이렇게 결정된 각 축은 주성분에 대응하고, 그 축의 단위 벡터에 대응하는 스펙트럼을 로딩이라고 부른다.

관찰된 각 스펙트럼은 로딩의 선형 결합으로 나타낼 수 있다. 각 스펙트럼을 로딩의 선형 결합으로 나타냈을 때, 각 로딩의 계수가 스코어라 불리며, 스코어 플롯에 쓰인다. 주성분 분석에서는 스펙트럼의 차이를 특징짓는 성분부터 차례로 성분을 골라내므로 처음의 몇 가지 주성분에 대한 스코어를 이용함으로써 스펙트럼을 대표하도록 할 수 있다. 즉 주성분 분석에 의한, 다변량인 스펙트럼의 차원 압축을 행할 수 있다. 판별 모델을 구축하기 위한 개략의 순서를 그림 5.14에 나타낸다. 정량 분석의 경우와 마찬가지로 분석 대상의 범위를 정하고 충분한 수의 신뢰할 수 있는 표준 시료를 모으는 것부터 시작해야 한다. 표준 샘플의 신뢰성은 스스로 분석하여 확인하거나 신뢰할 수 있는 경로에서 샘플을 얻음으로써 담보될 수 있다.

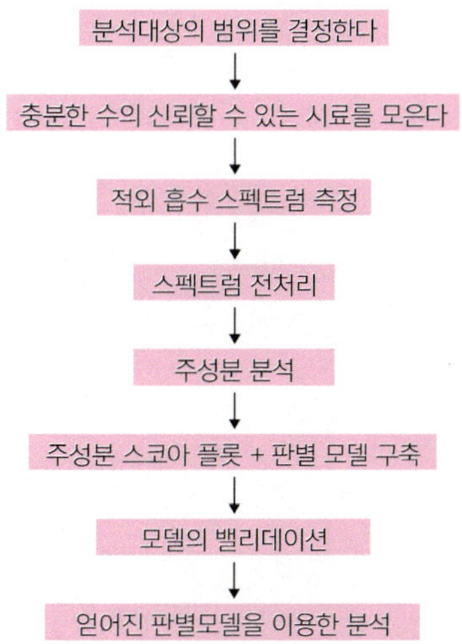

그림 5.14 주성분 스코어 플롯에 의한 판별 모델 구축 절차

표준시료의 근적외 흡수 스펙트럼을 측정하고 스펙트럼의 전처리(평활화, 미분처리, 규격화, 이용하는 파장의 선택 등)를 한 후에 주성분 분석을 실시한다. 여기서도 현재로서는 효과적인 전처리를 선택하기 위한 명확한 지침은 없으며 시행착오

를 겪으면서 결정해 나간다. 파장 선택에서는 측정 가능한 스펙트럼에 큰 차이를 보이는 영역을 육안으로 선택하거나 저차 주성분의 로딩이 큰 진폭을 갖는 영역을 선택하는 것이 효과적인 경우가 많다.

예를 들어, 양모, 비단, 나일론, 폴리에스테르, 아크릴의 5종류의 재질의 천의 근적외 흡수 스펙트럼(그림 5.15(a))과, 그것들의 주성분 스코어 플롯(그림 5.15(b))을 보였다. 각 재질의 천 시료 10점씩, 합계 50점의 시료를 이용한 결과이다. 스펙트럼은 각각의 재질에 대해서 10의 시료의 평균 스펙트럼을 나타내고 있다. 각 시료에 대해서 관측된 스펙트럼을 중심 평균화(평균 스펙트럼과 차이 스펙트럼에 변환) 하고, 이어서 평활화와 2차 미분을 한 후에, 측정한 전 영역을 사용하여 주성분 분석했다. 그림 5.15(b)의 주성분 스코어플롯은 각 시료의 제1주성분과 제2주성분의 스코어를 각각 가로축과 세로축에 취하여 플롯한 것이다. 스코어플롯 상에서는 같은 재질의 시료의 플롯이 모여 있다. 스코어플롯 중의 타원은 각 재질에 대해 플롯으로부터 구한 99.7%의 신뢰구간을 나타내는 등확률 타원이다.

미지시료에 대해서는 스펙트럼을 측정하여 표준시료의 스펙트럼과 동일한 처리에 의해 스코어를 구하고 결과를 이 그래프상에 플롯함으로써 어느 재질인지, 혹은 이들 중 어느 것과도 다른 재질인지를 판단할 수 있다. 주성분 스코어플롯에 의한 판별모델도 구축 후 외부 밸리데이션에 의해 충분히 검증한 후에 이용할 필요가 있다.

그림 5.15(b)의 스코어 플롯처럼, 각 재질의 시료가 확연히 다른 위치에 플롯될 경우에는 미지 시료에 대해서도 눈으로 어떤 재질이 있는지의 판별이 쉽다.

그러나 다른 재질의 시료가 접근한 위치에 플롯되는 경우에는 육안으로 판별하기 어려운 경우도 있다. 그러한 경우에는 판별분석, 클러스터 분석, SIMCA(Soft Independent Modeling of Class Analogy)법 등의 보다 고도의 판별법의 병용이 필요하다.

주성분 분석에 의한 판별은 표준 시료에 보이는 스펙트럼의 차이를 주성분 분석에 의

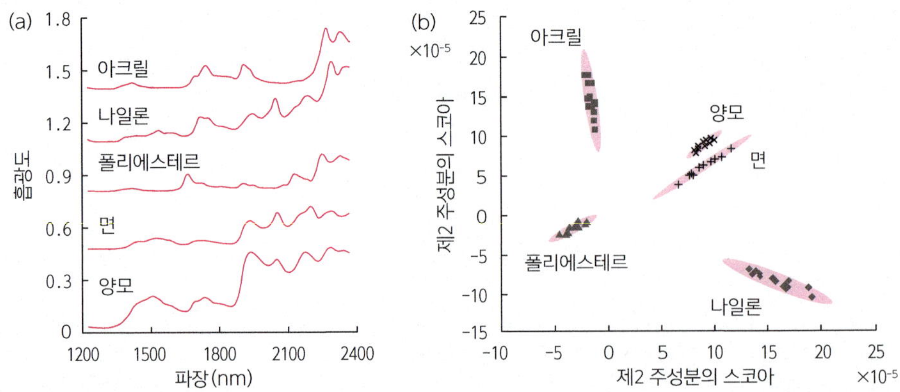

그림 5.15 (a) 5종 재질의 천의 근적외 흡수 스펙트럼과 (b) 주성분 스코어 플롯
타원은 99.7퍼센트 신뢰수준의 등확률 타원

한 추출하고 판별에 이용하고 있다. 매우 비슷한 시료 사이의 판별을 하는 경우 시료의 종류에 따라 스펙트럼의 차이보다 더 기타의 사유(예를 들어 잡음)에 기인하는 스펙트럼의 차이가 커지고, 주성분 분석으로는 구별이 어려울 수 있다. 그런 경우에는 주성분 스코어 플롯 같은 「교사 없음」의 판별 모델이 아니라 「교사 있음」의 판별 모델의 구축이 효과적이다.

「교사 없음」 판별 모델이 스펙트럼의 변화가 큰 영역을 사용하여 판별 모델을 구축하는 데 대해서, 「교사 있음」 모델 구축에서는, 재질이 다를 때 스펙트럼 상에 차이가 나타나는 파장 영역을 찾아내서 판별에 사용하는 것이며, 더 효과적으로 판별할 수 있다. 최근에는 간편한 교사 있는 판별 모델의 구축 기법으로, 부분적 최소 제곱 판별 분석법(PLS-DA(Partial Least Squares-Discriminant Analysis)]이 널리 쓰이게 된다[8]. 또, 판별 분석법에 근거한 고도의 판별 모델 구축 제안도 이루어지고 있다[9].

5

5.8.3 흡수대의 귀속

근적외 영역에 강하게 관측되는 흡수 밴드의 대부분은 C–H 결합, O–H 결합, N–H 결합의 신축 진동에 관계된 배음과 결합음에 한정되므로 이들의 대략적인 귀속은 비교적 쉽다. 종종 사용되는 정보를 정리해서 그림 5.16에 나타낸다. 이러한 그림을 이용하면 관측된 흡수밴드가 어떤 전이에 의한 것인지를 대략 알 수 있다. 그림 5.16의 정보는 매우 대략적인 것으로 시료의 분자의 종류나 구조에 관한 상세한 정보를 얻을 목적으로 사용할 수는 없다. 그러나 액체나 고체 시료에서 관찰되는 흡수 스펙트럼은 폭이 넓고 특징이 부족한 흡수 밴드만 관측되기 때문에 더 자세한 정보가 필요하지 않다. 그래서 보다 상세한 귀속의 연구는 거의 이뤄지지 않았다.

양자 화학 계산으로 배음과 결합 소리의 진동수가 계산할 수 있다. 예를 들어 대표적인 양자 화학 계산 소프트웨어의 하나인 Gaussian을 사용하면 부조화성을 고려한 배음과

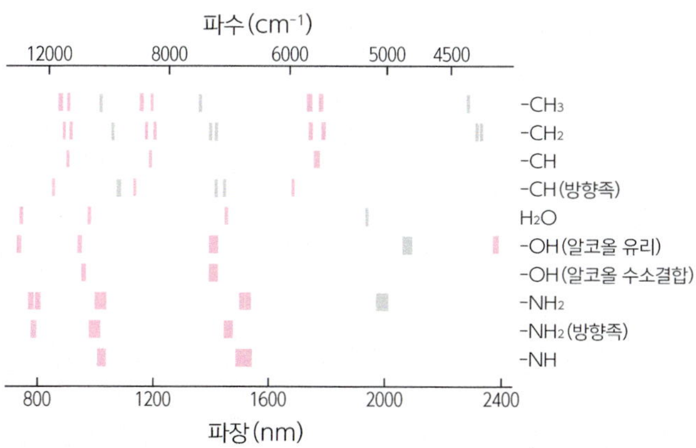

그림 5.16 근적외 흡수 스펙트럼에서 관측되는 주요 흡수 밴드
회색은 결합음, 빨간색은 배음이 관측되는 영역을 나타낸다.

결합 소리의 진동수를 계산할 수 있다. 그러나, 고체와 용액에 대해서 측정된 일반적인 근적외 흡수 스펙트럼에는 각각의 배음과 결합 소리의 전이가 관측되는 것은 아니고, 계산을 원용해서 관측된 흡수대를 상세하게 귀속하는 것은 보통 어렵다고 이해되고 싶다.

【참고 문헌】

1) 日本分光学会編,『赤外・ラマン分光法』, 講談社サイエンティフィク (2009)
2) 尾崎幸洋編著,『近赤外分光法』, 講談社 (2015)
3) 大倉力他,照明学会誌, 93,492(2009)
4) 朴善姫他,農業食料工学会誌, 76,524(2014)
5) 梅田大樹他, 分光研究, 55,245(2006)
6) 長谷川健,『スペクトル定量分析』, 講談社サイエンティフィク (2005)
7) Y.P. Duet al, Anal. Chim. Acta., 501,183(2004)
8) D. Ballabio, V. Consonni, Anal. Methods, 5, 3790 (2013)
9) 齋藤健吾他, 照明学会誌, 101,504 (2017)

6 라만 분광법

6.1 처음에

물질에 빛을 조사하면 산란광을 일으킨다. 이 중에는 입사광과는 다른 진동수를 가진 빛이 포함된다. 라만 산란은 이러한 비탄성 산란의 일종이며 물질의 양자 상태 간 전이에 따라 일어난다. 진동 상태 간의 전이를 수반하는 경우가 많기 때문에 라만 산란광은 주로 분자 진동에 관한 정보를 포함한다. 분자 진동은 분자 구조에 민감하므로 라만 산란광 관측, 즉 라만 분광법에 의해 분자 구조에 관한 풍부한 정보를 얻을 수 있다.

그림 6.1에 라만 산란 모식도를 나타낸다. 진동수 ν에서 진동하는 분자에 진동수 ν_0의 광자가 맞으면 분자로부터 에너지 $h\ (\nu_0-\nu)$와 에너지 $h\ (\nu_0+\nu)$의 2종류의 라만 산란광이 발생한다. 전자의 현상을 스톡스 산란, 후자의 현상을 안티스톡스 산란이라고 부른다. 일반적으로 스톡스 산란광이 안티 스톡스 산란광에 비해 현저하게 강하다. 이것은 스톡스 산란은 안티 스톡스 산란에 대해 에너지가 낮은 양자 상태에서 발생하기 때문이다. 또한 분자에서는 입사광과 같은 진동수를 가진 광자도 발생하며, 이를 레일리 산란이라고 부른다.

라만 산란광과 입사광(이후 여기광이라고 부른다)의 에너지 차이에 대해 라만 산란광 강도를 플롯하면 진동 스펙트럼을 얻을 수 있다. 라만 산란광과 여기광의 에너지 차이로서, 보통은 파수(cm^{-1}) 단위로 나타낸 값이 이용된다. 이것을 라만 쉬프트라고 부른다. 하나의 분자 진동에 의해서, 스톡스 산란, 안티 스톡스 산란 모두 같은 라만 쉬프트 값에 라만 밴드를 준다. 안티 스톡스 산란에 비해 스톡스 산란이 더 강하기 때문에, 라만 스펙트럼 측정에서는 통상적으로 스톡스 산란을 관측한다. 예로서, 사이클로헥산의 라만 스펙트럼을 그림 6.2에 나타낸다. 라만 스펙트럼에 근거해, 화합물의 동정, 분자 구조의 결정, 물질의 정량이 가능하다. 레이저 기술이나 광 검출 기술의 발전에 따라, 라만 분광법의 응용 범위는 크게 넓어지고 있다.

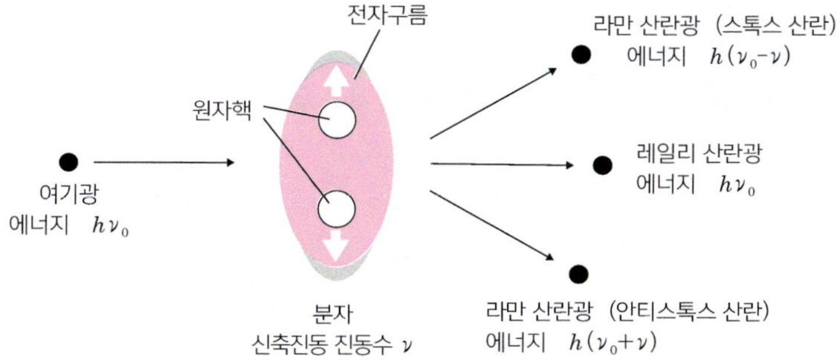

그림 6.1 진동 전이에 따른 라만 산란광의 발생

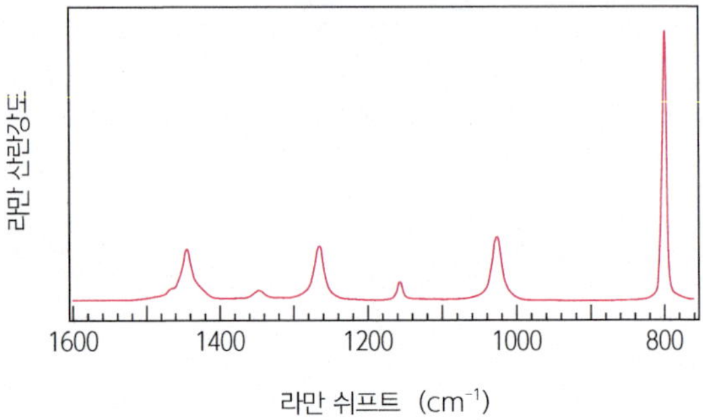

그림 6.2 라만 스펙트럼의 예(시클로헥산)

6.2 라만 산란광이 생기는 원리

스펙트럼을 올바르게 해석하기 위해서는 분광법의 원리를 이해하는 것이 필수적이다.

6.2.1 라만 산란의 고전적 묘상

라만 산란광의 발생은 고전적으로는 광전장에 의해 유기된, 분자의 진동 분극으로부터의 전자파의 방출로 이해할 수 있다. 분자에 전기장이 걸리면 분자 내에 분극이 유기되어 쌍극자 모멘트의 크기가 변화한다. 이 변화분 $\Delta\mu$는 전기장 벡터 E와 분자 분극 α의 시간 변화의 곱($\Delta\mu = \alpha E$)에서 구할 수 있다. α의 시간 변화는 분자 진동에 의한 원자핵 배치의 변화에 따른 분자의 전자 구름의 변형에서 생긴다. 예로 2원자 분자를 생각하자.

2원자 분자의 분자 내 자유도는 핵간 거리뿐이다. 분자 진동에 의한 알파의 시간 변화는 분자 분극률을 핵간 거리 r의 함수로서 평형핵간거리 r_0 주위의 전개로 나타낼 수 있다.

$$\begin{aligned}\alpha(r) &= \alpha(r_0+\Delta r)\\ &= \alpha_0 + \left(\frac{\partial\alpha}{\partial r}\right)_{r=r_0}\Delta r + \frac{1}{2}\left(\frac{\partial^2\alpha}{\partial r^2}\right)_{r=r_0}\Delta r^2 + \cdots \end{aligned} \tag{6.1}$$

여기서, α_0는 평형핵간거리 r_0에서의 분자분극률, Δr는 핵간거리의 r_0로부터의 변위이다. 분자진동에 의해 변위가 크기 Δr_0의 진폭을 가지며, $\Delta r(t) = \Delta r_0 \cos 2\pi\nu t$로 변동할 때, 그에 따른 분자분극률의 변동은 1차항까지로 근사하며,

$$\alpha(t) = \alpha_0 + \left(\frac{\partial\alpha}{\partial r}\right)_{r=r_0}\Delta r_0 \cos 2\pi\nu t \tag{6.2}$$

로 나타낼 수 있다. 한편, 광전장의 시간변화는

$$E(t) = E_0 \cos 2\pi\nu_0 t \tag{6.3}$$

로 나타낸다. 따라서 진동분극인 $\Delta\mu$의 시간변화는

$$\Delta\mu(t) = \alpha(t)E(t) = \left[\alpha_0 + \left(\frac{\partial\alpha}{\partial r}\right)_{r=r_0} \Delta r_0 \cos 2\pi\nu t\right] E_0 \cos 2\pi\nu_0 t$$
$$= \alpha_0 E_0 \cos 2\pi\nu_0 t + \left(\frac{\partial\alpha}{\partial r}\right)_{r=r_0} \Delta r_0 E_0 \cos 2\pi\nu t \cos 2\pi\nu_0 t$$
$$= \alpha_0 E_0 \cos 2\pi\nu_0 t + \frac{1}{2}\left(\frac{\partial\alpha}{\partial r}\right)_{r=r_0} \Delta r_0 E_0 \ [\cos 2\pi(\nu_0 - \nu)t + \cos 2\pi(\nu_0 + \nu)t] \tag{6.4}$$

이며, ν_0, $\nu_0-\nu$, $\nu_0+\nu$라는 세 종류의 진동수 성분을 포함하는 것을 알 수 있다. 분자가 가진 진동 분극은 전자파를 방출한다.

따라서 분자에서는 진동수가 다른 세 종류의 전자파가 생긴다. 진동수 ν_0의 성분에 대응하는 것이 레일리 산란, 진동수 $\nu_0-\nu$의 성분에 대응하는 것이 라만 산란의 스톡스산란, 진동수 $\nu_0+\nu$의 성분에 대응하는 것이 라만 산란의 안티스톡스 산란이다.

이상과 같이, 고전적으로는, "라만 산란은 전자 구름의 분자 진동에 의한 변동과 광전장에 의한 변동이 중첩된 진동 분극에서 생긴다"고 이해할 수 있다. 또한 식 (6.4)에서, 라만 산란을 일으키는 진동 모드는 $(\partial\alpha/\partial r)_{r=r_0} \neq 0$인 것, 즉 "평형 핵 배치에서의 진동의 원자 변위에 따라 분극률이 변화하는 것과 같은 모드여야 함"을 알 수 있다. 이는 라만 산란의 선택률(선택 개율)이다. 단, 6.2.2항(2)에 기술한 공명조건에서 라만 산란은 다른 선택률을 가진다.

2원자 분자의 신축 진동을 예로 들어 설명했는데, 이 절의 논의는 다원자 분자의 기준 진동으로도 일반화될 수 있다.

6.2.2 라만 산란의 양자론적 묘사

여러 라만 산란의 특징, 예를 들어 개별 선택률이나 공명 효과 등을 설명하기 위해서는 양자론적 취급이 필요하다.

빛과 분자의 상호작용을 섭동 해밀토니언으로서, 빛과 분자를 합친 양자계의 시간 발전을 섭동론을 이용하여 계산한다. 이때, 2차 섭동항으로서 라만 산란의 전이 확률을 얻을 수 있다. 이 사고방식으로부터 도출된 라만 산란강도(스톡스 산란)가 이하의 식이다.

$$I_{mn} = \frac{1}{(4\pi\varepsilon_0)^2}\frac{8\pi}{9c^4} I_0 (\nu_0 - \nu)^4 \sum_{\rho,\sigma} |\alpha_{\rho\sigma}|^2 \tag{6.5}$$

$$\alpha_{\rho\sigma} = \sum_{e\neq m,n}\left[\frac{\langle m|\hat{\mu}_\rho|e\rangle\langle e|\hat{\mu}_\sigma|n\rangle}{E_e - E_m - h\nu_0 - i\Gamma_e} + \frac{\langle m|\hat{\mu}_\sigma|e\rangle\langle e|\hat{\mu}_\rho|n\rangle}{E_e - E_n + h\nu_0 + i\Gamma_e}\right] \tag{6.6}$$

이 식은 클래머스 하이젠베르 구덜락(KHD)의 분산식이라 불린다, 여기서, $|m\rangle$, $|n\rangle$, $|e\rangle$은 산란과정에서 분자의 각각 시상태, 종상태, 중간상태의 파동함수, E_m, E_n, E_e는 시상태, 종상태, 중간상태의 에너지이다. $\hat{\mu}$는 쌍극자 모멘트 연산자이며, 첨자의 ρ, σ는 방향성분(x, y, z)을 나타낸다. Γ_e는 전자 위상 완화 속도 상수이다. KHD 분산식으로부터 아래에 설명된 라만 산란의 다양한 특성이 도출된다.

(1) 개별 선택률

조화 진동자의 근사값 하에서 식 (6.6)에서 라만 산란광 강도가 0이 되기 위한 조건은 진동 양자수의 변화가 ±1임을 나타낸다. 이 중 +1은 스톡스 산란에, −1은 안티 스톡스 산란에 대응한다. 실제 분자 진동에는 비조화성이 있기 때문에 ±1 이외의 전이도 일어난다. 그러나 그 전이 확률은 낮고 대응하는 라만 밴드도 약하다. 따라서 스펙트럼에 관측되는 대부분의 밴드는 양자수 변화 ±1에 대응하는 것이고, 그 라만 쉬프트는 분자 진동의 파수에 해당한다.

(2) 공명 효과

전자 기저 상태와 전자 여기 상태 사이의 에너지 차이와 입사광 광자 에너지가 가까워지면 식 (6.6)의 제1항의 분모는 제로에 가까워진다. 그러므로 라만 산란 강도가 현저하게(10^4~10^6배) 커진다. 이것을 공명 라만 효과라고 부른다.

공명 조건과 비공명 조건을 나타내는 에너지 다이어그램을 그림 6.3에 나타낸다. 이 강도 증대 효과를 이용하면 라만 스펙트럼의 고감도 분자 선택적인 측정이 가능하다. 예를 들어 용액시료의 진동 스펙트럼 측정의 경우 농도가 낮으면 관측하고자 하는 용질의 밴드가 용매의 밴드에 묻혀버릴 수 있는데 공명효과를 이용하면 용질분자의 라만 밴드만이 선택적으로 강도 증강되므로 용매의 밴드가 방해가 되는 것이 적고 저농도의 용액에서도 감도 높은 측정을 할 수 있다. 이러한 분자 선택성은 시간 분해 스펙트럼 측정에 의한 반응 중간체의 관측에도 유리하다. 왜냐하면 일반적으로 반응 개시 후 시료 중에는 여러 반응 중간체가 혼재되어 있기 때문이다. 적절한 여기 파장을 이용함으로써 혼재된 분자종 중에서 원하는 반응 중간체만을 선택적으로 관측할 수 있다. 또한 생체 분자와 같은 거대 분자의 연구에서도 유효하다. 그것은 산란광의 강도 증대는 전자 전이에 관련된 원자단에서만 일어나므로 거대한 분자를 측정 대상으로 하더라도 특정 부위의 진동 스펙트럼만을 선택적으로 얻을 수 있기 때문이다.

이 이점은 헴 단백질이나 레티나르 단백질 연구에 활용되고 있다. 이들 단백질이 함유된 보결분자족인 헴이나 레티나르는 가시영역에 흡수대를 가진다. 이를 위해 가시영역의

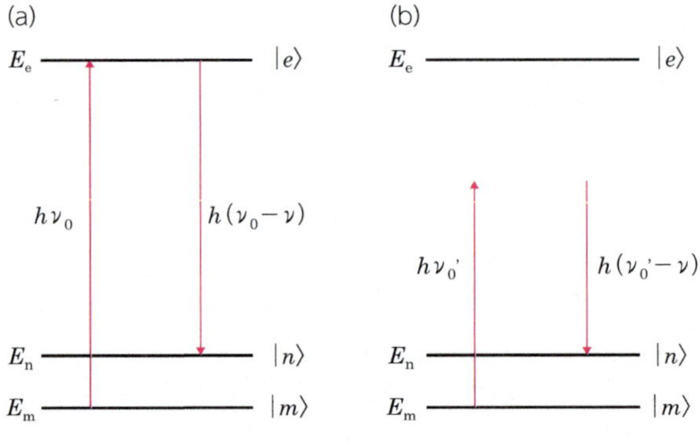

그림 6.3 라만 산란(스톡스 산란)의 에너지 다이어그램

(a) 공명 조건, (b) 비공명 조건에서의 광자 에너지와 분자 에너지의 관계를 나타낸다.

빛을 사용하여 헴 단백질이나 레티나르 단백질의 라만 스펙트럼을 측정하면 이들 보궐 분자족의 라만산란광이 증강되어 실질적으로는 보궐분자족만의 라만 스펙트럼이 관측된다. 보궐분자족은 단백질의 기능에서 중심적인 역할을 하므로 공명 라만 스펙트럼으로부터 얻을 수 있는 구조정보는 단백질 반응기구의 이해에 크게 기여해왔다.

(3) 공명 라만 밴드 강도와 진동 모드의 성질

공명 증가 정도는 한 분자 내에서도 진동 모드에 따라 다르다. 그 관계는 다음과 같이 정리된다. KHD 분산식에 포함된 분자 고유함수를 보론-오펜하이머 근사를 이용하여 전자부분과 원자핵부분의 곱으로 나타낸다. 더욱이 전자부분을 핵좌표로 전개하고 1차까지의 전개항을 정리하면 시상태 $|m>$, 종상태 $|n>$, 중간상태 $|e>$의 0차 전개항으로 이루어진 성분, $|m>$, $|n>$에 대하여 1차 전개항을 포함하는 성분, $|e>$에 대하여 1차 전개항을 포함하는 성분을 얻을 수 있다[1,2]. 각각은 Albrecht의 A항, B항, C항으로 불린다. 이 중 많은 분자에서 주요한 기여를 이루는 것이 A항이다. 공명에 관여하는 두 전자 상태에 대해 분자 구조를 비교했을 때, 그 차이가 진동 변위를 따라 큰 진동 모드일수록 A항 유래의 라만 산란강도는 크다. 이러한 특성은 전자 기저 상태의 라만 스펙트럼에서 전자 여기 상태의 분자 구조를 추정할 수 있다.

6

6.3 라만 스펙트럼에서 읽을 수 있는 정보

분자 진동의 진동수나 진동형은 분자 내 원자의 질량이나 기하학적 배치 및 원자간에 작용하는 상호작용에 의해 결정된다. 이 관계를 이용하여 분자 구조와 분자 상호 작용에 대한 정보를 읽을 수 있다. 라만 산란과 적외 흡수는 선택 개율이 다르다. 이 때문에, 라만 스펙트럼을 적외선 스펙트럼과 비교하면, 밴드가 나타나는 파수는 같지만, 밴드 간의 상대 강도는 다르다.

예로는 그림 6.4에 톨루엔의 라만 스펙트럼과 적외선 스펙트럼을 나타낸다. 어떤 경우에는 한편으로 허용되는 진동 모드가 다른 한편으로는 금제라는 일이 일어난다. 이와 같이, 두 분광법은 분자 진동의 관측에 관해 상보적이라고 할 수 있다. 그러므로 분자 진동에 관한 더 많은 정보를 얻으려면 양자를 병용하는 것이 효과적이다.

6.3.1 화합물의 동정

라만 스펙트럼은 적외선 스펙트럼과 마찬가지로 분자 구조에 대해 민감하다. 또한 자외 가시 흡수 스펙트럼에 비해 스펙트럼에 관측되는 밴드의 수가 많고 샤프하기 때문에 스펙트럼에 기반한 분자의 식별 능력이 뛰어나다. 이미 스펙트럼이 알려진 화합물에 대해서는 스펙트럼의 비교를 바탕으로 물질을 동정할 수 있다. 라만 스펙트럼의 주요 데이터베이스로 유기화합물 스펙트럼 데이터베이스 SDBS(무료, 국립연구개발법인 산업기술종합연구소), SpectraBase(무료, Bio-Rad Laboratories사), Know It All Raman 스펙트럼 라이브러리(유료, Bio-Rad Laboratories사) 등이 있다.

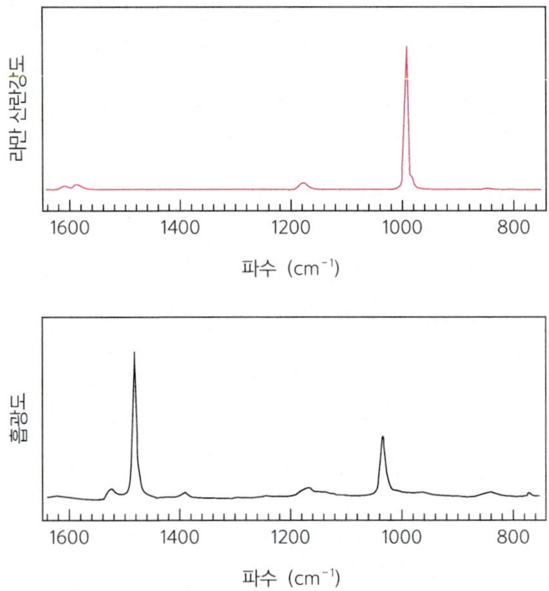

그림 6.4 벤젠의 라만 스펙트럼(빨간색)과 적외선 흡수 스펙트럼(검은색)의 비교
적외선 흡수 스펙트럼은 용매인 이황화탄소 밴드(*)를 포함한다.

6.3.2 구조화학

관능기의 라만 밴드는 일정한 파수 영역에 나타난다. 이 때문에 이들 밴드의 존재에 따라 분자가 가진 관능기를 추정할 수 있다. 분자 진동은 원자의 기하학적 배치에도 의존하므로 기하 이성체의 구성을 구할 수 있다. 또한 수소 결합 등 분자간 상호작용의 유무 및 강도에 대해서도 정보를 얻을 수 있다. 잘 연구되고 있는 분자에 대해서는 분자 구조와 스펙트럼의 상관관계를 갖는 마커 밴드가 알려져 있는데, 여기서 분자 구조에 관해 논의할 수 있다.

6.3.3 물질의 정량

라만 밴드 강도는 그 밴드를 주는 분자종의 시료 속에서의 농도를 반영한다. 따라서 밴드 강도를 이용하여 물질의 정량을 할 수 있다. 또한 밴드 강도의 시간 변화로부터 반응 속도 상수를 구할 수 있다.

6.4 라만 분광계 개요

라만 스펙트럼 분광계의 주요 구성 요소는 여기 광원, 집광 광학계, 분광기, 검출기이다. 그림 6.5에 분광계의 개요를 나타낸다.

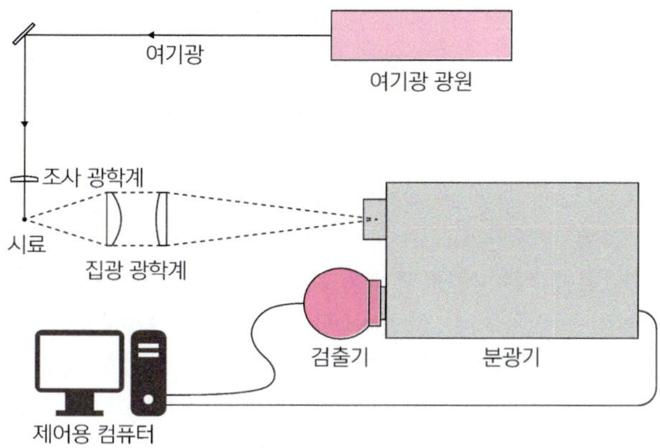

그림 6.5 일반적인 라만 분광기 개요

6.4.1 광원

라만 산란의 여기 광원에는 보통 레이저가 이용된다. 그것은 단색성, 지향성, 출력, 편광성, 또 시간 분해 스펙트럼 측정에 있어서는 시간 특성 측면에서 레이저광이 여기광으로서 극히 우수하기 때문이다. 라만 스펙트럼 측정에 있어서 레이저를 선택할 때에는 이러한 특성을 목적에 따라 고려해야 한다. 각종 레이저에 대한 개별적인 상세한 해설은 타서[3)]에 양도하고, 여기서는 라만 스펙트럼 측정과 관련된 일반적인 점에 대해 좁혀 설명한다.

(1) 파장

파장의 선택으로 고려할 점은, 비공명 라만 산란의 측정과 공명 라만 산란 측정으로 다르다. 식 (6.5)에서 보듯, 라만 산란 강도는 산란광의 진동수의 4차에 의존한다. 이 때문에 들뜬 빛의 파장은 짧아야 산란광은 강해진다. 더우기 분광기의 투과율 및 검출기의 감도도 파장에 의존하기 때문에, 산란광을 관측할 때에는 이들을 고려하여 최적의 파장을 선택한다. 다만, 어느 파장 의존성도 완만하고 있기 때문에, 비공명 라만 산란의 관측에서는 파장의 선택은 측정 결과에 큰 영향을 주지 않는다.

공명 라만 산란의 관측에서는 사정은 이와 크게 다르다, 공명 효과를 최대한 크게 하도록 최대 흡수 부근의 파장을 선택할 가장 중요하다. 형광을 발하는 시료의 경우, 들뜬 빛의 파장을 흡수 극대 파장에 접근하면 형광 강도도 강해진다. 형광은 라만 산란광보다 훨씬 강하기 때문에, 관측하려는 라만 밴드의 산란광 파장이 형광의 파장 영역과 겹치면, 라만 밴드가 형광의 배경에 묻혀 관측할 수 없게 된다. 이 때문에, 파장 영역의 중복을 피할 필요가 있다. 라만 산란광의 파장은 여기광 파장에 의존하는 것에 대해서, 형광의 파장은 여기광 파장에 의존하지 않는다. 공명 효과를 희생해도, 라만 산란의 파장 영역이 형광에 겹치지 않도록 선택하여 형광의 영향을 피하는 것이 있다.

6

(2) 단색성

얻은 라만 밴드는 시료 고유의 성질에 의존한 확산과 더불어 여기광의 스펙트럼 폭에서 유래한 확장을 갖는다. 그러므로 여기 광원의 단색성이 낮으면 라만 스펙트럼의 파수 분해능을 저하시킨다. 액체 시료, 고체 시료에서는 분자 고유의 스펙트럼 폭의 확산은 10 cm^{-1} 정도이므로 시료에 따라 스펙트럼 폭이 충분히 좁은 레이저를 선택한다.

기체 레이저나 반도체 레이저에서는 대부분의 경우 스펙트럼 폭은 0.1 cm^{-1} 이하이며, 이 조건을 만족한다. 또한 레이저 출력에는 주성분과는 다른 파장 성분이 포함되어 있는 경우가 있다. 레일리 산란광과 라만 산란광의 강도비는 10배 이상이므로 불순물로서 빛이 상대적으로 10^{-4} 정도라도 라만 스펙트럼 측정에는 심각한 장애가 된다. 그러한 경우에는 측정 시료에 해당하기 전에 밴드패스 필터를 통해 레이저 출력에 포함된 불순물로서의 빛을 제거할 필요가 있다.

(3) 출력

레이저는 연속파(CW) 레이저와 펄스 레이저로 분류할 수 있다. 연속파 레이저에서는 출력을 파워로 나타낸다. 펄스 레이저에서는 광펄스의 반복 주파수와 펄스에너지로 레이저 출력이 나타난다. 예를 들어, 반복 주파수 1 kHz에서 펄스에너지 1 μJ 출력의 경우, 평균 파워는 1 mW이다. 그러나 시료에 대한 영향은 연속파 레이저의 1 W 출력과는 크게 다르다. 광펄스의 시간폭이 10 ns일 경우, 첨두출력은 1×10^{-6} J/10×10^{-9} s = 100 W가 되며 펄스폭 내에서는 단위시간당 10^5배의 광자가 시료에 조사되고 있는 셈이다. 펄스 레이저를 여기 광원으로 사용할 때는 시료가 높은 광전장의 영향을 받는다는 점에 유의해야 한다.

분광 측정은 시료에 대한 입사광의 영향을 피하기 위해 시료에 조사되는 광 강도를 가능한 한 낮추는 것이 일반적이다. 한편, 라만 산란 단면적은 작기 때문에 높은 신호 잡음비의 스펙트럼을 얻기 위해서는 높은 입사광 강도가 필요하다. 비공명 라만 스펙트럼의 측정에는 통상 10~100 mW의 파워를 조사하여 측정한다. 한편, 공명 라만 스펙트럼의 측정에서는 시료에서 0.1~5 mW의 파워의 빛으로 측정하는 경우가 많다. 이러한 파워값은 시료 위치에서의 값이다. 레이저에서 시료셀 사이에 미러나 렌즈를 거치는 동안 파워는 저하되므로, 그 점도 고려한 출력의 레이저가 실험에는 필요하다.

(4) 편광 특성

실험에서는 레이저 출력의 편광 특성을 알아둘 필요가 있다. 왜냐하면 라만 스펙트럼 측정에서는 여기광의 전기장 벡터가 산란광의 관측 방향과 수직이 되도록 할 필요가 있기 때문이다. 편광 라만 스펙트럼 측정에서는 높은 편광비가 필요하다. 편광비가 충분히 높지 않은 경우에는 그랜톰슨 프리즘이나 그랜 레이저 프리즘 등의 높은 소광비를 가진 결정 편광자를 사용하여 편광비를 높일 필요가 있다.

6.4.2 집광광학계

라만 산란광을 집광하는 광학계 집광 광학계라고 부른다)는 그림 6.6과 같은 렌즈를 이용하는 경우가 많다. 수차를 줄이기 위해 2장의 평볼록 렌즈를 조합하는 릴레이 광학계가 일반적이다. 색수차가 문제가 되는 경우에는 반사형 집광 광학계나 아크로마트 렌즈를 이용한다.

가장 자주 사용되는 그림 6.6의 집광 광학계에 대해 설명한다. 이 배치에서는 시료에서 방출된 산란광 중 시료측의 렌즈(L1)를 통과한 빛이 모아진다. 집광효율은 산란광 발생점에서 렌즈까지의 입체각에 따라 결정되며 입체각은 시료측 렌즈의 초점거리와 직경에 따라 결정된다. 예를 들어 초점거리 80 mm, 직경 50 mm의 평볼록 렌즈를 이용할 경우 집광의 입체각은 전체 입체각의 약 0.1%이다. 집광효율을 높이려면 초점거리를 최대한 짧게, 또한 가능한 한 큰 렌즈를 이용하는 것이 좋다. 그러나 초점거리가 짧아지면 렌즈의 구면수차가 커지므로 주의가 필요하다.

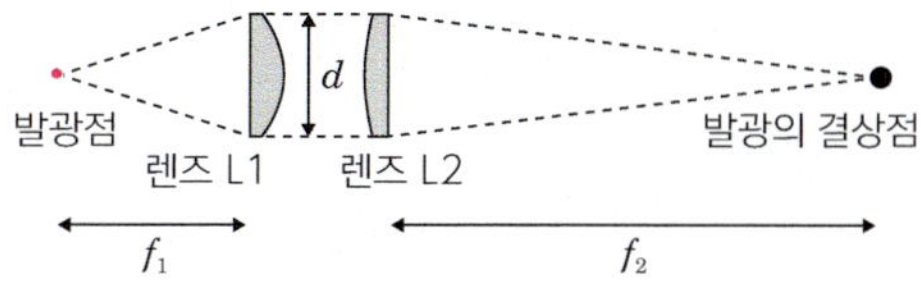

그림 6.6 2장의 평볼록 렌즈에 의한 집광 광학계

렌즈 L1에 의해 평행 광선다발이 된(콜리메이트된) 빛은 분광기측의 평볼록 렌즈(L2)에 의해 분광기 입구 슬릿에 수렴된다. 두 렌즈의 초점거리의 비가 산란광 발생점의 상의 슬릿에 있어서의 확대율이 된다. 파수 분해능을 올리기 위해서는 슬릿폭을 좁게 할 필요가 있으나 확대율이 크면 모든 빛을 분광기 내로 인도할 수 없다. 따라서 시료셀에서의 산란광 발생점의 크기와 파수 분해능을 위해 적절한 슬릿폭을 고려하여 확대율을 결정한다. 고려해야 할 또 다른 점은 고려되어야 한다. 집광 광학계의 F값은 렌즈 L2의 초점거리를 렌즈의 직경으로 나눈 값으로 정의된다. 이것을 6.4.3항(1)에서 설명하는 분광기의 F값에 맞춘다.

집광광학계의 F값이 분광기의 F값에 비해 작으면, 분광기에 인도된 빛의 일부가 회절격자의 면에서 튀어나와 버린다. 이는 검출효율을 저하시킬 뿐만 아니라, 미광의 원인이 된다. 한편, 집광학계의 F값이 분광기의 F값에 비해 크면, 회절격자면의 일부에만 빛이 닿아 파수 분해능을 저하시킨다. 이러한 문제를 피하기 위하여 집광광학계의 F값과 분광기의 F값이 같도록 집광광학계를 설계한다. 이를 F매칭이라고 부른다. 예를 들어 F값이 4인 분광기를 이용할 경우 집광광학계의 F값도 4가 되도록 한다. 이 경우 분광기측의 렌즈에 직경 50 mm인 것을 이용한다면 그 초점거리는 200 mm가 된다. 발광점의 크기와 적절한 슬릿폭에서 견적된 확대율이 2.5였다면 시료측 렌즈의 초점거리는 80 mm이다. 이와 같이 F값과 같은 F값이다. 평볼록 렌즈 대신 아크로마트 렌즈를 이용하면 수차를 더욱 줄일 수 있다. 아크로마트 렌즈는 일반적으로 고가이므로 시료 측에 사용하는 렌즈로서 카메라 렌즈로 대체하는 방법도 있다. 카메라 렌즈는 저렴하고 수차가 적으며 집광용 렌즈로서 우수하다.

시료로부터의 산란광을 분광기에 넣을 때까지 광학 필터나 편광자 등의 광학 소자를 통과시키는 경우에는 광선 다발이 평행하게 되어 있는 렌즈 L1과 L2 사이에 이것들을 설치하는 것이 바람직하다. 그러나, 산란광을 통과시키는 단면적이 작은 경우에는 렌즈 L2와 분광기 입구 사이에 설치한다. 다만, 이 경우에는, 광학 소자의 성능을 충분히 살리지 않을 수 있다.

6.4.3 분광기

(1) 분광기의 구조

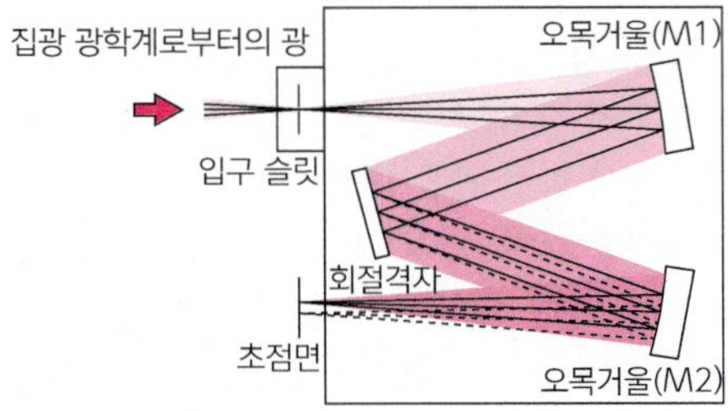

그림 6.7 체르니 터너형 분광기 구조

라만 산란광 측정에 이용되는 주요 타입은 체르니 터너형이라고 불리는 것이다. 그림 6.7에 체르니 터너형 분광기의 구조를 나타낸다. 분광기 성질을 결정하는 주요 파라미터는 초점거리, F값, 회절격자의 성질(각선수, 브레이즈 파장)이다. 입구 슬릿을 통과하여 분광기 내부로 들어간 빛은 오목면에서 반사되어 콜리메이트되어 회절격자로 향하는 이 오목면경의 초점거리를 분광기의 초점거리라고 부르며 초점거리가 길수록 분산을 크게하는 것이 가능하고 스펙트럼 분해능이 높게 된다.

분광기의 F값은 초점거리와 회절격자의 높이(혹은 오목거울의 직경)의 비로 정의된다. 분광기의 F값이 작을수록 집광계의 F값도 작게 할 수 있어 상의 확대율을 크게 하지 않고 더 큰 입체각으로 산란광을 모을 수 있다. 한편 초점거리가 길어지면 F값이 커지는 단점도 있다. 라만 스펙트럼 측정에는 F값이 4~8인 분광기가 이용된다.

(2) 회절격자의 각선수와 분산

회절 격자 표면에는 평행한 홈이 주기적으로 파여 있고(각선), 표면에서 빛이 반사될 때 일어나는 간섭에 따라 파장에 의존하여 다른 각도로 빛이 서로 강해진다. 이 원리를 이용하여 분광기에 들어간 빛을 분산한다. 단위 길이당 홈의 개수를 각선수라고 부른다.

분광기의 스펙트럼 분해능은 주로 회절격자의 각선수와 분광기의 초점거리에 의해 결정된다. 각선수에 반비례하여 역선분산의 값은 작아진다(즉, 분해능은 높아진다).

1200개/mm의 회절격자를 갖는 초점거리가 500 mm인 분광기를 이용했을 경우, 역선분산은 1.5 nm/mm 정도이다. 예를 들어 500 nm의 여기광으로 1000 cm의 라만 밴드를 측정했다면, 입구 슬릿의 100 μm 폭은 분산된 파수폭으로서 5.4 m에 상당한다. 이 값은 용액이나 고체 시료의 라만 밴드 확산에 비해 충분히 좁고 라만 스펙트럼 측정에는 충분하다.

(3) 회절격자의 특성

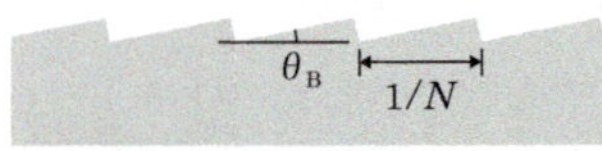

그림 6.8 브레이즈드 회절 광자 단면

분광기가 갖는 광학 소자 중에서, 큰 파장 의존성을 갖는 소자는 회절격자이다. 라만 분광법용 분광기에서는 브레이즈드 회절격자가 가장 자주 이용된다. 그림 6.8에서 알 수 있듯이, 브레이즈드 회절격자에 있어서는, 단면이 톱니 모양의 홈이 있는 것이 특징이다. 홈의 면이 회절격자의 면과 이루는 각을 브레이즈각이라 부르며, 브레이즈각 θ_B 및 각선수 N에 대하여

$$\lambda_B = \frac{2}{N}\sin\theta_B \tag{6.7}$$

결정되는 파장 λ_B을 브레이즈 파장(엄밀히 말하면, 리트로 배치에서의 브레이즈 파장)이라고 부른다. 일반적으로 반사 효율이 높은 파장은 1차 회절의 경우 브레이즈 파장을 중심으로 브레이즈 파장의 폭 범위이다. 고차 회절의 경우 중심 파장 및 폭은 브레이즈 파장을 차수로 나눈 것이 된다. 장치의 사용에 있어서는 이 파장 영역을 파악해 두는 것이 중요하다.

회절격자의 반사 효율은 편광 특성에 의존한다. 일반적으로 회절 격자의 홈에 평행한 편광을 갖는 빛의 회절 효율은 홈에 대하여 수직한 편광을 갖는 빛의 회절 효율보다 낮다. 라만 산란광의 편광 특성은 진동 모드에 따라 다르다. 라만 밴드 간의 상대 강도를 올바르게 측정하려면 회절격자의 편광 특성을 보정할 필요가 있다. 이를 위해서는 라만 산란광을 분광기에 입사할 때 편광 해소자를 통해 불편광으로 한다. 6.5.8항에 기술된 편광 라만 스펙트럼 측정에서는 이 점에 특히 주의가 필요하다.

6

(4) 이미징 분광기

종래의 분광기에 비해 출구에서의 결상을 개선한 것에 이미징 분광기가 있다. 통상적인 오목거울을 이용한 분광기에서는 입구에서 원형이었던 상은 출구에서는 세로로 길게 뻗은 타원형의 상이 된다. 또한 입구에서 세로로 곧게 뻗은 상은 출구에서는 세로 방향의 신장이 왜곡된다. 그 결과 스펙트럼의 양쪽 끝 부분에서 파수 분해능이 저하된다. 이는 오목면경의 비점수차에 의한 것이다. 싱글 채널 검출 방식에서는 중심 부분만의 빛을 관측하므로 문제가 되지 않지만, 멀티 채널 검출 방식에서는 수광 범위의 끝 부분에서는 왜곡이 나와 밴드형이 왜곡되어 버린다. 이러한 상의 왜곡을 개선한 것이 이미징 분광기이다. 이미지의 왜곡이 없기 때문에 스펙트럼의 양 끝 부분에서 밴드 모양이 왜곡되지 않는다.

분광기의 수평방향에는 빛이 파장에 의존하여 분산한다. 한편 수직방향에는 분광기의 입구슬릿에서의 상의 상하방향의 광강도 분포는 보존되어(단, 상하역전하여) 출구측에서 결상한다. CCD 검출기와 같은 2차원으로 광학소자가 배치된 검출기에서는 이 성질을 이용하면 6.4항(2)에서 설명했듯이 미광의 원인이 되는 시료셀로부터의 산란광을 검출 시에 분리할 수 있는, 복수의 스펙트럼을 동시에 측정할 수 있다는 등의 연구를 할 수 있다. 이미징 분광기는 이들 CCD 검출기의 장점을 살릴 수 있다.

(5) 스펙트럼 분해능

그림 6.7에는 분광기의 입구를 점(폭제로)으로 수렴하여 통과하도록 그려져 있는데, 실제 입구에는 슬릿폭의 폭을 가진 빛이 통과한다. 이 폭의 범위 내에서 수평방향으로 다른 위치의 빛은 같은 파장이더라도 출구에서는 다른 위치로 수렴한다. 따라서 슬릿폭을 넓히면 같은 파장이라도 슬릿폭 만큼 수평방향의 확대를 출구측으로 가지며, 분광기의 역선 분산에서 결정되는 값에서 파수 분해능을 저하시킨다.

반면에 슬릿폭이 좁으면 관측되는 광량이 감소하여 신호 잡음비를 감소시킨다. 측정에 있어서 슬릿폭의 크기는 필요한 파수 분해능과 신호잡음비의 균형을 고려하여 결정한다. 그림 6.9는 슬릿폭을 바꾸어 측정한 라만 스펙트럼의 예를 나타낸다. 슬릿폭을 좁힐수록 1466 cm의 밴드와 1444 cm의 밴드의 분리가 명료해진다는 것을 알 수 있다.

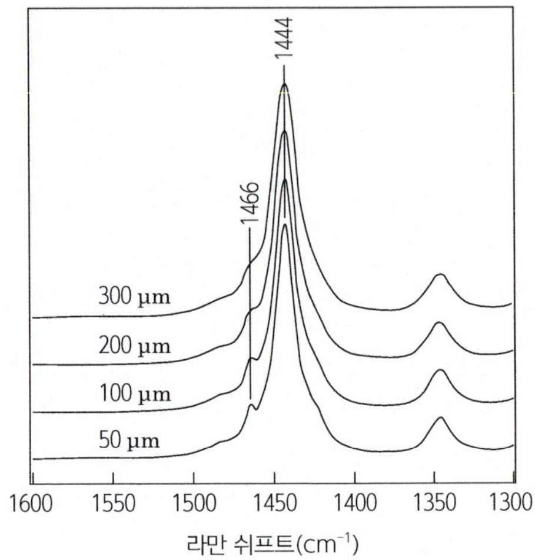

그림 6.9 슬릿폭의 크기를 바꾸어 측정한 라만 스펙트럼(시클로헥산)의 비교

각선수 2400개/mm의 회절격자를 부착한 분광기 HR550(HORIBA Jobin Ybon사, 초점거리 550 mm)을 이용해 측정한 것.

(6) 미광

6

레일리 산란광은 라만 산란광에 비해 10^4배 이상 강하다. 또한 시료로부터의 빛에는 레일리 산란광 이외에도 셀 혹은 시료 표면으로부터의 반사광, 시료에 포함되는 미립자로부터의 산란광, 형광 등 라만 산란에 비해 훨씬 강한 빛이 포함되어 있다. 따라서 라만 산란광의 측정은 시료로부터의 빛에 포함되어 있는 10^{-4}배 이하의 미약 성분을 측정하고 있는 것이다.

라만 산란광과 그 외의 빛은 일부 형광을 제외하고는 파장이 다르기 때문에 분광기가 이상적으로 작용하고 있다면 이들을 분리할 수 있을 것이다. 그러나 강한 빛에 공존하는 미약한 빛의 관측에서는 실제로는 분광기 내의 광학 소자의 약간의 왜곡이나 고차 회절광의 분광기 내에서의 산란에 의해 분광기 출구에 본래의 파장 성분과는 다른 빛이 겹칠 수 있다. 이것은 미광이라고 불린다. 미광에 의해, 본래 관측되는 밴드가 미광에 묻혀 보이지 않거나 본래 없는 가짜 밴드가 관측되기도 하므로 주의가 필요하다.

미광의 가장 큰 원인은 레일리 산란광, 셀 또는 시료 표면에서의 반사광, 시료에 포함된 미립자로부터의 산란광이며, 이것들은 여기광과 같은 파장을 가진다. 이러한 빛의 제거에 효과적인 것이 노치 필터이다. 노치 필터는 수백 cm^{-1}라는 좁은 파수폭으로 크기 4 내지 6의 흡광도를 가진다. 흡광도의 중심 파장이 여기 광파장과 동일한 노치 필터를 통과하면 레일리 산란광, 셀 혹은 시료 표면으로부터의 반사광, 시료에 포함된 미립자로부터 산란광을 대폭 제거할 수 있으며, 컷팅하는 파수 폭이 좁기 때문에 200 cm^{-1} 정도 이상의 라만 산란을 거의 컷팅하지 않아 미광 제거에 효과적이다. 그러나, 노치 필터는 차단할 수 있는 파장이 가시 영역에 한정되어 있고, 자외 영역에 이용할 수 있는 것이 없다. 그러므로 자외광을 여기광으로 하는 라만 스펙트럼 측정에는 이용할 수 없다. 가시 영역이라면 노치 필터가 아니더라도, 고파수 등 관측하고 싶은 파장영역이 여기광 파장에서 충분히 떨어져 있는 경우에는 색유리필터(롱패스필터)로도 여기광을 차단하여 미광을 줄일 수 있다. CCD 검출기를 사용하고 있는 경우에는 6.4항에서 기술한 바와 같이 데이터를 취득할 픽셀 영역을 적절하게 선택하여 데이터 수집 시 불필요한 빛을 피함으로써 미광을 줄일 수 있다.

6.4.4 검출기

입구 슬릿으로 들어간 라만 산란광은 회절격자에 의해 분산되어 분광기 출구에서 다시 결상한다. 이 분산된 광강도 분포를 측정하면 라만 스펙트럼을 얻을 수 있다. 그 측정 방법에는 주로 다음의 두 가지 방법이 있다. 분광기의 중심 파장을 스캔하여 단일의 수광 소자로 스펙트럼을 측정하는 방식(싱글 채널 검출 방식)과 중심 파장을 고정하고 복수의 수광 소자로 이루어진 멀티 채널 검출기를 이용하여 스펙트럼을 측정하는 방식(멀티 채널 검출 방식)이다.

(1) 단일 채널 검출 방식

단일 채널 검출 방식에서 가장 많이 사용되는 광검출기는 광전자 증배관이다. 광전자 증배관은 유리(혹은 석영)제 진공관으로 내부에서 일어나는 광전효과를 이용하여 광강도를 계측할 수 있다. 관내에는 표면을 향하여 광전면이 있고, 발생한 광전자는 전극으로 가속되어 전극에 충돌한다. 충돌로 인해 발생한 2차 전자는 전극에 충돌을 반복하여 기하급수적으로 전자가 증배한다. 이를 전기신호로 판독한다. 광전자증배관에 사용되어 광전면은 재료에 따라 양자 효율이 높은 파장 영역이 다르다.

현재는 멀티 채널 검출방식이 주류이며, 싱글 채널 검출방식이 사용되는 경우는 적어졌지만, 노치필터를 사용할 수 없는 저파수(10~200 cm) 영역의 라만 스펙트럼 측정에는 우위성을 가진다.

(2) 멀티 채널 검출 방식

라만 스펙트럼 측정에 가장 많이 사용되는 멀티 채널 검출기는 CCD 검출기이다. CCD (charge coupled device)는 수광에 의해 생긴 전하를 픽셀 간에 전송하여 전기 신호로 판독한다. 이 때문에 저잡음의 광검출을 할 수 있다. 게다가 냉각을 통해 암전류를 극히 낮게 억제할 수 있다. 또한 전체적으로 낮은 것에 더해 픽셀간의 암전류의 균일성도 높은 것도 라만 산란 측정과 같은 미약광 검출에는 중요한 장점이다.

가시 영역에서는 CCD 검출기의 양자 효율은 90%로 지극히 높다. 한편, 자외 영역에서는 10% 정도까지 저하된다. 이는 코팅에 의해 몇 배로 개선된다. 근적외 영역의 측정에는 인듐갈륨비소(InGaAs) 검출기가 이용된다. 근적외 영역의 광자 에너지는 광전소자인 실리콘의 밴드갭 이하가 되기 때문에 근적외선 검출 감도가 떨어지기 때문이다.

멀티 채널 검출 방식에는 싱글 채널 검출 방식에 비해 두 가지 이점이 있다. 첫 번째는 특정 범위의 스펙트럼 데이터를 파장 소인하지 않고 동시에 얻기 때문에 동일한 측정 시간에 보다 고품질의 스펙트럼 데이터 취득이 가능하다는 점이다. 또한 불안정한 화학종의 측정에도 유리하다. 스캔을 수반할 경우, 하나의 스펙트럼 데이터 취득의 몇 분~수십 분 사이에 시료가 변화해 버리면 원하는 화학종을 측정할 수 없다. 그러나 멀티 채널 검출 방식이라면 데이터 적산을 하는 초기 시간대의 데이터만을 모으면 변화된 화학종의 기여도를 줄이는 스펙트럼을 얻을 수 있다. 두 번째는 분광기의 회절격자를 움직이지 않고 여러 스펙트럼 데이터를 얻을 수 있다는 점이다. 이 때문에 여러 스펙트럼 사이에서 비교를 할 때 오차의 작은 비교를 수행할 수 있다. 회절격자를 움직이면 기계적인 백래시 때문에 가로축의 어긋나는 것을 피할 수 없다. 예를 들어 6.7.3항에 기술된 차이 스펙트럼을 이용한 해석에는 이 이점이 크다.

다중 채널 검출기의 대부분은 CCD 검출기와 같이 수광 소자가 2차원으로 배열되어 있다. 이 2차원성을 이용하면, 세로로 긴 슬릿의 상하 방향의 광강도 분포를 관측할 수 있다. 이 성질은 라만 스펙트럼 측정에서 몇 가지 이점을 가져온다. 하나는 미광 제거이다. 2차원성을 가진 검출기에서는 데이터를 받아들이는 픽셀 영역을 조절함으로써 미광을 줄일 수 있다. 시료셀의 바닥면에서의 산란, 셀 내벽과 시료용액의 계면에서의 산란, 셀 표면에서의 반사 등의 미광을 원인이 되는 강한 산란광을 발하는 공간적 영역과 라만 산란광을 발하는 공간 영역이 많은 경우 다르다. 거기서 CCD 픽셀의 데이터 취득 영역을 조절하여 불필요한 산란광을 피해서 라만 스펙트럼 측정을 할 수 있다.

6

또한, 여러 스펙트럼의 동시 측정이 가능한 점도 2차원성을 갖는 광검출기의 이점이다. 측정하고 싶은 빛을 분광기의 입구 슬릿에 세로로 나란히 입사하면, 분산된 빛은 출구 측에서 상하로 나란히 관측된다. 이러한 특성을 이용하여 픽셀을 여러 그룹으로 나누어 상하 방향으로 배열한 여러 스펙트럼 측정을 동시에 측정할 수 있다.

(3) 검출기와 분광기의 연결

싱글 채널 검출 방식에서는 출구 측 초점에 슬릿이 설치되어 있다. 검출기는 출구 슬릿을 통과한 빛이 그 수광면으로 들어가도록 고정한다. 출구 슬릿의 폭은 입구 슬릿의 폭과 동일하게 설정한다. 멀티 채널 검출 방식에서는 출구 측에는 슬릿은 설치하지 않고 분광기의 초점면에 검출기의 수광면이 오도록 분광기에 대하여 검출기를 설치한다. 이 경우 검출기의 픽셀 크기 이하의 미세한 파장 분산은 구별하여 검출할 수 없으므로 입구의 슬릿폭을 픽셀 크기 이하로 좁혀도 파수 분해능은 향상되지 않는다. CCD 검출기 등의 2차원 검출기에서는 픽셀 크기는 10~30 μm로 작아 파수 분해능에 문제가 되는 일은 거의 없다.

6.4.5 광학 소자

광학 소자의 종류와 그 용도에 대해서는 다른 서적과 제조사의 카탈로그를 참고가 될 것이다.

6.5 조작 방법

6.5.1 측정 시료의 전처리

라만 산란광이라는 미약한 빛을 정확하게 측정하기 위해서는 6.4절에 기술된 측정 장치상의 주의점뿐만 아니라 시료 및 그 취급에 관해서도 주의가 필요하다.

액체·용액 시료의 경우, 시료 중에 탁함이나 부유물이 있으면 레이저광의 조사에 의해 강한 산란광을 발생시킨다. 이는 미광의 원인이 되므로 탁함이나 부유물을 미리 제거해 둘 필요가 있다. 탁함이나 부유물의 제거는 저파수 영역의 라만 스펙트럼을 측정할 때 특히 중요하다. 제거에는 멤브레인 필터에 의한 여과가 가장 간단하다. 여기광과 산란광의 파장을 고려할 때, 구멍 지름 0.2~0.5 μm의 필터를 이용하면 된다.

라만 산란광은 형광이나 인광에 비해 훨씬 미약하다. 따라서 라만 산란 측정용 여기광에 의해 형광이나 인광이 시료에서 나오면 이들 빛에 의한 백그랜드에 라만 밴드가 묻혀버린다. 따라서, 형광 광선이 불순물에서 나온다면, 시료의 정제를 통해 그것들을 제거해야 한다. 형광이 발생할 확률은 라만 산란광에 비해 10^{-9}도 이상으로 크므로 ppm 정도의 불순물 농도라도 라만 스펙트럼 측정이 어려워진다는 점에 주의한다.

형광 광선이 측정 대상인 물질에서 나오는 경우나, 도저히 그 불순물을 제거할 수 없는 경우에는 측정 방법에 연구가 필요하다. 가장 일반적인 방법은 6.4.1항(1)에서 말한 바와 같이 라만 산란의 측정 파장 영역에 형광·인광이 나오지 않도록 여기광의 파장을 선택하는 것이다. 또 브롬화칼륨(KBr) 등의 소광제를 첨가하는 방법도 있다. 다만, 소광제 시료에 미치는 영향에 대해서는 주의를 기울여야 한다.

6.5.2 차광

라만 스펙트럼 측정은 일반적으로 측정실의 조명을 끄고 암실 상태로 하여 실시한다. 라만 산란광은 미약하기 때문에 분광기 내로 방의 조명이 누출되면 라만 스펙트럼 측정에 방해가 되기 때문이다. 주의해야 할 것은 방의 조명뿐만 아니라 실험실에 있는 기기의 발광하는 부분, 예를 들어 PC의 디스플레이, 오실로스코프 디스플레이, 측정 기기의 파일럿 램프 등도 측정에 방해가 될 수 있다는 것이다. LED 전구나 액정 디스플레이의 경우, 그 발광 스펙트럼에 휘선을 포함하고 있기 때문에, 발광의 혼입에 의해 관측되는 스펙트럼에 밴드를 부여하므로 특히 주의가 필요하다.

6.5.3 광학 조정

지금까지 말했듯이, 정확한 스펙트럼 측정 및 신호 잡음비가 높은 스펙트럼 측정을 위해서는 여러 광학 부품의 위치를 조정하여 레이저 빛의 위치 조정을 측정 시료나 분광기에 대해 10 μm의 오더로 정확하게 수행할 필요가 있다. 기술의 습득에는 경험이 필요하지만, 각각의 광학 부품의 의의를 이해한 후에 꼼꼼히 실험을 반복함으로써 자연스럽게 익힐 수 있다.

조정 연습에는 라만 산란강도가 강하고 측정이 용이한 표준이 되는 물질을 정해 놓고 측정마다 그 스펙트럼을 측정해 기준값 이상의 계측값을 얻고 있는지를 확인한다. 또한 계측기뿐만 아니라 밴드의 상대강도에는 차이가 없는지, 분열되어 관측되어야 할 밴드가 분열되어 있는지에 대해서도 확인한다. 라만 분광계의 옆에는 같은 분광계로 측정한 기준이 되는 스펙트럼을 측정조건과 함께 정리해, 항상 참조할 수 있도록 해 두면 좋다.

6.5.4 양호한 라만 스펙트럼을 얻는 고안

(1) 일반적인 주의점

라만 산란 측정에서는 비교적 강한 레이저광을 시료에 조사하므로 그에 따라 측정 대상분자가 광반응에 의해 변화될 수 있다. 또한 레이저광의 조사에 의해 시료 내에 열이 발생할 수 있으며 열에 의해 시료가 손상될 수도 있다. 이러한 경우에는 시료를 교반한다, 흘린다, 회전한다 등 시료의 같은 부분에 레이저광을 계속 비추지 않는 연구가 필요하다. 이들에 대해서는 6.5.4항(2)에 상세히 기술한다.

또한 생체분자나 합성이 어려운 시료의 경우, 소량의 시료로 얼마나 신호잡음비가 높은 라만 스펙트럼을 측정하느냐가 문제가 되는 경우가 많다. 레이저 광은 가늘게 수렴시킬 수 있고 지향성이 높기 때문에 셀의 형태나 사용법을 고안함으로써 소량의 시료로도 양호한 라만 스펙트럼을 측정할 수 있다.

(2) 액체 용액 시료에 대한 주의점

시료의 착색 여부에 따라 주의할 점이 다르므로 나누어 설명한다.

① 비착색시료(비공명 라만 측정)

시료의 양이 충분하다면 그림 6.10(a)에 나타낸 바와 같이 5면 투명셀을 이용하여 측정하는 것이 간편하고 일반적이다. 이 경우 시료액면이나 뚜껑에서의 반사나 산란은 미광의 원인이 되므로 주의가 필요하다. 양이 적은 경우에는 유리 캐필러리나 적당한 구경의 유리관에 봉입하여 측정한다(그림 6.10(b) 및 (c)) 이 경우 10 μL 정도의 양이 있으면 양호한 라만 스펙트럼을 측정할 수 있다.

② 착색시료(공명 라만 측정)

강한 라만 산란광을 얻기 위해서는 일반적으로 시료의 농도를 가능한 한 높인다. 그러나 착색 시료의 경우, 농도를 너무 높이면 시료 내에서 빛의 통과가 나빠져 오히려 신호 잡음비를 나쁘게 만들 수 있다. 착색 시료에서는 여기광이 시료에 의해 흡수되는데다 라만 산란광도 흡수되기 때문이다. 기준으로서 여기광이 수 mm 정도 관입하는 정도가 딱 좋은 농도이다.

최적의 농도는 대상분자에 따라 다르므로 가능하면 몇 가지 농도를 시도해 보는 것이 좋고 농도가 높으면 시료 자신에 의해 라만 산란광이 흡수됨으로써 스펙트럼의 형상이 왜곡될 수 있으므로 주의해야 한다. 시료에 의한 레이저광의 흡수가 클 경우 여기광의 입사방향에 대하여 90°방향의 산란광을 측정하는 측정(90° 산란측정)에서는 그림 6.11과 같이 시료셀의 집광광학계측 벽면 빠듯하게 레이저광을 조사한다. 이때 셀 바닥면의

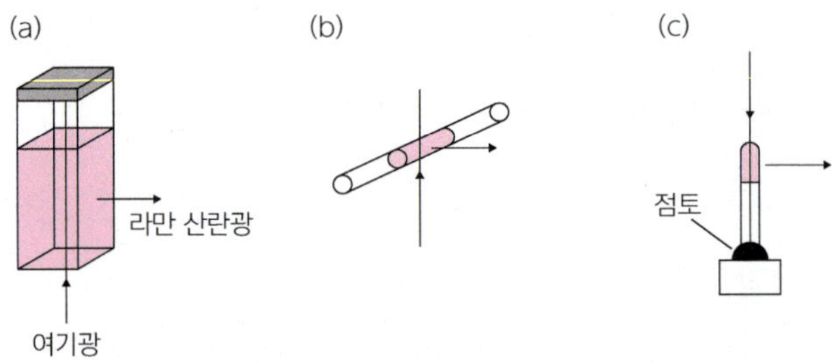

그림 6.10 액체 · 용액 시료의 라만 스펙트럼 측정 방법

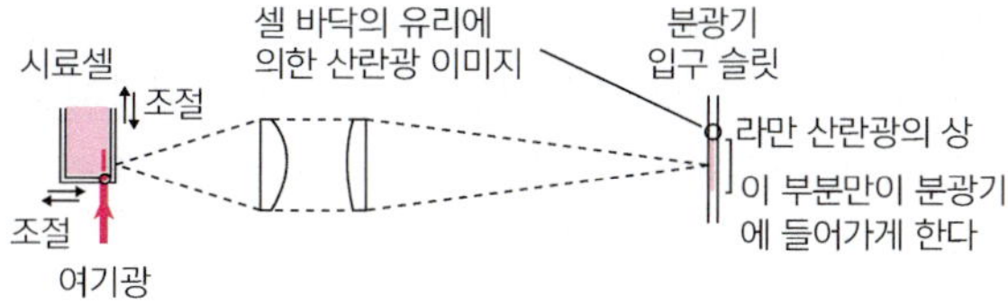

그림 6.11 착색 용액 시료에서 라만 산란광을 집광할 때 주의점

유리에 의한 라만 산란을 피하고 시료로부터의 라만 산란광만을 분광기에 넣도록 주의한다. 이를 위해 셀을 좌우, 전후, 상하 세 방향으로 미동할 수 있는 스테이지에 올려 위치 미세 조정이 가능하도록 해 둘 필요가 있다. 또한 CCD 픽셀 중에서 데이터 취득하는 영역을 잘 선택하여 유리 바닥면의 산란광을 피해 시료로부터의 빛만을 검출하도록 한다.

그러나, 진한 시료가 필요하고 레이저광이 잘 통과되지 않으면 셀 바닥면의 유리로부터의 라만 산란광이 함께 분광기로 들어와 버린다. 유리는 300~500 cm 영역에 브로드한 라만 밴드를 주므로, 이 파수 영역을 측정할 경우에는 스펙트럼에 유리 성분이 포함될 수 있다는 점에 주의가 필요하다. 시료에 의한 레이저 빛의 흡수가 현저한 경우에는 그림 6.12와 같은 후방 산란이 라만 스펙트럼을 측정하기 쉽다. 이 경우 유리에서 유래한 라만 산란을 공간적으로 선별할 수 없기 때문에 스펙트럼에 유리의 기여가 커지게 된다. 두께가 얇은 유리셀을 이용하는 등 유리의 기여를 줄일 연구가 필요하다.

시료가 레이저광에 의해 손상을 일으키는 경우에는 시료의 같은 부분에 계속 빛을 비추지 않도록 하는 연구가 필요하다. 그림 6.13에 그 연구의 예를 나타낸다. 시료의 양이 충분할 경우에는 플로우셀(그림 6.13(a)) 혹은 액체 제트법(그림 6.13(b))을 이용하여 시료를 흘리면서 측정한다. 시료는 버리거나 순환시킨다. 순환시켜도 광반응 생성물은 용액 내에서 희석되므로 여기 광파장을 적절히 선택하면 광반응 생성물의 스펙트럼 기여를 무시할 수 있다.

반대로 여기 광파장에 따라서는 미량이라도 스펙트럼에 대한 기여가 큰 경우가 있으므로 주의를 요한다. 시료의 양이 충분하지 않은 경우(수 mL 이하)에는 교반셀이나 회전셀을 이용하는 것이 효과적이다. 이 경우에는 광반응 생성물의 기여에 보다 주의를 기울여야 한다. 교반셀에서는 그림 6.13(c)에 나타낸 바

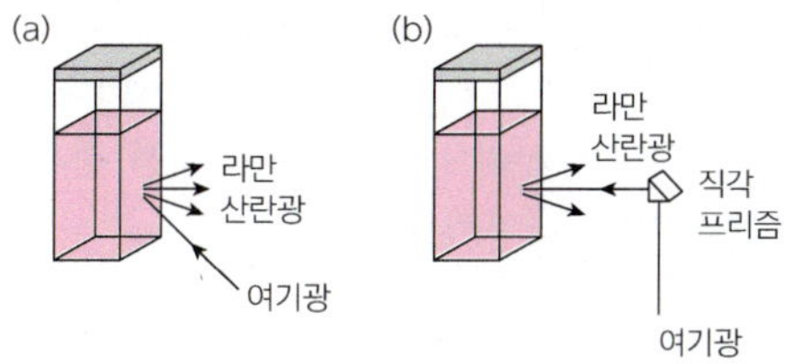

그림 6.12 착색 용액 시료에 대한 후방 산란 측정

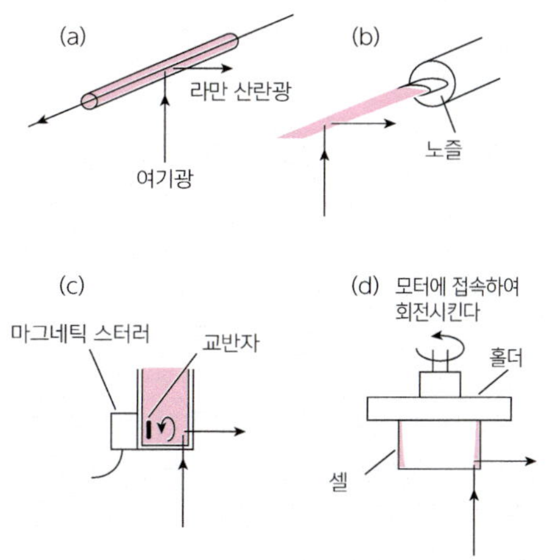

그림 6.13 착색용액 시료의 라만 스펙트럼 측정법

와 같이 소형 마그네틱 스털러를 셀에 접하고 셀 내에 작은 교반자를 넣어 시료를 교반시킨다. 교반자에 의한 교반에서는 흐름이 불충분한 경우에는 회전셀을 이용하는 것이 효과적이다. 그림 6.13(d)에 도시된 바와 같이 직경 10~50 mm, 높이 10~20 mm의 원통형 셀을 금속제 홀더를 통해 모터에 부착하여 500~2000 rpm의 회전속도로 회전시킨다.

셀 내의 액체 시료는 원심력에 의해 셀의 벽면에 달라붙으므로 소량의 시료로도 시료의 높이를 얻을 수 있는 것이 회전 셀의 또 다른 장점이다. 회전 셀을 이용할 때 주의할 점은 회전 흔들림을 최대한 억제하는 것이다. 흔들림이 크면 회전 중에 레이저 빛의 위치를 벽면 아슬아슬하게 유지할 수 없게 되어 라만 산란광을 효율적으로 모을 수 없게 되기 때문이다. 회전 셀에서는 셀의 크기에 의존하지만 0.1~2 mL의 시료가 있으면 라만 스펙트럼 측정이 가능하다. 공명 라만 스펙트럼 측정에서는 여기 광파장이 시료의 흡수 극대 파장에 가깝기 때문에 여기광에 의해 전자 여기 상태의 생성도 동시에 일어난다.

그러므로 분자에 따라서는 전자 여기 상태나 광반응 생성물의 기여가 라만 스펙트럼에 관측되는 경우가 있다. 이러한 라만 산란이 생기려면 전자 여기 1개, 라만 산란 여기 1개, 총 2개의 광자가 필요한데 반해 전자 기저 상태의 라만 산란 발생에 필요한 것은 1개이므로 여기광 강도를 낮추면 이윽고 전자 여기 상태나 광반응 생성물의 기여는 무시할 수 있을 정도로 작아진다.

여기광에 의한 시료의 손상 여부를 체크하려면 스펙트럼의 여기광 강도 의존성을 조사한다. 여기광 파워를 바꾸어 보고, 라만 밴드 강도가 파워에 비례하여 증가하고 있는지, 스펙트럼 밴드의 상대 강도는 변화하지 않았는지, 새로운 밴드는 나타나지 않았는지 확인한다. 또한 라만 스펙트럼 측정 전후로 시료의 자외 가시 흡수 스펙트럼을 비교하여 손상 여부를 확인한다.

(3) 고체 시료에 대한 주의점

액체·기체 시료에 비해서 고체 시료 측정에서는 시료 표면에서 난반사가 커지면서 또 그것이 분광기에 들어가는 것을 피하기 어려운 거기에서 미광 제거도가 높은 분광기를 이용, 노치 필터를 이용하거나 레이저 출력에서 여기광 이외의 성분을 제거해 두는 등의 주의가 필요하다.

① 단결정 시료 : 투명한 단결정은 고니오미터 상에 고정하고 여기광, 라만 산란광의 편광면을 결정축에 대하여 정의하여 측정한다. 크기가 1 mm 정도 이상이면 그림 6.14(a)에 나타낸 바와 같이 유리막대나 금속막대 선단에 고정하여 통상적인 측정계에서 용이하게 측정할 수 있다. 현미 라만 분광계를 이용하여 보다 작은 단결정 시료의 측정도 가능하다.

② 분말 시료: 주로 유리 캐필러리에 넣고 측정하는 방법과, 분말(10 mg 정도)을 압축 성형하고 알약을 만들어 그것을 측정 시료로 하는 방법이 있다. 후자의 방법에서는 그림 6.14(b)처럼 정제면에 대

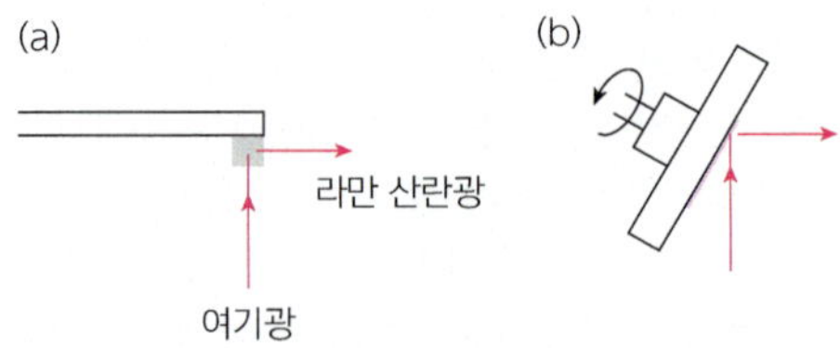

그림 6.14 고체시료의 라만 스펙트럼 측정방법

해서 레이저광을 30° 정도의 각도로 입사시키고, 레이저 광선과 90° 방향의 산란광을 집광한다. 착색 시료의 경우, KBr분말과 혼합하여 알약을 만든다. 측정하고 싶은 물질의 농도를 바꾼 알약을 몇가지 제작하고 최적의 농도를 결정한다. 여기광에 의해서 시료는 분해, 퇴색하기 때문에 받침대를 회전시키고, 시료의 같은 곳에 여기광을 비추지 않도록 하는 노력이 필요하다.

(4) 기체 시료에 대한 주의점

기체의 밀도는 액체나 고체보다 작으므로, 라만 산란을 효율적으로 일으키는 연구가 필요하게 된다. 예를 들어 기체 중 빛의 손실이 작다는 것을 이용하여 동일한 레이저 빔을 시료 중에 몇 번 왕복하게 여기의 효율을 높인다.

6.5.5 특수 조건에서 측정

(1) 저온 및 고온 시료 측정

저온 시료 측정에는 그림 6.15(a)와 같이, 냉매 때문에 선단부에 붙인 구리 블록에 시료를 고정하고 그것을 듀워병에 넣고 측정을 하는 방법이 일반적이다. 자주 온도 변화시켜서 측정하려면, 그림 6.15(b)와 같이 건조한 질소 가스를, 호스를 통해서 액체 질소로 식힌 후 그것을 듀워 중에 도입하는 시료를 식히는 방식이 간편하고 있다.

시료온도는 가스의 유량에 따라 조정할 수 있다. 그림 6.15(b) 방식이면 고정셀뿐만 아니라 회전셀도 사용할 수 있다. 세세한 온도제어가 필요 없고 시료의 온도상승을 막기 위해서 등 단순히 시료온도를 실온보다 조금 낮출 목적이라면 그림 6.15(c)에 나타낸 것처럼 액체질소를 기화시킨 것을 시료에 분사하는 방법도 있다. 실온 근방의 온도 변화 측정에는 구리 혹은 놋쇠 블록에 온도 제어한 액체(물, 에탄올, 글리세롤 등)를 흘려보내고 거기에 시료셀을 끼워 측정한다(그림 6.15(d)). 100℃ 이상의 측정에는 시판되고 있는 고온 측정용 셀 홀더가 시판되고 있다. 간단하게는 니크롬선을 감은 로 안에 봉관한 시료를 넣어 행하는 방법도 있다.

(2) 고압 측정

고압 하에서의 라만 측정에는 다이아몬드 앰빌셀이 이용된다. 금속 가스켓의 소공(직경 100 μm 정도) 안에 시료 및 압력 프로브인 물질을 넣고, 이것을 두개의 다이아몬드로 끼워 가압한다. 시료에 가해지는 압력은 시료에 가한 루비의 형광 스펙트럼 등에서 구할 수 있다.

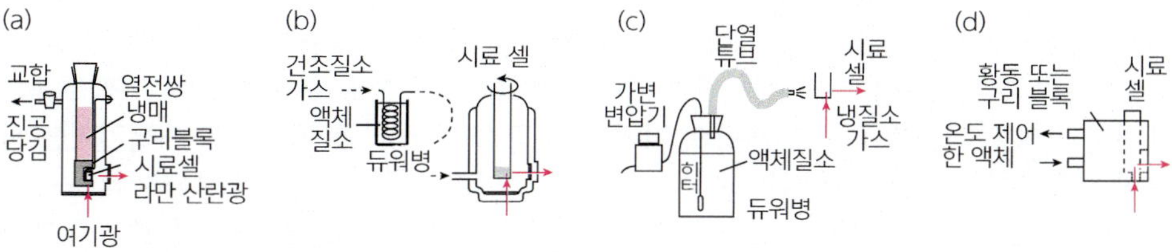

그림 6.15 저온 및 고온 시료의 라만 스펙트럼 측정방법

(3) 비파괴 측정

라만 분광법에서는 다른 분광법에 비해 시료의 형태에 따른 제한이 적다. 따라서 분석하고 싶은 것을 그대로 측정할 수 있다는 특징이 있어 비파괴 측정에 적합하다. 식품, 농작물, 의약품, 산업 및 광물의 표면 분석에 사용된다.

6.5.6 시간 분해 라만 스펙트럼 측정

시간 분해 라만 스펙트럼의 측정은 두 가지 종류의 펄스광을 이용한 펌프 프로브 방법과 흐름법의 두 가지 방법이 일반적이다.

6

(1) 펌프 프로브법

밀리초 이하의 시간 영역에서 시간 분해 공명 라만 스펙트럼을 측정하려면 펄스 레이저를 이용한다. 피코초, 나노초, 나노초–밀리초의 시간 영역에서 방식이 다르므로 각각 나누어 설명한다. 피코초-나노초의 시간 영역을 조사하려면 1대의 펄스 레이저 출력에서 발생시킨 반응 개시용 펄스광(펌프광) 및 공명 라만 측정용 펄스광(프로브광)을 이용한다. 한쪽 펄스광을 광학 지연로를 경유하여 다른 쪽 펄스광과 공간적으로 겹쳐서 시료에 조사한다. 시간 분해능은 광 펄스의 시간폭에 의해 결정되지만 통상 파수 분해능을 잃지 않도록 수 피코초의 펄스가 이용된다.

한편, 가장 긴 지연 시간은 광학 지연로의 길이에 따라 결정되며, 보통 수 나노초, 길게는 10 나노초 정도이다. 그 이후의 시간 영역을 조사하려면 2대의 나노초 레이저를 이용하여 한쪽에서 펌프광을 발생시키고 다른 한쪽에서 프로브광을 발생시키는 방식이 일반적이다. 두 펄스광의 조사 타이밍은 디지털 펄스 발생기로 제어된다. 시간 분해능은 광 펄스의 시간 폭에 의해 결정되며, 지연 시간의 상한은 펄스의 반복 주파수에 의해 결정된다.

(2) 흐름법

레이저광에 의해 손상되기 쉬운 시료의 경우 단위시간당 광자밀도를 낮추는 것이 좋다. 그러므로 펄스 레이저를 이용하는 펌프 프로브법보다 CW 레이저를 이용하는 플로우법이 시료에 손상을 주지 않는다. 혼합 플로우법에서는 혼합점으로부터의 거리(Δx) 및 유속(v)을 조절함으로써 서브밀리 초~초 범위의 임의의 지연시간(Δt)에서 시간 분해 라만 스펙트럼을 측정할 수 있다.

그 모식도를 그림 6.16(a)에 나타낸다. 빛에 의해서 개시되는 반응이, 2종류의 CW광을 이용한 더블빔법에 따른 시간 분해 측정이 가능하다. 그림 6.16(b)와 같이 이 방법에서는 시료를 일정 속도로 흐름 셀에 싱크대, 반응을 시작하기 위한 레이저 빛을 상류 쪽으로, 라만 스펙트럼을 측정하기 위한 레이저 빛을 하류 측에 조사한다. 속도와 두개의 레이저 빛의 간격을 조절하고 희망의 지연 시간을 설정한다. 통상의 유리 캐필러리를 사용한 경우, 지연 시간의 하한선은 수십마이크로 초이며, 이는 난류를 생성하지 않는 속도의 상한에서 결정된다. 셀 내벽과 모세관 관 중심은 유속이 다르다. 이는 흐르는 액체가 안에서 마찰력을 받기 때문이다. 유속이 높아지면 내벽 부근과 중심으로 속도의 차이가

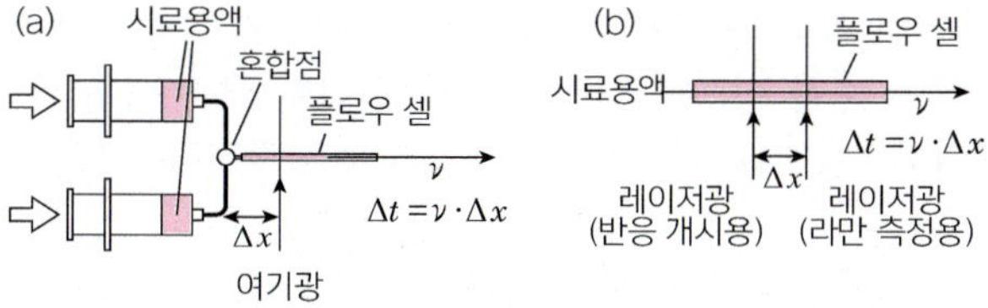

그림 6.16 플로우법을 이용한 시간 분해 라만 스펙트럼 측정

커지고 시간 분해능을 저하시키므로 유속의 설정에는 주의가 필요하다.

6.5.7 현미 라만 스펙트럼 측정

현미 라만 분광계는 광학 현미경과 6.4절에서 설명한 라만 분광계를 조합한 것으로 생각하면 된다. 그림 6.17에 일반적인 현미 라만 분광계를 나타낸다. 들뜬 빛을 다이크로익 미러로 반사하고, 대물렌즈를 통해서 시료에 조사한다. 시료의 라만 산란광을 조사에 이용한 대물렌즈에 의해서 수집, 분광기의 입구 슬릿으로 이끈다. 여기광을 얼마나 작게 짜느냐에 따라 공간 분해능이 결정된다. 회절에 의해 결정되는 빔 지름은 대략 빛의 파장을 대물렌즈의 개구수로 나눈 것이다. 따라서, 공간 분해능은 여기광의 파장이 짧을수록, 대물렌즈의 개구수가 클수록 높아진다. 적외 분광법에 비해, 라만 분광법에서는 여기광의 파장이 짧을수록 공간 분해능이 높다. 깊이 방향을 공간분해하여 측정하기 위해서는, 대물렌즈와 시료 사이의 거리를 변화시켜 측정한다.

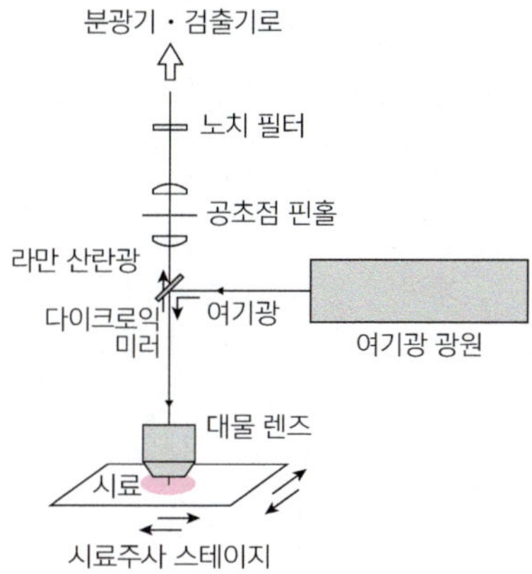

그림 6.17 현미경 분광계

수평 방향 분해능에 비해 깊이 방향 분해능은 떨어져 10 μm 정도이다. 깊이 방향 분해능을 개선하려면 그림 6.17과 같은 공초점 방식의 집광계를 이용한다. 대물렌즈의 초점에서 상하로 어긋난 위치로부터의 빛은 핀홀로 흐려지기 때문에 효율적으로 통과하지 못한다. 이로 인해 초점 부근으로부터의 빛만 모을 수 있고 수 μm로 분해능은 향상된다.

6.5.8 편광 라만 스펙트럼 측정

라만 산란광에는 입사광과 평행한 편광을 가진 성분 이외에 직교하는 편광을 가진 성분이 포함된다. 입사광의 편광의 성질이 산란 과정에서 변화하는 것은 KHD 분산식(식 (6.5) 및 (6.6))에 포함된 α가 텐서이기 때문이다. 편광 측정에서 $\alpha_{\rho\sigma}$나 분자 및 원자단의 배향에 관한 정보를 얻을 수 있다. 예를 들어 물질 고정 좌표계가 실험실 고정 좌표계와 일정한 관계를 유지하고 있는 경우(배향계), $\alpha_{\rho\sigma}$의 각 성분의 상대값을 얻을 수 있다. 반대로 $\alpha_{\rho\sigma}$의 각 성분의 상대값이 알려진 경우 편광 라만 측정에서 물질의 배향 상태에 대한 정보를 얻을 수 있다. 분자나 원자단의 배향이 무질서한 물질의 경우(랜덤 배향계)에 입사광의 편광 방향에 대한 평행한 편광 성분과 수직한 편광 성분의 라만 산란 강도비(이를 편광 해소도라고 부른다)는 진동 모드의 대칭성을 결정하는 데 중요한 단서가 된다.

(1) 편광 라만 스펙트럼 측정의 실제

그림 6.18에 편광 라만 스펙트럼 측정의 일반적인 배치를 나타낸다. 그림의 Y 방향으로 편광된 레이저광을 시료에 대고, 시료로부터의 산란광을 Y 방향으로 편광한 성분과 Z 방향으로 편광한 성분으로 나누어 측정하는 것이 편광 라만 스펙트럼 측정의 기본 원리다.

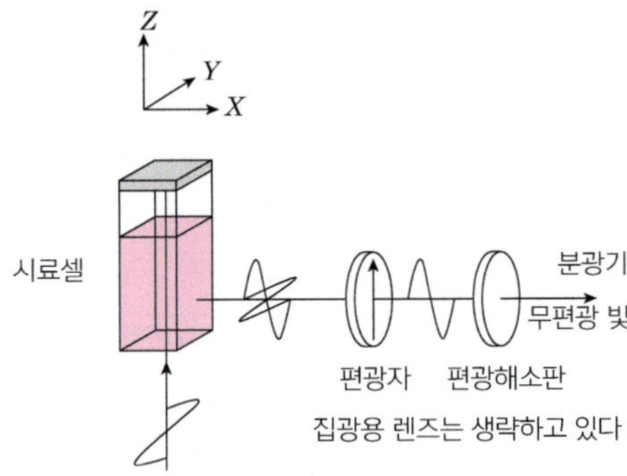

그림 6.18 편광 라만 스펙트럼 측정
파선은 편광의 방향을 나타낸다.

정확한 측정을 수행하려면 몇 가지 주의해야 할 점이 있다. 첫 번째 주의점은 레이저 편광 방향의 정밀도이다. 우선 레이저 광은 높은 편광 특성을 가져야 한다. 또한 레이저 광이 높은 편광 특성을 가지고 있더라도 시료셀 미러 등을 경유하여 이끄는 동안 편광 방향이 Y 방향에서 어긋날 수 있다. 따라서 레이저 광을 그랜톰슨 프리즘(10^{-5} 정도의 소광비를 얻을 수 있다) 혹은 그랜 레이저 프리즘(고강도 레이저를 이용하는 경우)을 통해 시료셀 직전에 편광 방향을 Y 방향으로 규정한다.

두 번째 주의점은 시료셀에는 각형 셀을 이용하는 것이다. 원통형 셀의 경우 셀 면의 커브에 따라 셀 면에서의 반사율에 편광 의존성이 생긴다.

세 번째 주의점은 산란광 중 편광 성분의 선별이다. 편광 성분의 선별에는 편광자를 이용한다. 저렴한 것으로서, 고분자막을 신장시킨 것을 두 장의 유리판으로 끼운 것이 시판되고 있다. 파장에 따라 다르지만 10^{-2}~10^{-5}의 소광비를 얻을 수 있다. 이것을 눈금 전용 회전 홀더에 넣어 투과축 방향을 임의의 방향으로 정확하게 세팅할 수 있도록 한다.

보다 정밀도 높은 측정이나 높은 투과율이 필요한 경우에는 그랜톰슨 프리즘이나 그랜 레이저 프리즘 등 복굴절형 편광자를 이용한다. 어느 경우에도 편광자와 분광기의 입구 슬릿 사이에는 편광 해소판을 둔다. 이는 6.4.3항(3)에서 설명한 바와 같이 일반적으로 분광기의 투과도에 존재하는 편광 특성을 제거하기 위함이다. 라만 스펙트럼의 신호 잡음비를 높이기 위해서는 가능한 한 큰 입체각으로 산란광을 모으고 싶지만 집광각이 넓어질수록 편광해소도 측정값에 오차가 증가하므로 측정 목적에 따라 시료와 집광렌즈 사이에 조리개를 두어 입체각 크기를 조정한다.

이상의 점에 주의하여 측정장치를 조립하면 다음에 올바른 편광측정이 되었는지 확인할 필요가 있다. 올바른 측정이 되어 있는지 확인하려면 사염화탄소의 편광 스펙트럼을 측정하는 것이 일반적이다. 그림 6.19에 사염화탄소의 편광 스펙트럼을 나타낸다. 218 cm^{-1} 및 314 cm^{-1}의 라만 밴드는 비전대칭 진동으로 편광 해소도로서 0.75의 값을

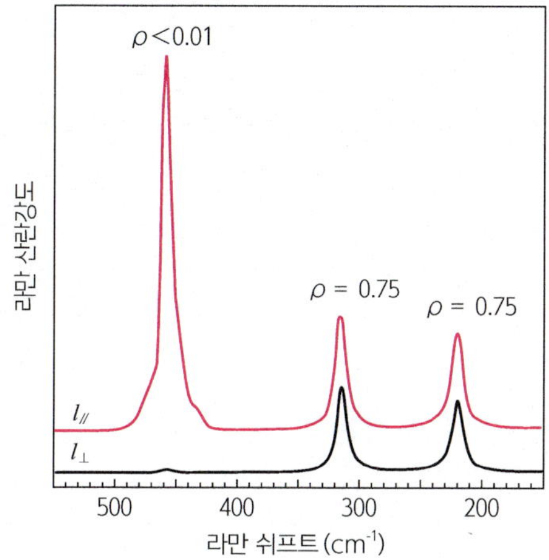

그림 6.19 편광 라만 스펙트럼의 측정 예(사염화탄소)

I// 및 *I*은 편광 라만 스펙트럼의 각각 평행 성분 및 수직 성분을 나타낸다. 그림 속의 ρ는 각 밴드의 편광 해소도 값을 나타내고 있다.

6

가진다. 이는 주의 깊게 측정을 하면 실측값은 0.74와 0.76사이에 들어간다. 또, 459 cm에 볼 수 있는 전대칭 진동 밴드의 편광 해소도는 0.01 이하이다. 이들 세 밴드의 편광 라만 스펙트럼을 측정함으로써, 측정 장치가 편광 해소 측정을 위한 올바르게 구성되었는지 확인할 수 있다.

6.6 라만 스펙트럼의 교정

계측한 데이터의 정확한 라만 스펙트럼을 위해서는, 가로축 즉 라만 쉬프트, 세로축 즉 라만 강도에 대해서 교정을 거쳐야 한다. 이하에 그 방법을 설명한다.

6.6.1 라만 쉬프트의 교정

500 nm의 여기광을 이용한 경우, 1 cm^{-1}는 0.025 nm에 대응한다. 그러므로, 1 cm^{-1}의 정도로 스펙트럼의 가로축을 결정하려면 0.025 nm의 파장 결정의 정확도가 필요하다. 라만 스펙트럼의 측정 및 해석에서는 이런 높은 파장 결정 정도가 요구된다는 점에 주의한다. 여기에서는, 멀티채널 검출기로 측정을 상정하고, 라만 쉬프트의 교정 방법으로 다음의 2가지 방법을 소개한다.

(1) 표준 램프를 이용하는 방법

네온램프의 발광은 발광선의 파장이 10^{-5} nm의 정도로 구해지고 있어, 라만 쉬프트의 교정을 실시하려면 충분한 정밀도이다. 또 개수도 많아 절대 파수와 검출기의 픽셀 번호와 검량선을 찾기에 적합하다. 교정을 실시하기 위해서는 네온의 스펙트럼을 측정하고, 관측된 피크의 픽셀 번호와 절대 파수를 토대로 분석 곡선을 작성한다. 각 픽셀의 절대 파수가 요구되면 그 값에서 여기광원의 절대 파수를 빼면, 각 픽셀의 라만 쉬프트를 구할 수 있다. 네온사인의 발광선, 여기광 모두 절대 파수에는 진공 중의 값을 쓴다.

교정에 사용되는 네온램프는 전자 공작에 이용하는 값싼 네온관에서도 대용할 수 있다. 네온사인의 휘선 스펙트럼을 측정하는 데 주의할 점은 램프를 시료셀과 같은 장소, 혹은 분광기의 광축상에 두는 것이다. 분광기의 빛이 들어오는 것이 광축에서 어긋나면, 분광기의 출구 측에서는 좌우 방향에 스펙트럼이 어긋나 정확한 교정을 할 수 없기 때문이다.

(2) 기지의 라만 스펙트럼을 이용하는 방법

6

라만 쉬프트가 정확하게 요구되는 물질의 스펙트럼을 기준으로 하는 방법도 있다. 같은 조건에서 측정된 라만 스펙트럼 기준 때문에 실용적 위치가 몇 가지 있다.

여기 광원의 정확한 절대 파수를 알 필요가 없고 파장 가변 레이저, 반도체 레이저 등 조건이나 로트에 따라 절대 파수가 다른 여기광원을 이용한 실험이 편리하다. 또, 시료셀을 표준물질의 셀로 치환만 하면, 이 조건에서 스펙트럼 측정이 용이하다.

표준물질로 정확한 라만 쉬프트가 보고된 화합물에 인덴이 있다. 인덴의 라만 산란광은 강하고, 500~1700 cm^{-1}의 영역에 밴드가 많고 샤프하므로 교정을 기준으로 적합하다. 다만, 인덴은 공기 중에서 산화된 형광을 내서 증류 정제한 것을 봉관하여 사용할 필요가 있다. 정제, 봉관한 시료는 1년 정도 사용할 수 있다. 인덴에 비하면 파수 결정의 정확도가 떨어지지만, 유기 용매의 라만 쉬프트 값은 교정에 실용상 문제는 없다.

200~1000 cm^{-1}의 영역에서는 사염화탄소와 시클로헥산, 1000~1800 cm^{-1}의 영역이 시클로헥산과 아세톤을 이용하는 것이 좋다. 문헌 5에는 24종류의 유기 용매의 표준이 되는 라만 스펙트럼이 구성된다. 라만 쉬프트의 교정의 구체 예를 그림 6.20에 나타낸다. 체르니 터너형 분광기는 출구 측의 초점면에서 빛은 파장에 비례하고 공간적으로 분산하도록 설계되고 있다.그래서, 픽셀 번호-라만 쉬프트의 분석 곡선보다, 픽셀 번호–파장의 검량선이, 직선으로 검량선을 만들 수 있다.

거기서 우선, 여기광원의 진공 중의 절대 파수라고 보고된 표준물질의 라만 밴드 파수에서 각 밴드의 파장을 계산한다. 분광기는 공기 중의 파장에 비례하고 빛은 분산되어 있지만, 진공 중의 파장을 이용하여 교정해도 라만 쉬프트의 오차는 0.01 cm 이하이다. 파장과 밴드 피크의 픽셀 번호 사이에는 선형성이 성립되는 것으로 최소 제곱법으로 파장과 픽셀 번호 사이의 분석 곡선을 구한다(그림 6.20(a)). 이 분석 곡선에서 각 픽셀에 대응하는 라만 쉬프트 값이 구해진다(그림 6.20(b)). 계산한 뒤에는, 교정에 이용한 표준물질의 라만 밴드 파수를 읽고 1 cm 이상의 차이가 없는지를 확인한다(그림 6.20(c). 또, 최소 제곱법의 상관 계수를 계산하고, 그 절대 값이 1에서 크게 어긋나지 않은지 확인한다.

6.6.2 라만 스펙트럼 강도의 교정

측정 시료에서 나온 라만 산란광은 검출기에 이르기까지 집광 광학계의 광학 소자 및

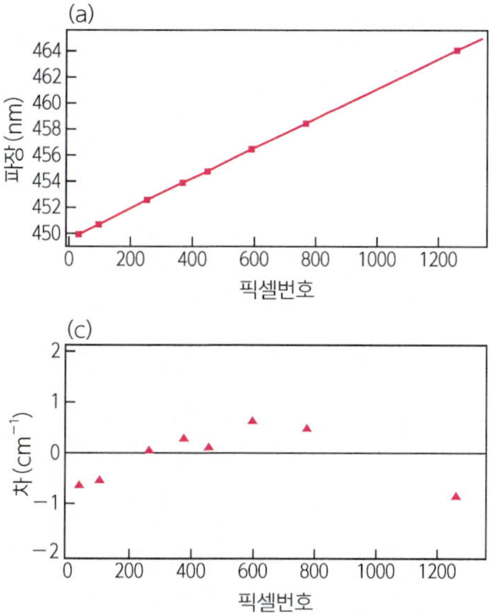

그림 6.20 라만 쉬프트 교정의 예

사이클로헥산의 1443.9, 1347.1, 1265.5, 1157.6, 1027.9 cm^{-1} 밴드, 아세톤의 1709.6, 1221.4, 1065.9 cm^{-1} 밴드를 교정 기준으로 사용하였다.

분광기의 광학 소자를 경유한다. 이들 소자는 파장 특성이 있으므로 검출기에서 얻을 수 있는 스펙트럼은 상대 강도에 차이를 가진다. 또한 검출기 픽셀의 감도에는 불균일성이 있다. 그러므로 강도의 교정이 필요하다. 여기서는 두 가지 교정 방법을 설명한다.

(1) 표준 램프를 이용하는 방법

가장 간편한 교정 방법은 표준 램프를 이용하는 방법이다. 텅스텐 할로겐 램프의 발광 파장 특성은 어떤 온도의 흑체 복사로 근사할 수 있다. 게다가 관측하는 파장 영역이 좁은 경우에는 강도 일정한 광원으로 볼 수 있다. 주의할 점은 핀홀 등을 통해 램프의 빛을 라만 산란의 발광점과 같은 위치에서 분광기 쪽으로 나오게 하는 것이다. 아니면 광섬유를 장착할 수 있는 램프가 시판되고 있으며, 이것을 이용하면 라만 산란에 가까운 작은 발광점을 만들 수 있다. 6.2항(2)에 기술된 형광 스펙트럼을 이용하는 방법에서는 파장 영역이 한정되는 반면, 표준 램프를 이용하는 방법은 모든 가시 영역에서 이용할 수 있으므로 편리하다.

(2) 알려진 형광 스펙트럼을 이용하는 방법

키니네의 발광 스펙트럼에 대해서, 절대파수의 함수로서 발광 강도를 표현하는 근사식이 17000~25000 cm^{-1}의 절대파수 영역에서 얻어지고 있다. 라만 스펙트럼 측정의 광학 배치로 키니네의 형광 스펙트럼을 측정하고, 얻어진 형광 스펙트럼과 상기 근사식에서 구한 표준 스펙트럼과의 강도비를 보정 인자로 사용하여 강도를 교정한다. 라만 산란의 여기광을 형광의 여기광에도 사용할 수 있으므로 측정시료를 키니네 용액에 교체하는 것만으로 라만 스펙트럼 측정과 같은 광학배치로 형광 스펙트럼을 측정할 수 있어 정밀도 높은 교정이 용이한 라만 산란의 여기파장이 키니네의 여기파장에 적합하지 않은 경우, 혹은 17000~25000 cm^{-1}의 절대파수 영역 이외에서 교정을 실시하려면 다른 적합한 형광색소의 형광 스펙트럼을 형광광도계로 측정해 놓고 이를 절대파수의 함수로 근사한 것을 이용한다.

측정 시료로부터의 형광 등으로 스펙트럼의 백그라운드가 높아지면 픽셀간의 감도 불균형에 의해 카운트 수에 불균형이 생긴다. 이 때문에 밴드가 없는 곳에 가짜 밴드가 나타나거나 밴드의 형상이 왜곡되기도 한다. 이 경우에도 강도의 교정이 필요하다.

6.7 라만 스펙트럼 분석 방법

6.7.1 라만 밴드 귀속

관측된 라만 밴드를 진동 모드로 귀속함으로써 분자 구조에 대해 자세히 논의할 수 있다. 관능기의 진동은 각각 어떤 정해진 파수 영역에 관측되므로 여기서 대략적인 귀속을 할 수 있다. 또한 유사한 분자에 대해 진동 모드의 귀속이 이미 이루어진 경우에는 그것을 참고하여 귀속을 할 수 있다.

그러나 분자 진동은 일반적으로 분자 전체에 비국재화된 성질을 가지므로 구조가 비슷한 분자라도 진동 모드의 성격은 다를 수 있어 주의가 필요하다. 엄밀한 귀속을 위한 가장 정당한 방법은 동위원소 표시 시료를 사용하여 밴드의 동위원소 효과를 조사하는 것이다. 동위원소 치환은 힘의 상수를 바꾸지 않고 환산 질량만을 바꾼다. 따라서 동위원소 치환에 따라 진동 모드의 성격이 변하지 않는 한 동위원소 치환으로 진동수가 변하는 밴드는 치환한 원자의 변위를 포함한 진동 모드에 의한 것이라고 결론지을 수 있다. 가능한 한 많은 동위체 표지시료를 이용하는 것이 귀속에는 유리하다. 그러나 동위원소 표지 시료를 많이 갖추기는 쉽지 않다. 최근에는 양자화학 계산의 정확도가 높아져 분자 진동의 귀속에 이용되고 있다.

그 중에서도 밀도범함수법은 비교적 짧은 계산 시간에 고정밀도의 결과를 준다. Gaussian이나 GAMESS 등의 계산 프로그램 패키지를 이용하면 진동수, 원자 변위를 얻을 수 있고 원자 변위를 바탕으로 라만 밴드의 상대강도도 얻을 수 있다. 얻을 수 있는 상대강도는 비공명 조건뿐만 아니라 전기공명 조건이나 공명 조건에서의 밴드 강도를 계산할 수 있게 되기도 했다. 그러나 공명 조건에서의 계산하려면 공명하는 전자 여기 상태에 대한 정확한 분자 구조 정보를 필요로 하며 계산 정확도에 주의를 기울여야 한다.

6.7.2 미소한 스펙트럼 변화 검출

분자에 대한 환경의 효과를 해석하는, 복수의 유사분자의 스펙트럼의 차이를 구하는 경우 등은 미소한 밴드 변화를 검출하는 것이 필요하다. 예를 들면, 밴드의 중심 위치를 육안으로 구하는 것은 그 정밀도는 기껏해야 1 cm^{-1}일 뿐이다. 밴드폭 읽기도 마찬가지다.보다 높은 정밀도로 밴드의 중심 위치나 폭을 구하려면 밴드의 강도 데이터의 커브 피

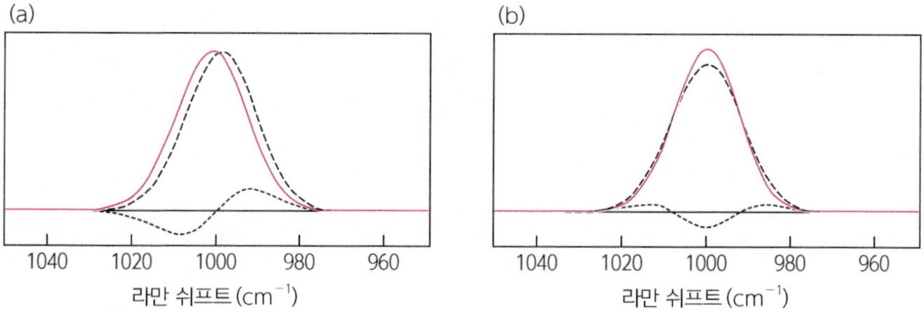

그림 6.21 차 스펙트럼의 예
(a) 밴드의 중심 위치가 밴드 폭의 10% 차이, (b) 밴드의 폭이 10% 다른 것의 차이

팅을 하는 것이 하나의 방법이다. 보통 피팅에는 로렌츠 함수 혹은 가우스 함수가 이용된다. 그러나 라만 밴드의 형상을 정확하게 표현하는 함수는 없기 때문에 피팅에 사용하는 함수에 결과가 얼마나 의존하는지 등 피팅 결과의 타당성에 주의를 기울여야 한다.

두 스펙트럼 사이의 차이 스펙트럼은 밴드의 중심 위치나 밴드 폭의 차이를 민감하게 반영한다. 이 성질을 이용하여 차 스펙트럼에 따라 밴드의 중심 위치나 밴드 폭의 차이를 구할 수 있다. 이 방법에서는 라만 밴드에 대해 특정한 함수형을 가정할 필요가 없기 때문에 모호성이 적은 해석을 할 수 있다. 그림 6.21에 해석 예를 나타낸다. 파수가 다를 경우 그림 6.21(a)에 나타낸 바와 같이 차이 스펙트럼은 1차 미분형 형상이 된다. 따라서 이러한 형상이 차이 스펙트럼에 나타나는지를 보는 것은 두 스펙트럼 사이에서 밴드의 쉬프트 여부를 판단하는 간편하고 유효한 방법이다. 게다가 미분형 산골짜기 높이 차이에서 파수 쉬프트의 크기를 구할 수 있다. 또, 밴드폭이 다른 경우, 그림 6.21(b)에 나타낸 바와 같이 차이 스펙트럼은 2차 미분형의 형상이 된다. 이와 같이, 차 스펙트럼의 형상에 기초하여, 이 두 스펙트럼의 차이를 정량적으로 비교할 수 있다. 해석 방법에 대한 자세한 내용은 문헌 6을 참조하기 바란다.

6.7.3 자기흡수 효과 보정

6.5.4항(2)에서 말한 바와 같이, 공명 조건에서는, 발생한 라만 산란광은 시료셀에서 나올 때까지 시료 자신에 의해 그 일부가 흡수된다. 따라서 산란되는 라만 밴드 강도는 물질량에 비례하지 않게 된다. 정량 분석을 위해서는 밴드 강도가 물질의 농도에 비례하도록 보정이 필요하다. 자기흡수 효과를 보정하기 위해서는 비공명 조건에서 라만 산란광을 생기는 화합물을 내부표준으로 시료 속에 일정 농도 넣어둔다. 자기 흡수 효과가 없다면, 이 밴드의 강도는 여러 시료들 사이에서 일정할 것이다. 그러나 실제로는 자기 흡수 효과에 의해 밴드 강도는 낮아진다.

거기서 표준 밴드 강도가 동일한 강도가 되도록 여러 스펙트럼 사이에서 라만 강도를 정수배 하면 자기 흡수 효과를 보정할 수 있다. 공명 라만 스펙트럼 측정은 대부분의 경우 액체 시료에 대해 이루어지는데, 용매 밴드가 내부 강도 표준으로 이용할 수 있다. 다만 수용액 시료에서는 용매인 물의 라만 밴드는 약하고 내부강도 표준에는 적합하지 않다. 이 경우 황산염 혹은 과염소산염을 일정 농도 녹여두고 황산이온의 초대칭 진동(983 cm)이나 과염소산이온의 초대칭 진동(923 cm)의 라만 밴드를 이용하는 경우가 많다. 이들 밴드는 강도가 강하고 샤프하기 때문에 내부강도 표준에 적합하다.

6.8 끝에

최근 광발생 기술이나 광검출 기술의 발전으로 인해 라만 분광법이 가진 잠재력을 최대한 활용할 수 있게 되었다. 또한 이전에 비해 저렴하게 라만 분광계를 짤 수 있게 되었다. 본 장이 독자연구에 조금이나마 도움이 될 것, 그리고 라만 분광법이 과학연구에 더 큰 기여를 할 수 있기를 바란다.

【참고 문헌】

1) 長倉三郎編,『岩波講座 現代化学 12 光と分子(上)』, 岩波書店 (1979)
2) J. Tang, A. C. Albrecht, "Raman Spectroscopy: Theory and Practice," Springer (1970), p.33
3) レーザー学会編,『レーザーハンドブック (第2版)』, オーム社 (2005)
4) 日本化学会編,『第5版 実験化学講座 9 物質の構造I 分光 (上)』,丸善 (2005)
5) 濱口宏夫, 岩田耕一編著,『ラマン分光法』, 講談社 (2015)
6) J. Laane, J. Chem. Phys., 75,2539 (1981)

7 ESR 분광법

河合明雄
(神奈川大 理 部)

7.1 처음에

전자 스핀 공명(Electron Spin Resonance: ESR) 혹은 전자 상자성 공명(Electron Paramagnetic Resonance: EPR)에 근거한 분광법은 양자화된 자기 모멘트를 가진 물질 중의 전자에 대한, 마이크로파 흡수를 측정한 계측 방법이다. 대부분의 경우 전자의 자기 모멘트는 부대전자의 스핀에 유래하기 때문에, 이 분광법은 부대전자를 가진 물질을 관측하기 위한 것으로 봐도 좋다. 그 발명은, Zaboisky에 의한 1945년 Mn^{2+}과 Cu^{2+} 용액 시료의 관측까지 거꾸로 올라간다[1]. 발명 당초 관측 대상이 이들의 전이 금속 이온이었던 것에서 알 수 있듯이, ESR은 전이 금속을 포함한 복합체의 전자 상태를 밝히는데 큰 기여를 했다. 후에, 유기 화합물의 반응 중간체 라디칼에 대한 계측이 자주 이루어지며, 이들의 짧은 수명 상자성 종의 분자 구조 결정에 힘을 발휘했다.

ESR은 다른 자기 공명법이다. NMR에 비하면, 감도가 높은 경우가 많다. ESR에서 스펙트럼 데이터를 충분히 보이기 위한 검출 한계는 수명이 긴 스펙트럼 선형이 명료한 실험 조건이 좋은 경우 10^{-8} M 정도 단순히 신호를 검출할 만한 경우 10^{-11} M 정도라고 한다. 그러나, 라디칼 같은 짧은 수명 화학종을 특별한 장치 없이 관측하기 어렵다. 그 후, 짧은 수명 라디칼 즉 반응성이 높은 라디칼을 관측할 목적으로 스핀-트랩법[1]이 개발되었다. 이것으로 활성 산소와 저 농도의 짧은 수명 라디칼을 간접적으로 ESR계측할 수 있게 됐다. 스핀-트랩법의 개척은 분석 기기로서의 ESR분광기를, 의학, 약학, 화학 반응 추적 연구를 지원하는 도구로 발전시키게 되었다. 범용 분석법의 하나에 형광 분광법이 있어, 시료에 도프한 형광 물질을 관측 프로브에 이용하는 방법이 잘 사용된다. 이와 비슷한 방법이 ESR 분광법에도 있다.

니트록시드 라디칼은 화학적으로 안정적인 분자로 알려져 부대전자를 가지므로 ESR에서 쉽게 관측된다. 이 니트록시드는 스펙트럼 선형이 병진이나 회전운동, 용매화 등에 의존하여 결정되므로 관측대상물질의 물성평가에 사용될 수 있다. 이러한 목적으로 라디칼의 ESR 스펙트럼을 측정하는 방법을 스핀 프로브법이라고 부른다[1,2]. 이 방법의 개발로 단백질이나 고분자 등의 운동상태를 조사하거나 특수한 용매환경을 계측하는데 ESR법을 사용할 수 있게 되었다.

7.2 원리

7.2.1 전자의 제만 효과와 마이크로파 공명

ESR에서는 시료 안에 있는 자기 모멘트에 대해 그 다른 양자 상태간의 에너지 차이로 공명 흡수를 일으키는 전자파(ESR에서는 마이크로파)를 조사하여 흡수량을 관측한다.

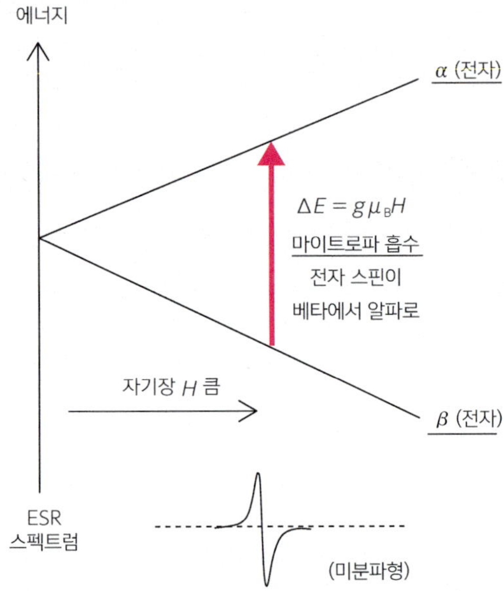

그림 7.1 상자성 종의 제만 분열과 전자 스핀 공명

7

일반적인 환경에서는 자기 모멘트는 축중한 양자 상태를 취하기 때문에 그 에너지는 내부에 특수한 상호작용이 없는 한 양자수에 의존하지 않는다. 그러나 시료에 외부 자기장을 인가하여 전자에 제만 효과를 일으키면 양자수에 의존하여 에너지가 변화하고 양자 상태 간의 에너지 차이를 관측 가능한 크기로 벌릴 수 있다. 그림 7.1에 이 개념을 α와 β의 두 개의 다른 전자 스핀 상태를 가지는 자유 전자에 대해 나타냈다. 자기장 제로로 축중한 전자 스핀 상태(왼쪽 끝)는 자기장을 인가함으로써(그림 중 오른쪽 방향) α 스핀 상태가 고에너지 쪽으로, β 스핀 상태가 저에너지 쪽으로 쉬프트하여 에너지 차이가 생긴다. 따라서, 실험 기술적으로 관측하기 쉬운 크기까지 에너지 차이를 벌리고, 이에 공명하는 전자파를 흡수시키면 ESR을 측정할 수 있다. 공명 주파수와 외부 자기장 *H* 사이에는 다음과 같은 관계가 있다.

$$h\upsilon = g\mu_B H \tag{7.1}$$

여기서 *g*는 관측 대상 자기 모멘트가 나타내는 특유의 비례 계수로 *g*값으로 불리며, 자유전자에서 대략 2.0023이다. 또한, *h*는 플랑크 상수이고, μ_B는 전자의 자석으로서의 크기를 나타내는 물리 상수로 보어 자자라고 불리며, 그 값은 9.274×10^{-24} J T^{-1}이다.

전자의 보어 자자는 NMR이 관측 대상으로 하는 핵자자(5.051×10^{-27} J T^{-1})보다도 자릿수 차이로 크다. 이것이 ESR의 감도를 NMR보다 높이는 요인이 되고 있다. 가장 범용의 ESR 분광장치에서는 X밴드의 마이크로파(9.4 GHz 정도, 파장으로 3 cm 정도)를 이용하기 때문에 예를 들어 υ = 9.4 GHz로 공명하는데 필요한 외부 자기장 *H*는 0.335 T (3350 G)가 된다.

7.2.2 전자 스핀 상태의 볼츠만 분포와 ESR 신호 강도

ESR 분광법의 원리는 양자 상태간에 공명하는 전자파의 흡수를 본다는 점에서 가시 자외선이나 적외선 분광과 같은 범용 분광 분석 방법과 본질적으로 다르지 않다. 그러나 두 가지 점에서 크게 달라 계측에 있어서 주의가 필요하다. 이들을 아래에 개략적으로 설명한다.

첫 번째는 빛과의 상호작용 방법에 있다. 전자 흡수를 측정하는 가시 자외선이나 진동

상태 전이를 관측하는 적외선 분광에서는 관측 대상분자 중의 전하 분포와 전자기파의 진동 전장 성분의 상호작용에 기초한 전기 쌍극자 전이가 흡수를 일으킨다. 한편 ESR 분광에서는 관측 대상 자기 모멘트가 전자파의 진동 자기장과 상호작용하는 자기 쌍극자 전이에 의한 흡수를 관측한다. 전자 자기 모멘트가 전자파의 자기장과 상호작용하는 크기는 전자의 전기 쌍극자 전이에 비해 극히 작기 때문에 ESR의 측정 감도는 가시 자외선이나 적외선 분광에 비해 낮다고 생각해도 된다.

두 번째는 양자 상태간 에너지 차이 ΔE가 두드러지게 작다는 것이다. 그림 7.2에 부대전자의 ESR 측정에서 ΔE 가시 자외선이나 적외선 분광과 비교하여 어떻게 다른지를 개념적으로 나타냈다. 관측이 실온에서 이루어진다고 하여 열에너지 kT와 분광계측에서의 ΔE의 관계를 고찰한다. 일반적인 가시자외나 적외선 분광에서의 ΔE는 열에너지보다 훨씬 크기 때문에 볼츠만 분포를 근거로 생각하면 관측대상은 기저상태에만 분포하고 있다고 봐도 된다. 이 때문에 광흡수량은 기저상태에서 여기상태로의 광전이만 생각하면 되고, 광흡수량은 시료의 농도에 단순히 비례한다. 한편 ESR분광에서는 여기상태(α스핀상태)의 에너지가 작고 열에너지와 길항하며 $kT \ll \Delta E$로 간주할 수 있다. 이러한 조건에서는 α스핀상태의 β스핀상태에 대한 분포비는 예를 들어 $H = 0.34$ T, 온도 300 K에서는 약 0.998이 되며, α스핀과 스핀의 분포에 거의 차이가 없다. 이러한 경우 β스핀상태에서 α스핀상태로의 광전이(흡수)뿐만 아니라 α스핀상태로의 광전이(발광)도 동일하게 고려할 필요가 있다.

ESR 분광에서의 흡수 강도를 전자 스핀 상태의 볼츠만 분포를 근거로 생각하면, 이하의 관계식을 얻을 수 있다[3].

$$\text{흡수강도} \propto H_1^{\,2} h\nu\, (h\nu \,/\, 2kT)\, N = (H_1^{\,2} \nu^2\, N \,/\, T) \times (h^2/2k) \tag{7.2}$$

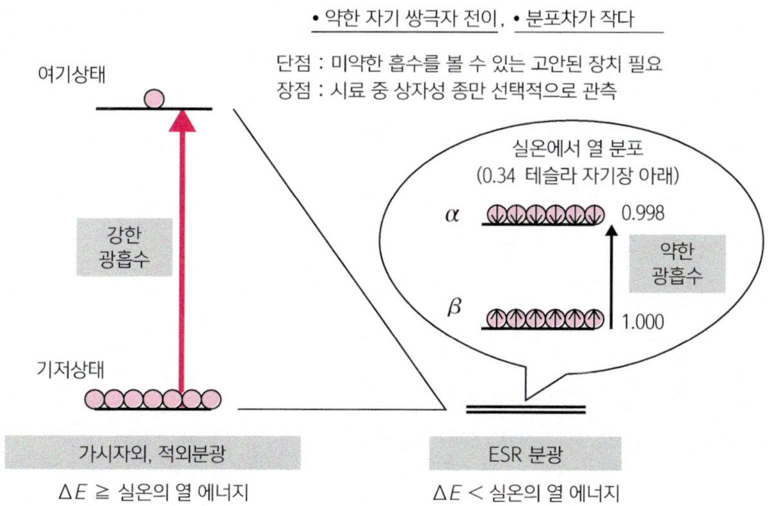

그림 7.2 자기공명(ESR)과 전기공명의 차이

식 중에서 H_1는 마이크로파의 진동 자기장 강도, N은 관측 대상 부대전자의 총수, T는 절대 온도이다. 이 식에서 ESR 신호 강도는 부대전자수에 비례하고 조사한 마이크로파 강도 H_1나 주파수의 제곱에 비례하지만 온도 T에 반비례하는 것을 알 수 있다. 이 식은 관측이 시료의 볼츠만 분포에 영향을 주지 않는 한 성립되지만, 시료에 마이크로파를 너무 흡수시킨다(흡수 포화)라고 볼츠만 분포에서 어긋난 상태에서 공명을 일으키게 되어 이 식의 예측보다 강도가 작아져 버린다. 따라서 ESR 측정에서는 흡수 포화에 세심한 주의가 필요하다.

흡수 포화가 일어나지 않는 조건은 시료에도 크게 의존한다, 전자 스핀 상태가 볼츠만 분포에서 벗어나면 원래대로 돌아가기 위해 스핀 완화가 일어난다. 그 중 하나가 스핀 격자 완화(세로 완화)이고, 알파 스핀이 에너지를 환경(격자)에 방출함으로써 β 스핀으로 돌아가는 과정이다. 이 스핀 격자 완화 시간은 시료에 따라 크게 다르며 전이 금속 이온과 같은 짧은 것으로 10^{-8}초, 유기 라디칼과 같은 긴 것으로 10^{-5}초 정도이다. 또 다른 완화는 스핀-스핀 완화(가로 완화)로, α스핀을 가진 분자와 β스핀을 가진 분자로 부대전자간의 상호작용(전자 교환이나 스핀 쌍극자-스핀 쌍극자 상호작용)이 작용하고 α 스핀이 스핀으로 변환하는 과정이다. 이 과정에서, 분자 집단 전체의 스핀열분포는 변하지 않았지만, 각각의 분자의 부대전자는, α 스핀이 완화되고 β 스핀에 변환할 것이다. 이 스핑–스핀 완화 시간은 라디칼의 농도에 의존한다.

보통 스핀 격자 완화가 빠른 시료에서는 흡수 포화가 일어나기 어렵고, 식 (7.2)대로 흡수 강도를 얻기 쉽다. 또한 자기 종의 농도가 높아지면 스핀-스핀 완화가 빨라지기 때문에 이 경우에도 흡수 포화가 덜 일어난다.

7.2.3 전자 스핀의 에너지

상자성 종의 전자 스핀이 갖는 에너지는 부대전자가 놓인 상태에 의존하여 정해지는 g값이나, 또 부대전자와 그 근방에 있는 원자의 핵 스핀이 상호작용함으로써 생기는 초미세 구조 상호작용에 의존한다. 또 다른 부대전자와의 상호작용이 있으면 미세구조가 나타나거나 ESR 피크의 선폭이나 선형이 단독 부대전자와 달라진다. 이러한 전자 스핀 상태의 에너지 준위는 다음과 같은 해밀토니언으로 나타난다[4-6].

$$\hat{H} = \hat{H}_{\mathrm{Z}} + \hat{H}_{\mathrm{SS}} + \hat{H}_{\mathrm{SI}} \tag{7.3}$$

제1항은 제만 상호작용을 나타낸다. 구체적으로는

$$\hat{H}_{\mathrm{Z}} = \mu_{\mathrm{B}}\, \hat{S} g \cdot H_0 \tag{7.4}$$

로 표현된다. g값은 전자의 궤도 운동에 의한 자기장에 의해 정해진다. $\hat{S}$는 전자 스핀, H_0는 외부 자기장이다. 중원자를 포함한 시료에서는 스핀 궤도 상호작용이 강하기 때문에 g값이 커지고 이 항에 따른 에너지가 커진다.

제2항은 다른 전자 스핀과의 스핀 쌍극자-스핀 쌍극자 상호작용에 대응하며

$$\hat{H}_{SS} = D\,[\hat{S}_z^{\,2} - (1/3)\hat{S}(\hat{S}+1)] + E\,(\hat{S}_x^{\,2} + \hat{S}_y^{\,2}) \tag{7.5}$$

로 표시되는 미세 상호작용이다. 다만 x, y, z는 분자 내의 미세구조 주축이며 대칭성이 좋은 분자에서는 대칭축과 일치하는 경우가 많다. 두 부대전자의 거리가 가까운 경우에 현저하게 나타나는 항이기 때문에 삼중항이나 비라디칼의 경우 혹은 일부 전이금속 착체와 같이 스핀 다중도가 높은 경우에 중요하다. D와 E는 파라미터로 D값은 스핀간의 상호작용이 크기를 E값은 x, y 평면 내에서의 이방성이 얼마나 되는지를 나타내는 제3항은 부대전자를 가진 분자 중에 있는 핵스핀과의 상호작용을 나타내며, 초미세상호작용을 나타낸다. 제만 상호작용에 비해 이 상호작용을 무시할 수 있는 고자기장 하에서는 근사적으로

$$\hat{H}_{SI} = \hat{S} \cdot A \cdot \hat{I} = A_{zz}\,\hat{S}_z\,\hat{I}_z \tag{7.6}$$

로 표현된다. 다만, A_{zz}는 초미세 구조 상수 A(텐서)의 zz 성분이고, I_z는 핵 스핀 연산자이다. 이 항에 의존한 스펙트럼을 통해 관측 대상이 어떤 핵 스핀을 가진 원자를 포함하고 있는지 추측하여 각 원자핵 상에 분포한 부대전자의 스핀 밀도를 구할 수 있다. 즉, 이 항의 정보로부터 라디칼의 구조를 결정할 수 있다.

7.3 ESR로 무엇을 측정할 수 있는가

7.3.1 상자성 종 관측

ESR 분광의 특징은 부대전자를 가진 상자성 물질만을 선택적으로 관측하고 그 물질의 다양한 정보를 얻을 수 있다는 점이다. ESR 분광의 관측 대상은 상자성 분자와 분자 집합체, 고체 물질이다. 분자로는 활성산소나 반응 중간체 라디칼, 전이금속 화합물, 삼중항 등의 광 여기 다중항 상태 분자가 있다. 분자 집합체나 고체 물질로는 반도체나 자성체 물질, 광섬유나 결정의 칼라 센터, 그래파이트나 다이아몬드, 산화물 초전도체, 촉매나 광촉매, 도전성 고분자 등이 있다. 지금까지 연구되어 온 주요 대상에 대해서는 표 7.1에 정리했다[12]. 또, 이하에 ESR 분광으로 실시할 수 있는 주요 항목을 정리한다.

표 7.1 주요 ESR 연구분야의 예

라디칼 화학	기저상태, 광화학
유기반응 중간체, 라디칼 중합, 안정 유기 라디칼, NOx, 원자, 연소 반응	유기 삼중항, 유기EL, 광반응 중간체
바이오스핀	**전이금속, 무기화합물**
· 라디칼 스핀 트래핑 · 활성산소, 비타민 · 스핀 라벨링과 폴리머와 단백질 다이내믹스 · 생체 이미징	착체, 햄단백, 구리와 망간함유단백질, 촉매, 제올라이트, 광합성 반응 중심
분석	**물질과학**
· 무기물 연대 측정, 화석, 뼈, 치아 · 석유석탄평가(VO)	전도성 폴리머, 다이아몬드, 반도체, 분자 자성, 양자컴퓨터, 스핀파, 컬러중심, 광섬유

7

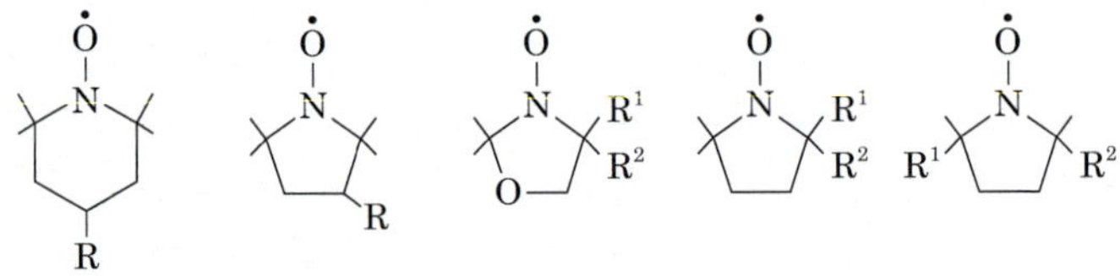

그림 7.3 니트록시드 라디칼 구조

① 초미세 구조에 기초한 부대전자를 가진 분자의 동정
② 부대전자의 양 관측
③ 부대전자를 가진 분자와 관련된 화학 반응 속도의 크기
④ 부대전자의 비국재화를 스핀 밀도 견적에서 평가
⑤ 부대전자를 가진 분자 간의 상호 작용 크기

7.3.2 상자성 종을 프로브로 한 관측

전항에서는, 시료 중에 발생하고 있는 부대전자가 관측 대상인 경우를 말했다. 이 밖에, 기존의 부대전자를 가진 분자를, 부대전자를 갖지 않는 관측 대상 자료 중에 도프하고, 시료의 물성을 ESR에서 프로브하는 방법도 있다. 이런 방법은 전술처럼 스핀 프로브 법으로 불린다. 프로브 분자로 널리 이용되는 것은 불안정한 과격 분자로 알려진 니토록시드 라디칼(그림 7.3)이다.

이들 ESR스펙트럼 선형 해석에서 라디칼의 운동 상태를 추측하고, 관측 대상의 물성을 조사한다. 또 또한, 니트록시드를 시료 분자에 화학 결합으로 연결하여 분자 전체의 운동을 니트록시드의 ESR 스펙트럼에서 추측할 수도 있다. 이 방법은 스핀 라벨법으로 불리며, 표 7.2 같은 니트록시드를 연결하기 위한 시약이 있다. 이상과 같은 관측을 포함한 니트록시드를 이용한 ESR관측이 실시되는 예를 정리하면

① 단백질의 회전 확산, 접힘 등의 분자 운동
② 막 중의 분자의 회전 확산
③ 용액이나 고체 중에서의 용질 분자 회전 확산
④ 선폭 계측에 바탕을 둔 산소 농도의 모니터를 들 수 있다.

특히 ①은 프로브 라디칼을 두 개 도핑한 단백질에 대한, 라디칼 간의 스핀 쌍극자-스핀 쌍극자 상호 작용의 크기를 ESR로 계측하는 특수한 기법이다. 이에 따른 나노미터 규모의 프로브 간 거리 측정을 실시하고, 단백질의 분자 운동의 역동성이 평가된다.

표 7.2 주된 스핀 라벨제

라벨할 장소	라벨제
시스테인 잔기 아미노산	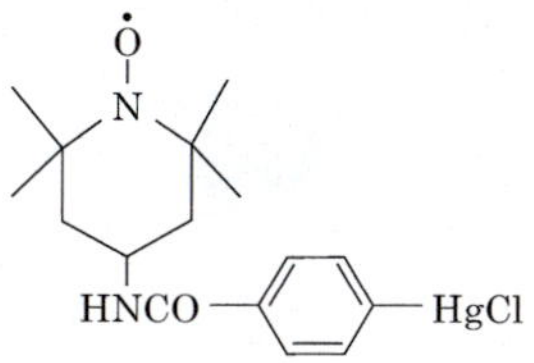 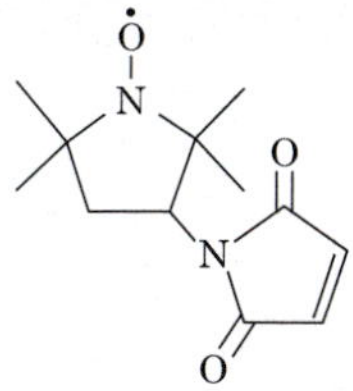 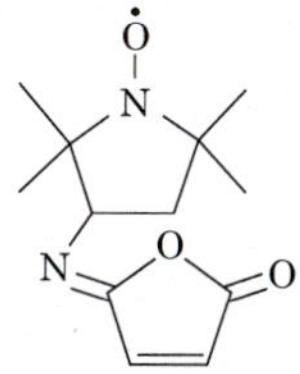
핵산	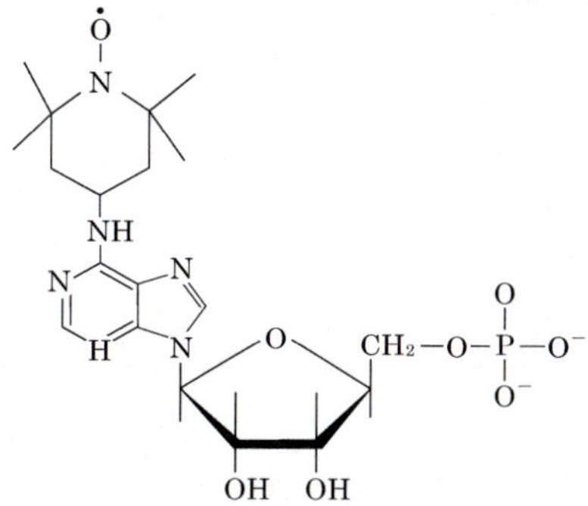 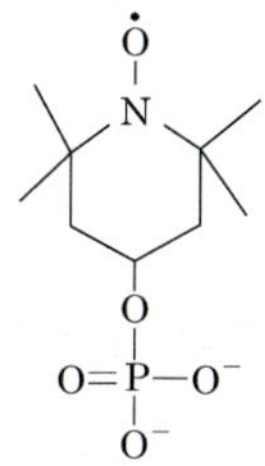
헤모글로빈	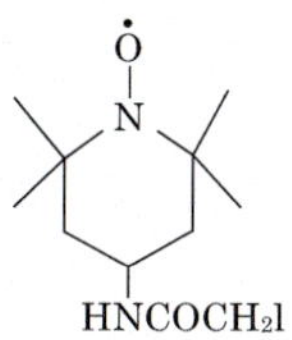 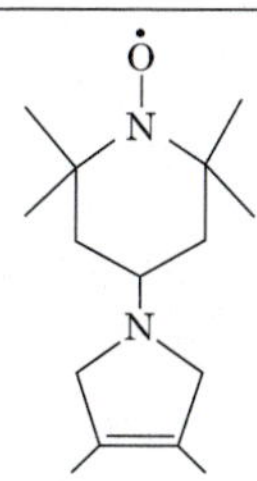
당	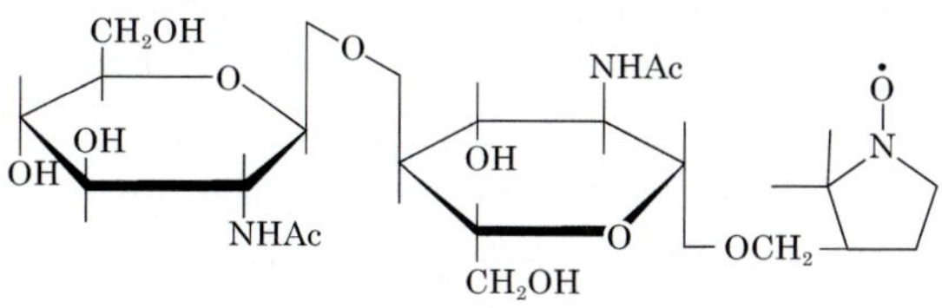
지방산	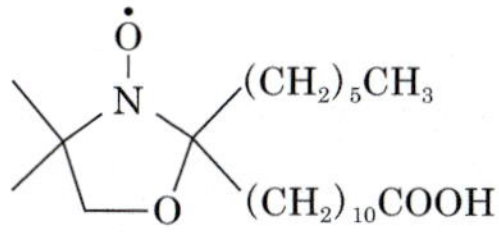 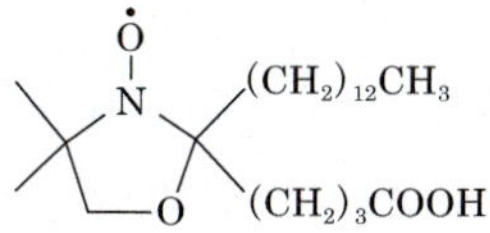
인지산	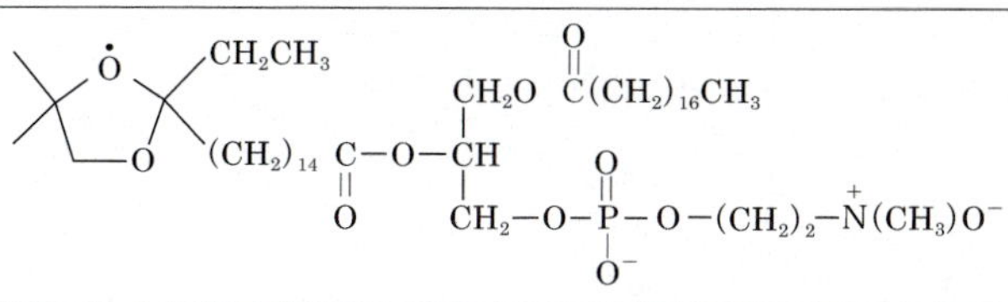

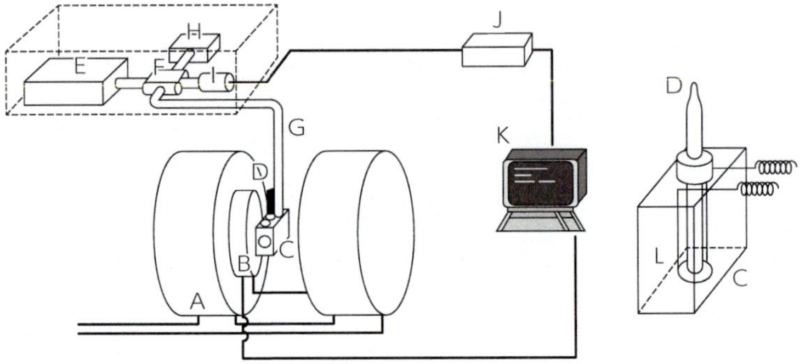

그림 7.4 ESR 분광장치 개념도

A: 전자석, B: 폴피스, C: 공동공진기(캐비티), D: 시료관 E: 마이크로파 발진기(건다이오드), F: 매직 T, G: 도파관, H: 튜너, I: 검파 다이오드, J: 증폭기, K: 컴퓨터, L: 자기장 발생용 코일

7

7.4 장치의 개요 (주의 사항 포함)

그림 7.4에 ESR분광 장치의 전체상의 개념도를 보였다. 외부 자기장을 주는 자석(A)의 홀 피스(B)안에 한결같은 자기장이 발생했고, 여기에 마이크로파 공진기(C)를 설치한다. 시료관(D)는 (C)안에 설치한다. 관측용의 마이크로파는 건 다이오드 등의 기본으로서 마이크로파 발진기(E)에서 발생하고, 이것을 매직 T(F)에 넣는다. (F)에서는 도파관(G)와 튜너(H)에 마이크로파가 양분된다. (G)를 진행한 마이크로파는 (C)에 들어가서 반사되어 (F)에 돌아간다. 통상, 자기 공명이 안 일어나는 조건으로 (C) 입구의 구멍의 크기를 아이리스로 조정하고 마이크로파의 복귀가 검출 다이오드(I)에 들지 않도록 한다. 만약 자기 공명이 발생하면, (G)과 (H)의 반사파의 균형이 무너지고 (I)에 마이크로파가 들어가 전류가 검출된다. 이 신호 전류는 증폭기(J)에서 증강되어 제어용 컴퓨터에서 스펙트럼으로 나타난다. 그러나, ESR 같은 GHz의 고주파 신호는 잘 증폭할 수 없기 때문에 기술하는 자기장 변조 기술을 이용한다. 즉, 시료에 걸리는 외부 자기장에 대해, 자기장 발생용 코일(L) 100 k Hz정도의 자기장 변조를 곱하여 이 주파수에 동기화한 성분을 검출한다. 이 방법으로 증폭이 쉽게 되고, 저잡음의 ESR신호를 얻을 수가 있다.

7.4.1 관측용 마이크로파

ESR에서 사용하는 마이크로파에는 X밴드 이외에 몇 가지가 있다. 이것들을 표 7.3에 정리했다. L밴드는 물의 유전 상실(물에 의한 마이크로파 흡수)이 적기 때문에 수용액이나 생체시료의 측정에서 많이 이용된다. X밴드에 비해 ΔE가 작기 때문에 흡수강도는 상대적으로 작아지고 감도가 낮은 것이 문제가 된다. K, Q, W 밴드는 모두 X 밴드보다 ΔE가 크고 흡수 강도가 커진다. 또한 제만에너지가 특히 큰 W 밴드에서는 g값의 이방성에 의한 피크의 분열이 더 두드러지게 관측된다. 그러나 이들 분광기는 X 밴드에 비해 고가인 경우가 많다.

마이크로파는 캐비티 안에 에너지를 축적함으로써 가능한 한 강한 마이크로파의 진

표 7.3 ESR에서 이용되는 마이크로파 주파수

밴드명	대략적인 주파수 (GHz)	파장(cm)	g = 2에서의 자기장 강도 (T)	특징
L밴드	1	30	0.0356	수용액으로 사용 가능
X밴드	9.4	3.2	0.334	범용 기기
K밴드	24	1.2	0.853	
Q밴드	34	0.88	1.21	비교적 높은 g값 분해능
W밴드	94	0.032	3.34	초전도 자석, 높은 g값 분해능, 가느다란 시료관

동 자기장을 시료에 조사한다. 용도에 따라 다양한 캐비티가 있으며, 그 일례를 그림 7.5에 나타냈다. ESR은 약한 흡수 현상이기 때문에 마이크로파를 공진기(캐비티)에 축적하여 가급적 강한 마이크로파의 진동 자기장을 시료로 조사한다. 예를 들어 TE_{011} 모드의 캐비티(그림 7.5(a))에서는 마이크로파 진동 자기장이 최대가 되는 중심축을 따라 샘플관을 설치한다. 이 외의 장소는 진동 전장과 시료의 상호작용으로 마이크로파가 손실되기 때문에 계측에 장해가 된다.

7

7.5 조작 방법(시료의 전처리를 포함, 주의사항 포함)

7.5.1 마이크로파 강도의 조정

*Q*치는 캐비티 중의 마이크로파 강도를 아는 기준으로 다음 식

$$Q = (\text{공진기에 축적된 에너지}) / (\text{공진기에서 손실된 에너지}) \tag{7.7}$$

에서 주어지는 *Q*값이 사용된다. 이 값이 높을수록 공진기 중의 마이크로파가 강한 것을 나타낸다. 시료를 넣었더니의 캐비티의 *Q*값이 1000 이상일 경우, 마이크로파가 충분히 캐비티 내에 들어 있다고 생각하고 좋다. 마이크로파는 발진기에서 공진기의 출력이 최대(200 mW 정도가 많은)까지 신호 검출계가 안정을 작동하도록 공진기의 조정하는 것이 바람직하지만, 필수는 아니다. *Q*값이 100 이하의 현저하게 낮은 시료의 경우, 신호 검출계가 안정을 동작할 수 있는 마이크로파 출력 최대값은 낮아진다. 가능한 한 큰 출

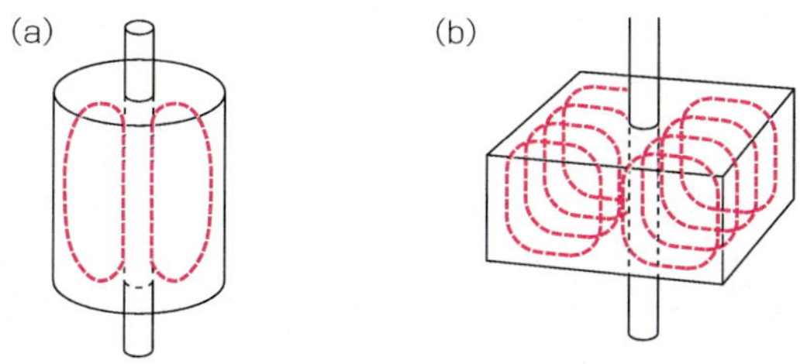

그림 7.5 ESR에서 이용되는 마이크로파 공진기의 예
(a) TE_{011} 캐비티, (b) TE_{102} 직사각형 캐비티. 파선은 마이크로파 자기장

력까지 안정 동작하도록 장치 매뉴얼에 따라서 조정한다. 마이크로파 출력은, 높은 편이 신호 강도를 높이는 경우가 많다. 그러나 시료의 마이크로파 흡수가 포화되어 버리면, 신호의 증대는 개대할 수 없고 오히려 스펙트럼 선형이 브로드가 되고 시료 본래 흡수 강도나 선형을 못 얻는다.

그러므로, 흡수 포화가 일어나지 않는 범위에서 마이크로파 출력을 설정하는 것이 좋다. 흡수 포화가 일어나는 조건은 시료의 종류나 양, 온도 등 다양한 인자에 의해서 바뀌므로 주의가 필요하다.

7.5.2 변조 자기장의 크기

변조 자기장을 이용한 계측법은 미약한 ESR신호를 낮은 잡음으로 검출하기 위해서 도입됐다. 라디오 수신 원리와 닮았고, 변조 자기장 주파수에 동기화한 성분만을 관측함으로써 노이즈를 제거한다. 그 자세한 내용은 문헌[1,7] 혹은 그림 7.6을 참조하기 바란다.

변조 자기장에 관한 파라미터는 두 가지다, 하나가 변조 주파수, 또 하나가 변조 자기장 강도이다. 변조 주파수는 100 kHz가 일반적으로, 이 값이 장치 설정의 기본이 되는 ESR분광기가 많다. 실험실의 소음에 특수한 주파수 의존성 등이 없는 한, 100 kHz에서 좋다. 만약 수명이 밀리초 정도의 불안정 상자성 종을 고속으로 ESR측정하는 경우는 100 kHz의 자기장 변조가 시간 분해능을 제한하는 것으로, 주파수의 검토가 필요하다.

한편, 변조 자기장 강도에 대해서는 상당히 주의가 필요하다. ESR 스펙트럼의 피크를 측정할 때 변조 자기장의 크기가 피크 선폭보다 크면 자기장 변조에 의해 ESR 신호가 피크를 벗어나 버린다. 또한 신호 강도가 감소하거나 피크 선형으로 왜곡이 발생하기도 한다. 자기장 변조에 의한 선형 변화는 모듈레이션 브로드닝이라고 불리며 스펙트럼 선폭을 증대시키는 경우가 많다. 선폭은 스핀 역학에 대한 중요한 정보를 주므로 올바르게 측정할 필요가 있다. 그 때문에 변조에서 브로드닝이 일어나면 신호 강도도 정확하

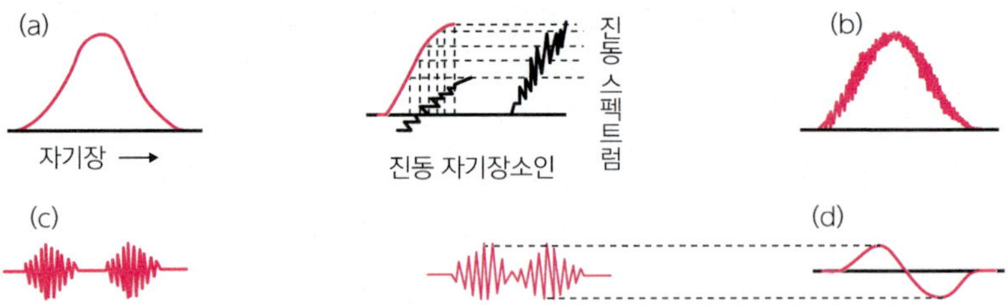

그림 7.6 변조 자기장에 의한 ESR 신호 증폭 장치

(a) 검파기(1)에서 나오는 흡수 스펙트럼, 신호는 직류로 증폭되기 어렵기 때문에 자기장에 변조 코일(L)에 의해 100kHz 정도의 진동 자기장을 가하여 신호에 진동 성분을 가한다. (a) 오른쪽 (b) 진동 성분이 더해진 스펙트럼. 진동 자기장에 의해 발생하는 교류 신호는 자기장이 진동하면서 소인되기 때문에 흡수 스펙트럼의 경사가 큰 곳에서는 진폭이 크고 경사가 작다. 어떤 곳에서는 진폭이 작아진다. 진동 자기장의 진동 폭(변조 폭)은 흡수 스펙트럼의 공명 선폭(미분 곡선의 두 꼭짓점 거리)의 1/5~1/8이 적당하고, 과대하면 선형이 어긋나고, 과소하면 신호가 작아진다.
(c) (b) 신호를 변조 주파수 근처의 주파수만을 통과시키는 협대역 증폭기로 증폭하면 (c) 의 교류 신호가 된다. (c)를 위상 검파하면 교류신호의 왼쪽 절반과 오른쪽 절반은 위상이 역전되므로 (d)의 미분 파형을 얻을 수 있다.
(d) 컴퓨터에 묘사된 스펙트럼은 이 미분 파형으로 되어 있다.

지 않게 되므로 주의가 필요하다. 따라서 신호가 충분히 강한 한 변조 자기장의 크기를 피크 선폭보다 가능한 작게 설정하여 스펙트럼 선형이 왜곡되지 않도록 할 필요가 있다.

7.5.3 외부 자기장 및 마이크로파 주파수 보정

외부 자기장에 대해서는 가우스미터를 이용하거나 Mn^{2+}마커의 동시 측정으로 실시하는 것이 일반적이다. 마이크로파 주파수에 대해서는 시판 주파수 카운터에 의한 계측이 바람직하다. 또, *g*값을 정확하게 알고 있는 Mn^{2+} 마커를 시료와 동시 계측하여 시료의 *g*값을 결정할 수도 있다. 후자에 대해서는 그림 7.7에 관측 예를 나타냈다. Mn^{2+}의

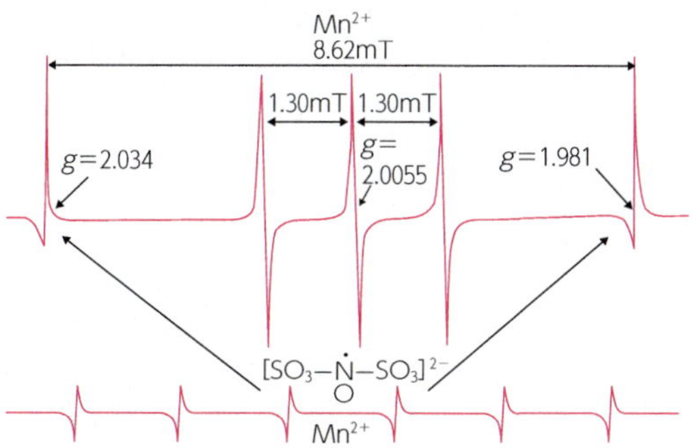

그림 7.7 Mn^{2+} 마커에 따른 g값의 계측

시료와 마커는 자기장 변조의 위상이 다르므로 스펙트럼의 위상이 반대이다.

표 7.4 주된 표준 시료

명칭과 구조	조제법	g 값	용도
DPPH 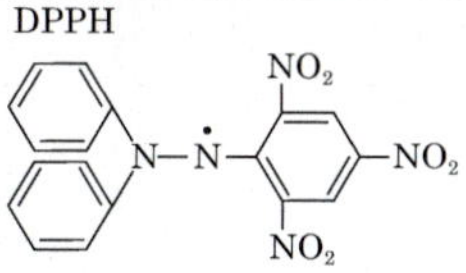	10^{-4} mol / L의 벤젠 용액	2.00354	감도 테스트 스핀량의 정량 g값 측정
Li-TCNQ 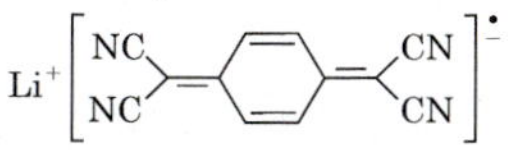	분말	2.0026	g값 측정
2가 망간 이온 Mn^{2+}	MgO에 분산(시판)	3번째 2.034 4번째 1.981	자기장 소인폭 교정 g값 측정(근사적)
프레미 소금 $K_2[NO(SO_3)_2]$	2~5 mg수용액에 K_2CO_3를 1~2 mg 첨가한 약 알카리성 액	2.0055	g값 측정 자기장 소인폭 교정
페릴렌 양이온 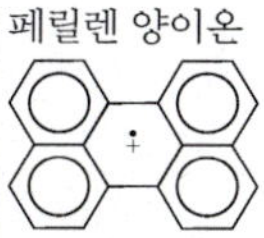	0.252 g의 진한 황산 1 mL 용액	2.00250	분해능 테스트
카본 블랙	0.001 wt%에 KCl 분말로 희석	2.000 부근	감도 테스트

6개의 피크가 관측되는 자기장 범위라면, 마커의 g값으로부터 미지 시료의 *g*값을 계산할 수 있다. 시료의 피크가 Mn^{2+}의 피크의 자기장 범위로부터 크게 어긋나 관측되는 경우는 문제가 있다. 이것은 ESR 장치의 소인 자기장이 정확하지 않은 경우가 많기 때문으로, 이 방법으로 *g*값을 결정하는 것은 어렵다. 표 7.4에 기타 자주 이용되는 표준 시료를 정리했다.

7.5.4 시료의 조정과 시료관

ESR 관측 대상인 자기 모멘트는 그 근방에 산소 분자가 존재하면 산소 분자의 자기 모멘트와 상호작용하여 에너지가 흔들린다. 그 때문에, ESR 스펙트럼의 선폭이 증대되고, 측정 감도가 떨어진다. 이 때문에, ESR 관측에서는 시료 중에서 용존산소를 제거한다. 이 작업에는 주로 두 가지가 있다. 하나는 시료를 석영 시료관 안에 봉해 버려 시료에 공기가 섞이는 것을 피하는 방법이다. 다른 하나는 용액시료에 대하여 용액 중에 질소나 아르곤가스를 버블링하여 탈산소하는 방법이다. 전자에서는 진공라인에 시료를 접속하고 freez-pump-thaw 사이클에 의해 탈산소한다[1,7]. 후자에서는 질소나 아르곤가스의 봄베와 접속한 튜브의 선단에 대해 주사바늘이나 테프론 튜브를 부착하고 이를 용액시료에 삽입하여 버블링한다. 이때 질소나 아르곤가스는 시료의 용매와 같은 용매 속을 버블링시켜 용매증기로 포화시킨 후 시료로 보내면 된다. 이 조작에 의해 버블링에서 시료로부터의 용매 증발을 적게 억제하고 시료용액의 농도를 일정하게 유지한다.

시료셀로서는 TE_{011}과 같은 공진기에는 원통관이, 또 TE_{102} 직사각형 공진기에는 평행평판 셀이 바람직하다. ESR 계측에서 자주 이용되는 셀의 형상에 대해서 그림 7.8에 나타냈다. 셀의 재질에 대해서는 불순물이 적은 점에서 석영제가 우수하다. 유리 셀은 불순물로 인한 ESR 신호 등을 쉽게 관측할 수 있어 측정에 방해가 된다.

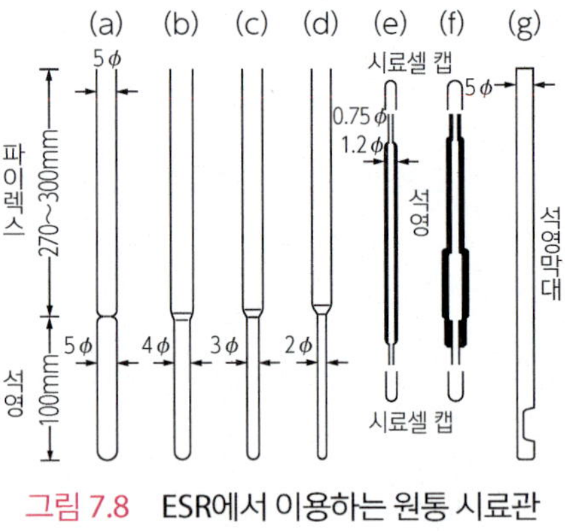

그림 7.8 ESR에서 이용하는 원통 시료관

(a) 일반용 (b)~(d) K 밴드용, X 밴드에서도 사용 가능, Q 로스가 큰 용매용, (e), (f) 수용액 시료용, (g) 단결정 각도 회전용.

(1) 시료의 농도

용액의 경우, 후술한 바와 같이 상자성 종 간의 상호작용이 없을 정도까지 희석할 필요가 있다. 표 7.5에 그 암자를 나타낸다. 물이나 에탄올, 톨루엔 등 일반적인 저점성 용매에서는 라디칼 농도를 10^{-4} mol/L 이하 정도로 조정하는 것이 좋다. 특히 작은 초미세분열(hfs) 피크를 정확하게 측정하고 싶다면 농도를 가급적 낮게 억제한다.

표 7.5 용액 시료의 농도를 낮춘다.

프리라디칼	약 10^{-4} mol/L
착체와 같은 금속 이온	10^{-3}–10^{-4} mol/L
hfs 측정	10^{-5} mol/L

(2) 시료의 온도

전자 스핀이 만드는 자화는 β 스핀 분포

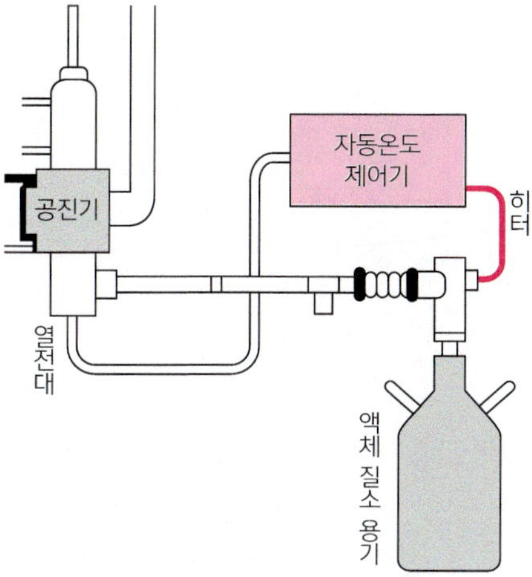

그림 7.9 시료 온도 조절기

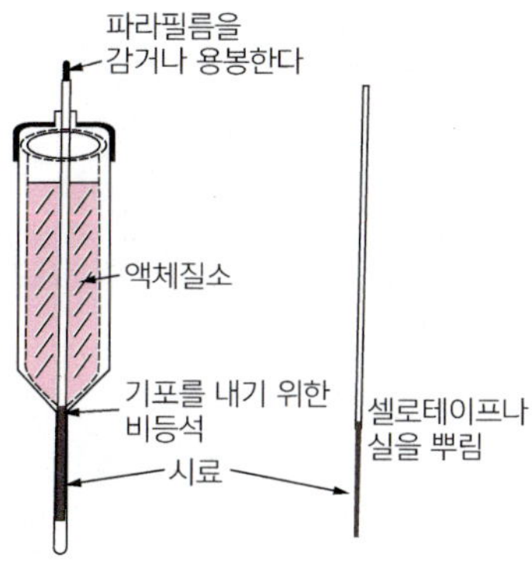

그림 7.10 시료 냉각을 위한 액체 질소 듀어병

비가 많아지는 저온일수록 커진다. 따라서 특별히 실험상의 문제가 없는 한 저온에서 측정하는 것이 스펙트럼의 강도가 커져도 좋다. 시료를 저온으로 만들기 위해 저온 질소나 헬륨 가스를 시료에 뿌린다. 이러한 온도 조정 장치는 시중에 판매되는 것이 있으며, 그림 7.9와 같은 액체 질소와 히터의 조합으로 –100℃에서 100℃ 정도의 범위의 가스를 분사할 수 있다.

이밖에 액체질소에 직접 시료를 넣어 동결시키고 측정할 수도 있다. 이 경우 그림 7.10에 나타낸 것과 같은 듀워병을 공진기 안에 설치하여 이용한다. 시판 듀워병이 석영제일 경우에는 자외광을 투과시킬 수도 있으며, 후술한 바와 같이 광조사 하에서의 실험도 가능하다. 듀워병을 이용한 액체 질소 온도 77 K에서의 실험에서는 듀워병의 외벽에 서리가 생기는 경우가 있다. 이러한 수분은 공진기의 Q값을 바꾸어 버려 ESR 측정 감도를 낮추거나 측정 신호 기준선에 완만한 변동을 주게 된다. 이 때문에, 공진기 중에 건조 공기나 질소가스를 유통시키고, 공진기 내를 수분이 없는 기체로 채운다. 액체 질소를 이용한 실험에서는 듀워병의 바닥에서 질소가 기화하여 거품이 일게 된다. 이 현상은 Q값의 랜덤 변동으로 이어져 ESR 신호를 크게 상하로 변동시킨다. 그러므로, 상자성 종의 ESR 신호를 구별할 수 없게 된다. 이러한 질소가스의 기화를 막기 위해 듀워병 안의 액체 질소를 펌프로 진공 제거하고 기화열을 빼앗음으로써 액체 질소를 강제로 과냉각 상태로 만든다. 액체 질소가 과냉각 동안에는 기화가 일어나지 않으므로 ESR 신호의 베이스라인이 안정화된다.

(3) 시료의 설치

조정한 시료는 ESR 측정용 시료관에 넣어 마이크로파 공진기 중에 설치한다. 시료는 마이크로파의 유전 손실을 가급적 피하기 위해 마이크로파 자기장만이 강하고 마이크로파 전기장이 작은 장소에 설치한다. 그러므로 예를 들어 TE_{011} 모드의 유니버설 캐비티에서는 공진기의 중심선(그림 7.11 오른쪽 실선) 부분이 마이크로파의 자기장 성분(x

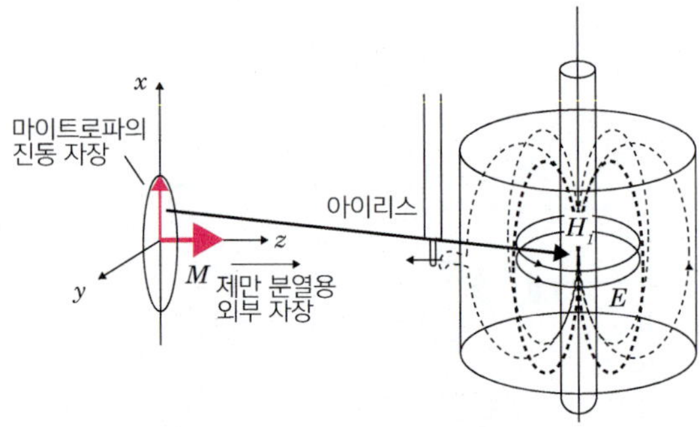

그림 7.11 공진기 중에 발생하는 마이크로파의 진동 자기장 H_1과 시료관의 설치 위치

7

방향)만 존재하는 공간이므로 여기에 시료를 둘 수 있도록 시료셀에는 원통으로 반지름이 작은 석영관을 이용한다. 다른 모드 공진기에서는 마이크로파 자기장 성분만의 공간 형상이 다른데, 이에 맞춘 셀이 바람직하다. 예를 들어, TE_{012} 모드의 직사각형 캐비티(그림 7.5)에서는 깊이가 짧은 직사각형 플랫 셀이 바람직하다.

이러한 시료의 배치에 대하여, 제만 상호 작용을 일으키기 위한 외부 자기장은 전자석에 의해 Z 방향으로 만들어진다. 마이크로파 진동 자기장과 외부 자기장은 서로 수직인 것이 일반적이다.

7.5.5 용매

액체 시료의 용매는 실험 목적에 맞는 것을 선택하는 것이 제일인데, ESR 측정의 감도에 대해서도 주의가 필요하다. 측정용 마이크로파는 그 진동 전장 성분이 용매와 상호작용하면 상실된다. 이는 공진기의 Q값 저하를 초래하여 감도가 저하된다. 따라서, 이용하는 용매는 가급적 유전율이 낮은 것이 좋다. 특히 물은 현저하게 마이크로파를 손실시키므로 알코올 등의 용매에서는 탈수처리를 하면 좋다. 표 7.6에 대표적인 용매의 성질에 대하여 표시하였다.

용매의 점성은 분자의 확산 운동에 영향을 준다. 예를 들어 회전 속도가 느려지면 시료분자의 값이나 초미세 상호작용의 이방성이 ESR 스펙트럼에 나타난다. 또한 스핀 완화시간에도 변화가 일어나기 때문에 스펙트럼이 브로드해지는 경우가 있다. 이러한 스펙트럼 변화가 바람직하지 않은 경우에는 가급적 점성이 낮은 용매를 선택하는 것이 좋다.

고상에서는 시료 분자는 회전이나 병진 확산할 수 없다. 이를 이용하여 듀렌, 나프탈렌 등의 결정에 유기 분자 시료를 도프하거나 폴리에틸렌 등의 고분자 중에 시료 분자를 도프하여 연신함으로써, 분자의 배향을 정한 ESR 스펙트럼 측정을 수행할 수 있다. 이는 분자 내의 이방적 상호작용을 알 때 도움이 된다.

7.5.5 시료의 설치

공진기 중에 셀을 설치할 때는 분광기 제조사가 준비한 셀 설치용 부품이 있으며, 이를 이용하는 것이 일반적이다. 설치 시 시료를 전기장 성분이 존재하는 영역에 두지 않도

표 7.6 주된 용매의 특징

용매	비점(℃)	유전율(25℃)	특 징
벤젠	80	2.25	극성 소, 용해력 대, 독성 주의
톨루엔	111	2.38	위와 같음
디메톡시에탄(DME)	85.2	5.50	메탈 환원용
테트라히드로퓨란(THF)	66	7.58	용해력이 크고 알칼리에 안정적이며 메탈 환원용
디클로로메탄	39.7	8.93	전해 산화 반응 일반
에탄올	78	24.55	저온 시 전해 반응용
메탄올	65	32.70	위와 같음
디메틸포름아미드(DMF)	153	36.71	극성 대, 전해 환원용
디메틸술폭시드(DMSO)	189	46.68	극성 대, 용해력 대, 전자 이동 반응용
아세토니트릴	81.6	37.5	극성 대, 전해반응 일반
물	100	78.39	생체 시료용, Q값 저하
황산	-	-	양이온 라디칼 조제용, Q값 저하

록 주의한다. 설치시 ESR 마그넷 안에 손을 넣어 작업하기 때문에 ESR의 자기장이 켜져 있지 않다는 점에 유의한다. 드라이버 등의 금속성 도구를 무심코 넣어 전자석에 끌려가 셀 등을 파손하지 않도록 주의한다. 다루는 시료가 상자성 종이기 때문에 캐비티 내에서 시료용액을 흘리거나 고체시료를 떨어뜨리지 않도록 주의한다. 캐비티 내에 깜빡 흘린 시료는 불순물 피크로 ESR 스펙트럼에 나타나 스펙트럼의 해석을 잘못하게 한다.

만약 흘리면, 캐비티를 해체하고 세척하거나 업체에 세척을 의뢰한다. ESR은 공통 기기로 사용하는 경우가 많기 때문에, 다른 사용자가 불순물 신호 때문에 잘못된 결론을 도출하지 않도록 캐비티를 깨끗하게 유지하고 싶다.

7.5.6 일반적인 주의점

ESR 측정에서는 관측 조건이 다양하므로 이를 기록해 둔다. 아래 항목들은 특히 중요하다. 측정일, 측정자, 시료명과 농도, 용매, 셀의 형상(지름 등), 마이크로파 주파수와 출력, 변조자기장, 시정수, 앰프배율, 중심자기장과 소인범위, 자기장 소인시간, 공진기Q값, 측정온도.

7.6 결과의 견해와 해석 방법

ESR 스펙트럼이 관측되면 그 스펙트럼 패턴을 해석하고 관측 대상인 상자성 종에 대한 정보를 끌어낼 수 있다. 스펙트럼에는 전자 스핀 상태의 에너지 분열을 반영하는 피크가 나타나기 때문에 7.2.3항에서 언급한 상호작용이 관여된 패턴이 나타난다.

아래에 주요 상호작용으로 초미세 상호작용 H_{SI}, g값에 의존하는 제만 상호작용 H_Z, 미세 상호작용 H_{SS}에 대해 ESR 스펙트럼에 어떤 피크가 나타나는지를 설명한다. 처음

표 7.7 주된 원자의 스핀 양자수

원자핵	스핀양자수(I)	원자핵	스핀양자수(I)	원자핵	스핀양자수(I)
^{1}H	1/2	^{16}O	0	^{55}Mn	5/2
^{2}H	1	^{17}O	5/2	^{59}Co	7/2
^{12}C	0	^{19}F	1/2	^{61}Cu	3/2
^{13}C	1/2	^{27}Al	5/2	^{63}Cu	3/2
^{14}N	1	^{31}P	1/2		

에 전자 스핀이 하나밖에 없는 라디칼을 예로 들어 기본적인 사항을 해설하고 이어서 전자 스핀이 여러 개 있는 경우를 간단히 다룬다.

7

7.6.1 라디칼의 초미세 구조

수소나 질소, 인 등의 핵 스핀을 가진 원자를 포함한 라디칼을 관측할 경우 ESR 스펙트럼에 이들 핵에 의한 에너지 분열이 관측된다. 이 정보는 라디칼의 구조를 추측할 때 중요한 단서가 된다. 핵 스핀을 가진 원자의 주된 것에 대해 표 7.7에 정리했다[1-4]. 화학물질에 포함된 ^{12}C나 ^{16}O은 핵 스핀을 가지지 않으므로 ESR 스펙트럼에 영향을 주지 않는다.

여기서 우리는 몇 가지 간단한 라디칼에 대한 스펙트럼 분석의 예를 설명한다. 먼저, 핵 스핀을 갖는 원자로서 수소만을 갖는 라디칼에 대해 설명한다[3].

(1) 수소 원자

수소 원자의 기상에서의 ESR 스펙트럼은 그림 7.12에 나타낸다. 이 스펙트럼에는 508G로 분열된 2개의 피크가 나타나 있다. 이는 수소 원자의 핵스핀이 α인지 β인지에 의존하여 전자스핀의 에너지 쉬프트 방향이 바뀌고 전자스핀 상태의 ΔE가 수소 핵스핀에 의존하여 다른 것에 대응한다. 이를 그림 7.13에 개념적으로 나타내었다.

(2) 메틸 라디칼

그림 7.14(a)에 메틸 라디칼의 ESR 스펙트럼과 그 구조를 나타냈다. 메틸 라디칼은 그림 7.14(a)에 나타낸 평면 구조를 가지는 유기라디칼로, 3개의 수소 원자가 등가인 것이

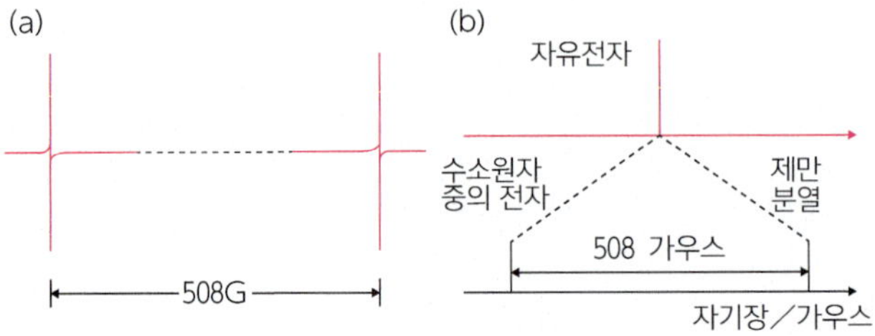

그림 7.12 수소 원자의 ESR 스펙트럼과 그 초미세 구조
(a) 기상 수소 원자의 ESR 스펙트럼, (b) 수소 원자의 초미세 구조

특징이다. 스펙트럼에는 4개의 피크가 나타나며, 안쪽의 2개와 바깥쪽의 2개가 각각 등강도이다. 또한 4개의 피크 간격은 일정하게 되어 있다. 이러한 라디칼의 초미세 구조는 3개의 등가 수소 원자로 그림 7.14(b)와 같이 설명될 수 있다.

각 수소 원자는 각각 같은 크기만큼 전자스핀 상태를 분열시킬 수 있다. 따라서 그림 7.14(b)의 맨 위의 자유 전자의 피크에 대하여, 첫 번째 수소 원자가 분열을 주고, 두 번째 열의 2개 피크가 된다. 이것이 다음 수소 원자에서 같은 크기만큼 분열하기 때문에, 세 번째 열과 같은 12 : 1 강도 비율의 스펙트럼을 준다. 이하, 마찬가지로 세 가지 수소에 의한 분열을 고려하면, 최종적으로는 1 : 3 : 1 스펙트럼이 된다.

(3) 벤조세미퀴논

메틸 라디칼과 같은 생각은 등가의 수소가 여러 개로 이루어진다, 그림 7.15(a)는 벤조퀴논을 환원하여 만든 벤조세미퀴논 라디칼의 ESR 스펙트럼이다. 이 라디칼에서는 그림 7.15(b)에 나타낸 네 개의 수소가 등가에 부대전자와 상호작용하기 때문에 메틸 라디칼과 마찬가지로 초미세 구조를 해석할 수 있다. 이 라디칼의 경우는 1 : 4 : 6 : 4 : 1의 강도비로 등간격으로 분열된 피크가 관측된다. 이와 같이 4개의 수소가 등가임을 ESR에서 알 수 있기 때문에 벤조세미퀴논 라디칼의 부대전자는 π공역계로 퍼져 있어 각 수

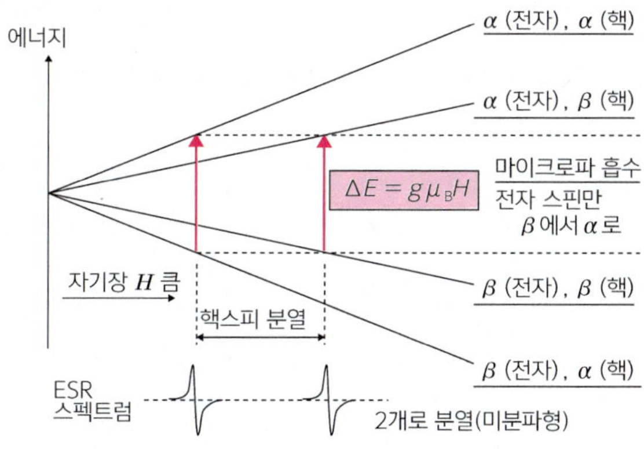

그림 7.13 수소원자의 제만 에너지 준위와 초미세 구조

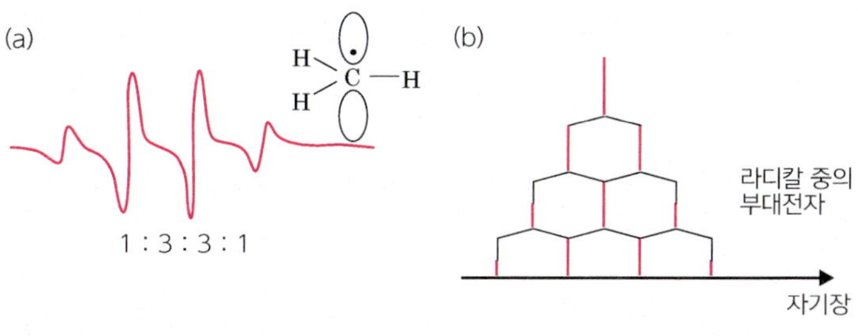

그림 7.14 메틸 라디칼의 ESR 스펙트럼(1차 미분)과 그 초미세 구조

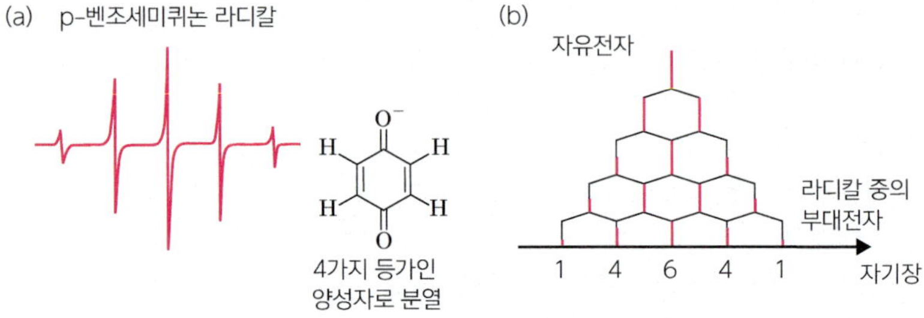

그림 7.15 p-벤조세미퀴논 라디칼의 ESR 스펙트럼과 그 초미세 구조

소의 α탄소상의 전자밀도가 동일함을 시사한다.

(4) 에틸 라디칼

그림 7.16에 에틸 라디칼($CH_3CH_2^{\bullet}$)의 스펙트럼을 나타낸다. 부대전자가 있는 탄소로 보아 α위 등가 수소 2개와 β위 등가 수소 3개가 초미세 구조와 관계된다. 이 경우, 먼저 β수소에서 1 : 3 : 3 : 1로 분열되고, 나아가 그 각각이 α수소에 의해 분열되어 1 : 2 : 1의 강도 패턴을 준다고 생각하면 된다. 이를 따르면 그림 속의 막대 스펙트럼을 얻을 수 있고, 관측된 ESR 스펙트럼의 분열 패턴과 비교하여 α 및 β 스핀의 초미세 구조 정수를 결정할 수 있다.

7.6.2 라디칼의 g값

전자 스핀이 외부 자기장과 상호 작용하고 에너지를 가진 때 같은 부대전자에서도 그 전자가 어떤 분자 혹은 분자 집합체에 포함되는가에 따라서, 자기장과 상호 작용의 크기가 다르다. 그래서, 각 물질 고유의 성질로서 *g*값이라고 불리는 비례 계수가 평가된다. *g*값은 초미세 구조가 없었을 경우에 나타나는 스펙트럼 피크를 추측하여 계산한다. 그 공명 피크의 자기장과 주파수에서, $h\nu = g\ \mu_B\ H$의 식으로부터 g값을 계산하면 된다. *g*값은 관측 대상을 동정하는데 도움이 되는 경우가 많아 정밀하게 측정하는 것이 바람직하다.

7.6.3 라디칼의 스펙트럼 선폭

라디칼 농도가 충분히 낮은 경우, 라디칼은 고립된 분자로 다룰 수 있다. 그 경우의 스

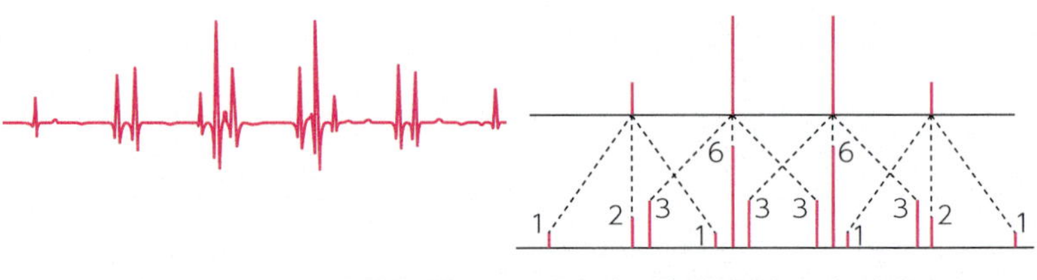

그림 7.16 CH_3CH_2 라디칼의 ESR 스펙트럼(2차 미분)과 그 초미세 구조

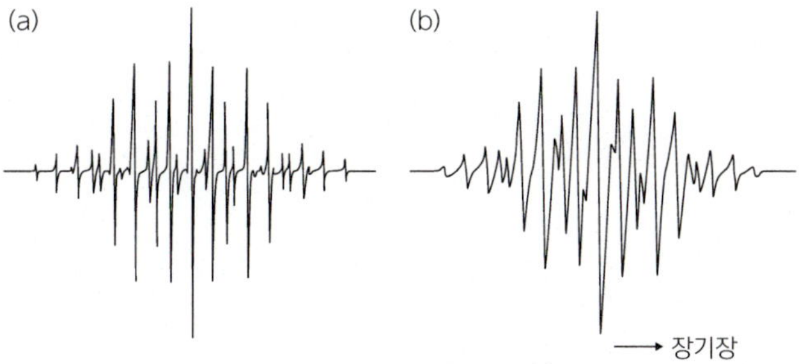

그림 7.17 나프탈렌 음이온 라디칼의 ESR 스펙트럼
나프탈렌 농도가 높은 (b) 2 mM에서는 전자 이동 반응의 영향으로 선폭이 증가하고 있다.

펙트럼 선형은 스핀의 수명으로 결정되면 로렌츠형, 용매화 등의 크기의 확률적인 분포로 공명 자기장이 쉬프트하는 경우는 가우스 선형이 된다. 그러나 전자스핀이 다른 전자스핀과 상호작용하거나 화학 반응으로 스핀의 수명이 바뀌면 선폭이나 스펙트럼 형상이 복잡하게 변화한다. 그림 7.17은 나프탈렌 음이온 라디칼의 ESR 스펙트럼이다.

이 라디칼은 나프탈렌의 환원으로 생성시키고 있으며, 시료용액에는 원료인 나프탈렌이 남아 있다. 나프탈렌 음이온은 나프탈렌과 충돌하면 전자를 나프탈렌으로 옮기고 자신은 나프탈렌으로 돌아간다. 이 과정에서 나프탈렌 음이온의 농도는 변하지 않지만 부대전자의 존재하는 나프탈렌 분자가 변하기 때문에, 전자 이동 반응이 없을 때에 비해 전자스핀의 수명이 짧아진다. 이를 반영하여, 고농도의 나프탈렌 용액(그림 7.17b)에서는 선폭이 증대된다.

그림 7.18은 니트록시드 라디칼 ESR 스펙트럼의 라디칼 농도 의존성이다. 저농도에서는 3개의 N핵에 의한 피크를 볼 수 있는데, 라디칼 농도가 높아지면 선폭이 증대되어 1개의 가우스선형 스펙트럼이 된다. 이는 모셔널너로잉이라고 불리며, 고농도 시료 중 고속의 전자 스핀 간의 스핀 교환에 의해 야기된다. N핵 스핀이 다른 라디칼 사이에서의 스핀 교환으로 초미세 구조가 소실되고 스핀 수명이 짧아지는 효과로 인해 선폭이 넓은 1개의 피크가 된다. 따라서 ESR의 스펙트럼은 라디칼의 환경에 따라 크게 달라진다. 따라서 가능한 한 라디칼 농도를 낮게 유지하는 것이 중요하다.

7.6.4 초미세 상호 작용과 g값의 이방성(고체 중이나 회전이 늦은 액체 중)

분자와 자기장의 자기적 상호 작용에는 등방적인 성분과 이방적 성분이 있다. 기체나 액체 중에서 분자가 고속 회전하는 경우, 이방적 성분이 소실되고 등방적인 성분만이 관측되는 경우가 많다. 한편, 고체 중에는 상자성 종의 회전이 일어나지 않기 위해서 이방적 성분이 소실되지 않고, 스펙트럼에 그 영향이 나타난다. 그래서 액체와 고체가 ESR 스펙트럼 해석에 있어서 큰 차이가 있다. 이하에, 고체의 경우와 액체의 경우에 대해서 주의 사항을 정리한다.

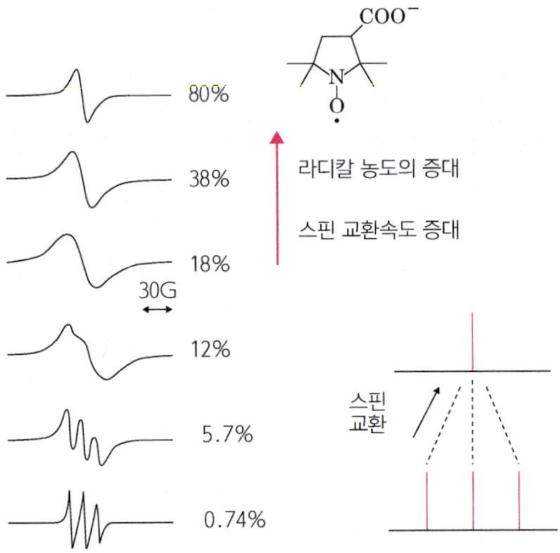

그림 7.18 4-carboxyproxy 라디칼 ESR 스펙트럼 형상의 라디칼 농도 의존성
고농도로 스핀 교환이 빨라지면 Exchange narrowing이 일어난다.

(1) 고체 중의 배향과 스펙트럼

관측 대상분자가 갖는 자기 모멘트의 이방적인 상호작용은 초미세 상호작용이나 g값에서 현저하게 나타난다. 이것들은 분자의 대칭성에 의존하며, 3개의 주값을 가지거나 그 중 3개가 같을 수 있다. 그림 7.19 및 그림 7.20은 분말 혹은 무배향 고체에서 라디칼의 ESR 스펙트럼의 예이다. 그림 7.19는 초미세 구조가 없는 라디칼, 그림 7.20은 수소원자 하나를 포함한 라디칼이다. 그림 7.19는 제만 상호 작용만을 반영한 스펙트럼이 되었는데 g값의 주값을 취하는 방법으로 복수의 피크가 나타난다. 그림 7.20은 더 수소원자의 초미세 상호 작용 분열이 이방적으로 작용하고 복잡한 스펙트럼 패턴을 보이고 있다. 이들에 대해서, 이하에 자세히 설명한다.

그림 7.19(a)는 3개의 주치가 다른 경우에, 3종류의 주값인 g_1, g_2, g_3의 값에 근거하여 3개의 피크가 다른 선폭에서 어긋나고 겹친다. 대칭성이 낮은 분자로 보이는 스펙트럼 패턴이다. 한편, 그림 7.19(b)는 두개의 주값이 같은 경우에, 분자 중의 한 평면에서 등방

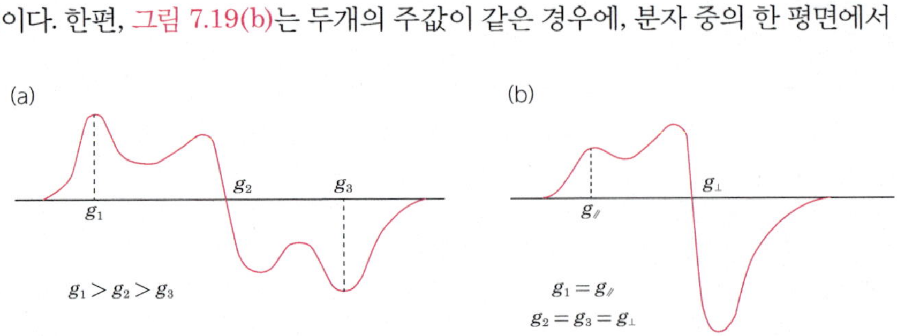

그림 7.19 모노라디칼의 무방향 시료의 ESR 스펙트럼 패턴
(a) 3개의 주값이 다른 경우, (b) 2개의 주값이 같은 경우

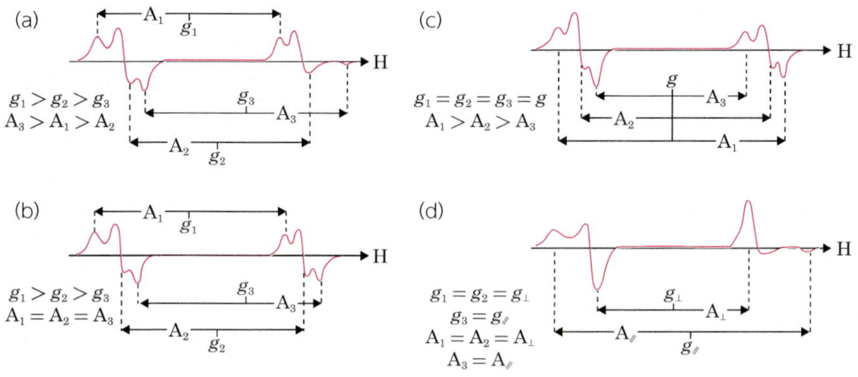

그림 7.20 초미세 구조를 나타내는 1개의 수소 원자를 가진 모노라디칼의 무배향 시료의 ESR 스펙트럼 패턴

적으로 된 시료의 경우이다. 이 경우, 2종류의 주값인 $g\perp$과 $g//$값에 근거하여 2개의 피크가 다른 선폭에서 어긋나고 겹친다.

그림 7.20에는 g값의 주값을 취하는 초미세 구조 정수의 크기 관계에 근거하여 다양한 스펙트럼 패턴을 보였다. 흔한 관측 사례는 초미세 구조 정수가 g값의 차의 영향보다 큰 경우, 그림 7.20(a)에 상당하다.

(2) 액체 중의 불완전한 배향과 스펙트럼

액체 중에서는, 분자 회전이 충분히 빠른 경우, 이방적 상호 작용이 평균화하고 소실한다. 그 경우는 g값과 초미세 구조 상수 모두, 등방적인 하나의 값뿐이다. 이것이 가장 심플한 스펙트럼 패턴을 주는 경우이다. 그러나, 용매의 점도가 높거나 온도가 낮은 경우, 분자 회전이 늦고 이방적 상호 작용이 평균화되지 않았다. 이런 경우, 이방적 상호 작용의 영향이 스펙트럼 상에 나타난다.

그림 7.21는 다양한 온도로 측정한 니트록시드 라디칼의 일종인 TEMPO의 ESR 스펙트럼이다. 고온에서는, TEMPO가 고속 회전하고 N핵(S=1)의 등방적 상호 작용만 작용하므로, 단순한 3개 피크가 관측된다. 저온에서는 저속 회전 때문에 N핵 이방적 상호 작용이 소실하지 않고, 이를 반영한 브로드한 스펙트럼이 얻을 수 있다. 이러한 스펙트럼 모양의 회전 속도 의존성은 ESR를 이용한 분자의 회전 속도의 계측에 응용되고 있다. Kivelson에 따르면 니트록시드 라디칼의 분자 회전 시간/s은 다음 계산식으로 근사적으로 주어진다.

$$\tau_C = 6.0\times10^{-10}\ \{(h_0 / h_{-1})^{1/2} + (h_0 / h_1)^{1/2} - 2\}\ \Delta H_{pp}(0) \tag{7.7}$$

식 중 파라미터는 그림 7.22에 나타낸 니트록시드 라디칼의 ESR스펙트럼에서의 피크 강도나 선폭이다. 단, 이러한 단순식에서 회전 시간을 근사적으로 해석할 수 있는 것은 회전 시간이 1 ns 정도보다 짧은 경우이다. 같은 회전 시간의 스펙트럼 피크 강도의 변화

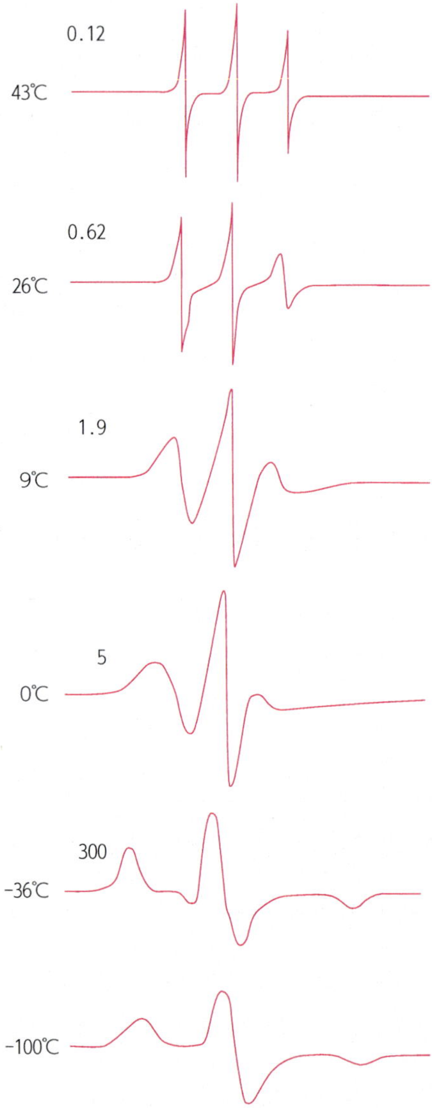

그림 7.21 TEMPO 라디칼의 ESR 스펙트럼 온도 의존성

스펙트럼 형상으로부터 TEMPO의 회전상관시간 τ/ns를 계산할 수 있다(그림 속 수치).

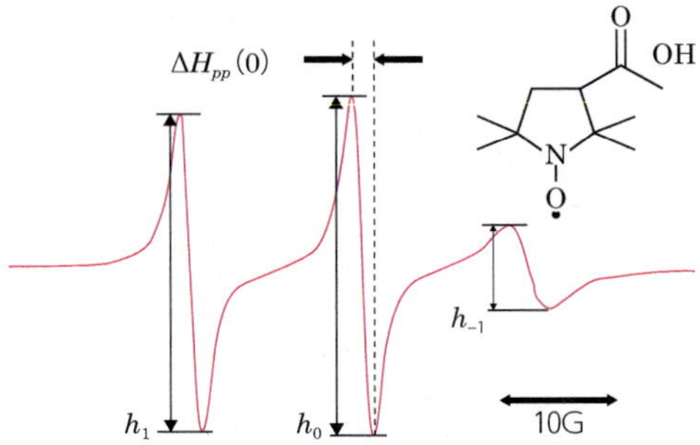

그림 7.22 4-carboxyproxy 라디칼의 ESR 스펙트럼과 회전 상관 시간 의 계산에 필요한 파라미터

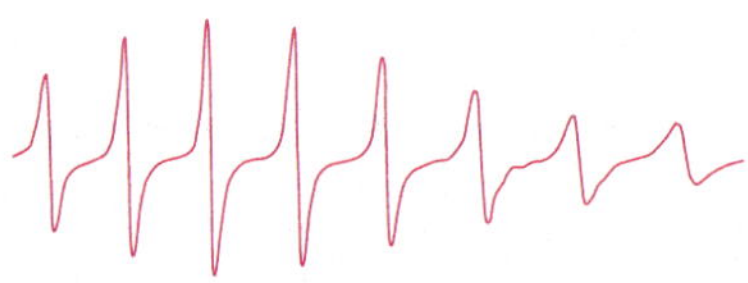

그림 7.23 VO^2 수용액의 ESR 스펙트럼

회전 운동에 의한 초미세 구조에 의존한 선폭 증대를 볼 수 있다.

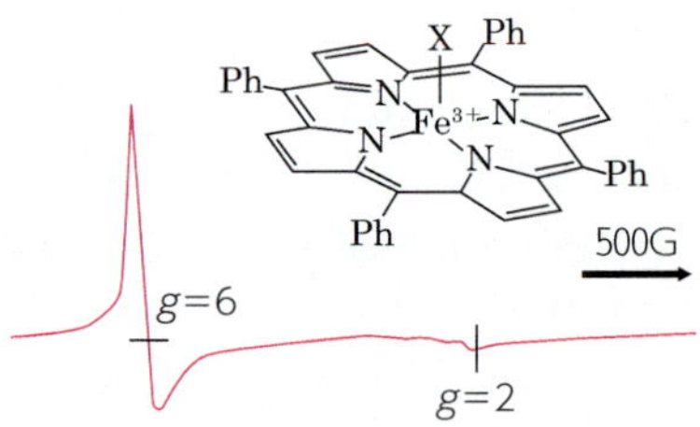

그림 7.24 Fe^3 폴피린 착체(S=5/2)의 ESR 스펙트럼

는 다른 상자성 종에서도 관측되어 예로서 VO^{2+}의 ESR 스펙트럼을 그림 7.23에 나타냈다. VO^{2+}의 경우, 회전이 이방적 상호 작용을 소실시킬 만큼 충분히 빠른 때, V핵 스핀의 8개의 초미세 구조가 등강도로 나타난다. 그러나 회전이 늦은 수중에서는 이방적 상호 작용의 영향으로 강도가 일정하게 안 된다[8].

7.6.5 복수의 스핀을 가진 분자의 미세 구조(전이 금속, 비라디칼, 여기 삼중항)

많은 전이 금속 이온이 부대전자가 복수 존재하므로 전자 스핀끼리의 스핀 쌍극자-스핀 쌍극자 상호 작용이 ESR스펙트럼에 분열 피크를 준다. 이는 미세 구조라고 부른다. 부대전자를 두개 가진 비라디칼, 분자를 빛 자극했을 때 흔히 볼 수 있는 여기 삼중항 상태도 부대전자 간 상호작용을 반영하고 상술의 분열 피크를 준다.

(1) 전이 금속

전이 금속 이온과 착체는 복수의 부대전자가 서로 평행 스핀이어서 큰 미세 구조 분열을 나타내는 경우가 많다. 이들의 상자성 종의 공명 자장은, 부대전자 $g = 2$에 해당하는 값에서 크게 어긋난다[1]. 이러한 예로서, 고스핀 상태를 갖는 Fe^{3+}의 폴피린 착체의 구조와 그 ESR 스펙트럼을 그림 7.24에 나타낸다. 이 착체에서는 d5 전자 배치의 Fe^{3+}에 다섯 개의 부대전자가 있으며, 이들 사이에 스핀 궤도 상호작용이나 스핀 쌍극자 상호작용 등이 작용하여 큰 분열(제로 자기장 분열)을 나타낸다. 그러므로 $g = 6$의 피크처럼 $g = 2$로부터 크게 어긋난 공명 피크가 관측된다. 제로 자기장 분열은 전이 금속 이온 내의 전자 상태에 크게 의존한다. 따라서, ESR 스펙트럼 피크의 g값은 시료에 따라 크게 다르다.

(2) 비라디칼과 광 여기 삼중항

두 유기 라디칼을 화학결합으로 연결한 유기화합물에서는 두 스핀이 평행해지는 삼중항 상태가 최안정한 상태(기저 상태)가 되는 경우가 있다. 이 경우, 이 물질은 상자성이 되고 ESR의 관측 대상이 된다. 이 두 스핀 사이에는 스핀 쌍극자-스핀 쌍극자 상호작용에 의한 에너지 분열이 관측된다. 보통 유기 화합물의 비라디칼에서는 스핀 간의 거리가 전이 금속 내의 스핀 간 거리보다 길고 상호작용의 크기는 작다. 따라서 ESR의 스펙트럼은 $g = 2$ 부근에 나타나며, 제로 자기장 분열에 의한 스펙트럼 형상이 그림 7.25와 같다. 분자가 이방성이 없는 평면 구조를 취할 경우, 두 피크 x와 y가 겹친다. 반면 분자의 대칭성이 낮아지면 x, y, z가 다른 피크를 준다. 이러한 분열을 직관적으로 나타내기 위해 7.2.3항에서 언급한 D값과 E값이 사용된다.

비슷한 미세 구조는 분자의 광여기로 생긴 여기 삼중항 상태의 경우에도 관측된다. 다만 여기 삼중항에서는 두 부대전자가 작은 분자 내에 존재하여 강하게 상호작용하는 경우가 많고, D값이 100 mT 정도로 제만 상호작용에 가까운 값을 나타내는 경우가 많다.

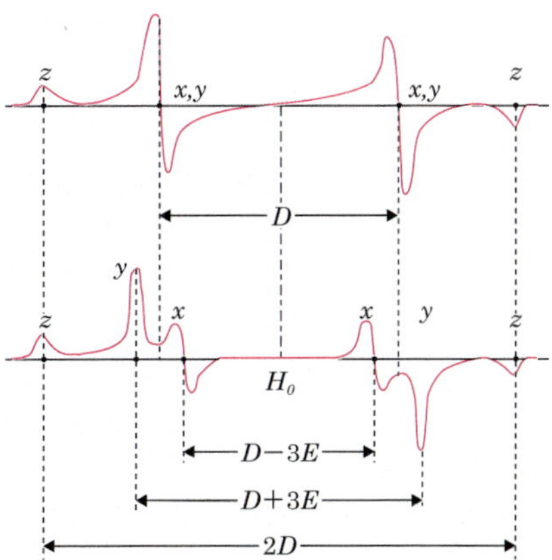

그림 7.25 무방향 시료에서의 미세구조와 제로 자기장 분열 상수 D값과 E값

(3) 스핀 라벨 단백질

삼중항의 비라디칼에서는 두 스핀 사이의 거리에 의존하여 D값이 다르다. 이를 이용하면 스

핀 간 거리를 측정할 수 있다. 이러한 방법은 단백질 중의 두 부분 구조에 니트록시드 라디칼을 화학 수식하고 이들 부분 구조 간의 거리를 측정하는데 응용되고 있다. 두 스핀 사이의 거리 r은 $D = 3\beta/r^3 = 2780/r^3$의 식을 따르기 때문에 이를 바탕으로 스핀을 화학 수식한 부분 구조 간의 거리를 결정한다[10]. 전자스핀을 나타내는 스핀 쌍극자-스핀 쌍극자 상호작용은 NMR에서의 핵스핀의 경우에 비해 크기 때문에 NMR이 계측할 수 있는 거리보다 더 긴 거리에 대해 유효하게 작용하기 때문에 ESR은 수 nm 정도의 다소 먼 거리를 계측하는 데 뛰어난 방법이다.

7.6.5 상자성 종의 농도 측정

라디칼 등의 상자성 종의 농도 측정에서는 미분파형으로 출력되는 ESR 스펙트럼을 컴퓨터 상에서 적분곡선으로 변환하여 스펙트럼의 면적을 평가한다. 이 면적의 비가 각 시료에서의 농도비에 대응한다. 다만 ESR 측정에서는 강도를 바꿔버리는 인자로서 변조자기장, 마이크로파 강도, 공진기의 Q값 등이 있으므로 측정 조건은 가급적 동일하게 할 필요가 있다. 특히 다른 용매를 이용할 때는 Q값의 차이에 유의한다. 또한, 공진기 중의 마이크로파 자기장은 위치에 따라 크게 다르다. 따라서 시료셀을 설치하는 위치를 관측마다 되도록 동일하게 한다.

7

7.7 특수 ESR 측정법

지금까지 범용 ESR 분광기에 의한 계측을 개략적으로 설명했다. 그러나 이 외에도 연구목적에 따라 다양한 측정법이 개발되고 있다. 여기서는 몇 가지 방법을 간단히 소개한다[1,2,10].

7.7.1 X밴드 이외의 주파수 ESR 측정(동결법)

범용 ESR 분광장치는 X밴드의 마이크로파를 이용하고 있다. 그러나 수용액 시료를 측정하고 싶다면 보다 높은 g값의 분해능이 필요하다 등의 요구가 있을 경우 X밴드와는 다른 주파수의 마이크로파를 이용한 ESR 계측이 유효하다. 표 7.3에 나타낸 마이크로파 주파수는 현재 시판되고 있는 주요 ESR 분광기에서 사용되고 있는 것으로 각각의 특징을 표로 정리하였다. 수용액 시료는 X밴드 대역에서 마이크로파의 유전 손실이 크기 때문에 X밴드 ESR의 측정은 쉽지 않다. 반면 L밴드 대역은 유전 손실이 거의 없기 때문에 수용액에 대한 측정에서는 유리하다. 또한 파장이 극히 긴 것도 특징으로 큰 사이즈의 시료가 관측 대상이 될 수 있다. 이러한 특징 때문에 L밴드 ESR은 생물 시료의 ESR 이미징에도 사용된다.

관측 시료의 g값의 이방성을 정확하게 측정할 필요가 있을 때는 고주파수 마이크로파의 ESR 계측을 하는 것이 좋다. 시료에 인가하는 자기장이 클수록 제만분열 에너지가 커지고 다른 값의 피크 분열이 커진다. 따라서 X밴드에서는 g값의 분열이 불충분한 시료에 대하여 Q밴드나 W밴드의 계측은 유리하다. 다만 고주파 ESR이 되면 마이크로파의 파장이 짧아져 시료의 크기를 줄여야 한다. 또한 일반적으로 W밴드 등 고주파

ESR은 장치의 비용이 비싸 각 연구기관에서 운용하기 어렵다. 따라서 공동이용기관에 협력을 의뢰한다.

7.7.2 라디칼 농도 증강법

ESR의 관측 대상은 단수명의 라디칼이 많아 희박한 시료가 되기 쉽다. 따라서 관측 대상의 농도를 높이는 연구가 필요하다. 그 대표적인 예로 다음과 같은 방법이 있다.

(1) 고속 유통법

라디칼은 반응 시약의 혼합으로 생성하는 경우가 많다. 따라서 시료를 공진기 중에 유통할 수 있는 셀을 이용하여 공진기에 들어가기 직전에 두 시약을 혼합하도록 고안한다. 이 경우 관측 영역에 들어갈 때 라디칼이 생성되기 때문에 단수명 라디칼이라도 높은 농도를 유지할 수 있다. 계측에서는 변조 자기장을 이용하는 경우가 많기 때문에 라디칼의 수명으로서는 10 m 초 이상이 바람직하다. 시료용액은 유속 3~5 mL/분으로 플로우시키고 시료용액은 10 mL 정도는 필요하다.

7

(2) 전해법

공진기 중에서 혹은 공진기로 시료를 플로우시키기 직전에 전기화학적 방법으로 라디칼을 발생시켜 ESR 관측하는 방법이다. 이 방법은 음이온이나 양이온 라디칼을 생성시켜 고농도를 유지한다.

(3) 스핀 트래핑법

니트록시드 라디칼은 수명이 매우 긴 것이 특징이다. 그러므로 관측하고 싶은 짧은 수명 라디칼을 니트록시드 라디칼에 화학적으로 변환하는 안정화시키고, 관측하고 싶은 급진적 구조를 니트록시드 라디칼의 ESR스펙트럼에서 추측하는 방법이 있다. 이런 방법을 스핀 트래핑법이라 부른다.

그림 7.26 및 그림 7.27에 니트론 및 니트로소 화합물이 라디칼을 받고 안정한 니트록시드 라디칼을 주는 반응식을 보였다. 이들의 시약은 스핀-트랩제라고 불리며, 판매되고 있다. 주된 스핀-트랩제에 대해서 표 7.8에 정리했다.

(4) 빛이나 방사선 조사

빛이나 방사선은 분자에게 높은 에너지를 주어 라디칼 해리 반응을 유발한다. 이러한 물리적 방법으로도 라디칼을 고농도로 공급할 수 있다. 광조사법에서는 빛을 도입하는 구멍이 뚫린 공진기를 이용하여 ESR 관측 위치에 고압 수은등으로부터의 빛을 조사하여 광반응에 의해 직접 라디칼을 생성시킨다. 시료가 될 수 있는 많은 빛을 마일드한 조건에서 조사하기 때문에 평행 평판셀 안에 시료용액을 플로우시키는 방법이 좋다. 이 경우 TE_{102}직사각형 공진기를 이용, 마이크로파의 유전 손실을 최소한으로 줄인다.

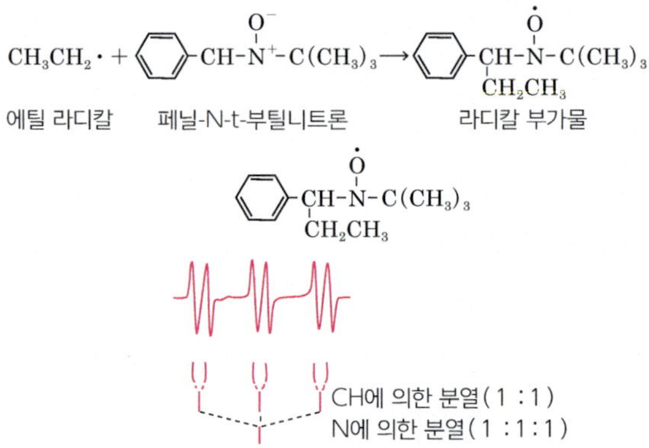

그림 7.26 니트론에 의한 트래핑

N에 의해 동등한 세 가닥으로 분열된 흡수선은 β-H로 인해 1:1로 더 분열되었다. R의 구별은 할 수 없다.

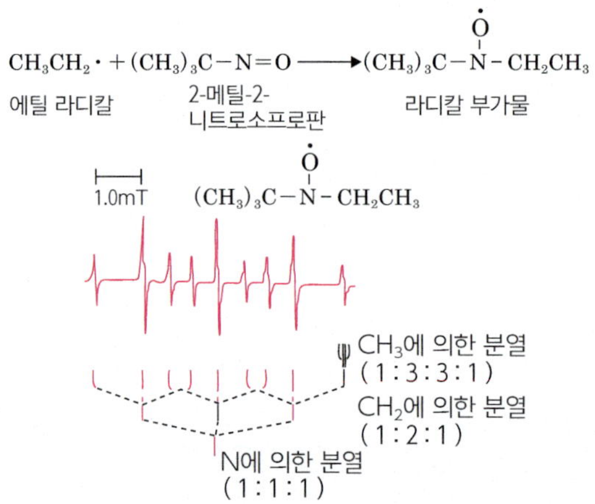

그림 7.27 니트로소 화합물에 의한 라디칼의 트래핑

7.7.3 펄스 ESR 측정이나 시간분해 ESR 측정

전자스핀의 세로 완화 시간 T_1와 가로 완화 시간 T_2는 라디칼이 나타내는 중요한 자기적 성질로 ESR 계측의 실험 조건 설정에서도 중요하다. 이러한 값은 펄스 ESR법을 이용하면 직접적으로 계측할 수 있다. 그 계측법은 NMR에서의 방법과 거의 같다. T_1에 대해서는 Inversion recovery 법, T_2에 대해서는 스핀 에코의 감쇠 시간을 계측하는 방법으로 구한다[5,9].

ESR법은 감도가 낮은 계측법이지만, 그 원인 중 하나인 α와 β의 열분포비가 1에 가까운 것은 동적 전자 스핀 분극(Dynamic Electron Polarization: DEP)의 이용으로 회피할 수 있다. 어떤 종류의 유기화합물은 광조사에서 분해나 수소인출반응, 전자이동반응을 일으키며, 라디칼이 된다. 이때 생기는 전자스핀은 열분포에서 크게 벗어난 이상분포, 즉 DEP를 나타낸다.

표 7.8 주된 스핀 트래핑제

	니트론		
트래핑제	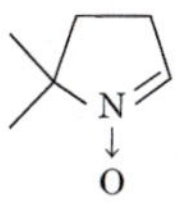 5.5-dimethyl-1-pyrroline-*N*-oxide(DMPO)	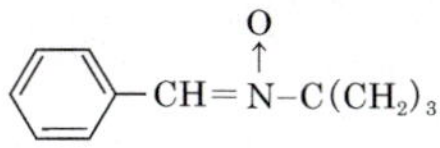 phenyl-*N*-*t*-butylnitrone (PBN)	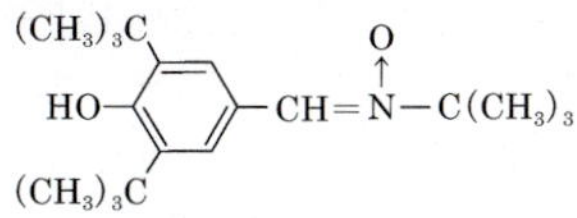 3,5-di-*t*-butyl-4-hydroxy phenyl-*N*-*t*-butylnitrone (BHPBN)
용도	옥시 라디칼과 알킬 라디칼의 구별	라디칼의 포착	옥시 라디칼과 알킬 라디칼의 구별
생성 라디칼 종	$HO_2^\bullet$ 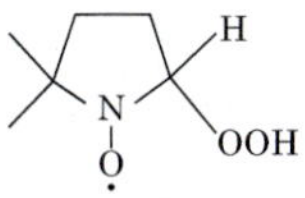 $R^\bullet$ 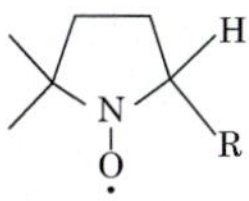	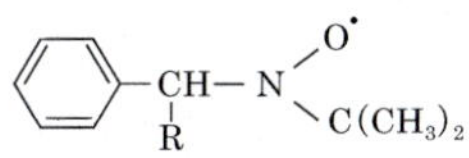	RÔ (수소인출) 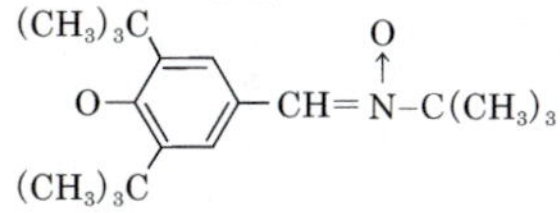 $R^\bullet$(부가) 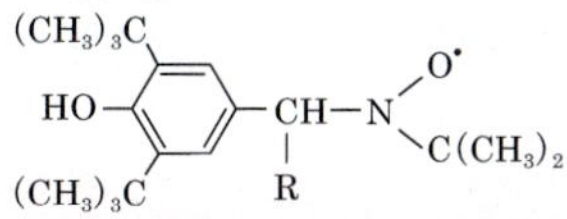
	니트로소 화합물		
트래핑제	$(CH_3)_2C-NO$ 2-metyl-2-nitrosopropane(DNC)	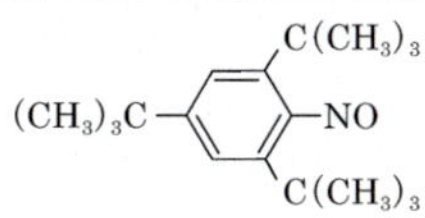 2.4.6-tri-*t*-butylnitrosobenzene (BNB)	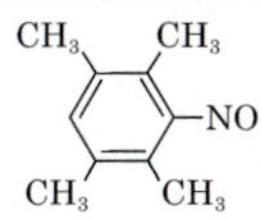 nitrosodurene(ND)
용도	알킬 라디칼 ($R^\bullet$) 의 구별	라디칼의 높이 구별	라디칼의 포착
생성 라디칼 종	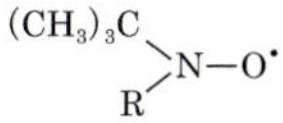	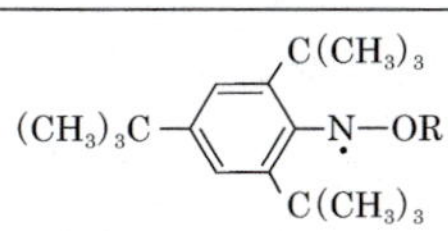 ($R^\bullet$ 가 부피가 클 때) 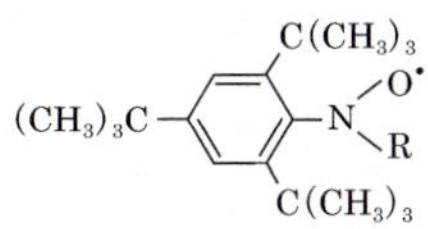 ($R^\bullet$ 이 작을 때)	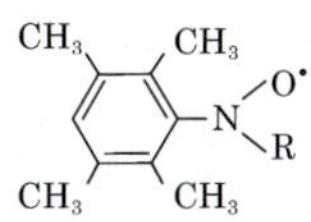 열과 빛에 안정한 라디칼을 형성

이 DEP를 갖는 라디칼은 열분포의 라디칼에 비해 훨씬 강한 ESR 신호를 준다. 따라서 단수명 라디칼이 존재하는 시간대만의 ESR 신호를 계측하는 시간분해 ESR법이 가능해진다. 이러한 ESR 측정의 예로서 방향족 케톤의 광분해로 생긴 라디칼의 시간분해 ESR 스펙트럼을 그림 7.28에 나타낸다. 이 측정에서는 알파 스핀 과잉 DEP를 갖는 라디칼이 생겨 마이크로파의 발광에 상당하는 ESR 신호가 관측된다. 관용적으로 발광의 경우는 스펙트럼을 하향으로 기록하고 있다. 이 계측법에서는 펄스광을 이용할 필요가 있으므로, YAG 레이저나 엑시머 레이저와 같은 나노초 자외선 펄스 레이저를 광원으로 이용한다. 이 방법에서는 변조 자기장을 이용하지 않고, 1 μ초 이하 정도의 시간 분해능으로 ESR 계측이 가능하다. 단, DEP가 강하게 발생하는 광반응을 이용해야 하며, 어떠한 라디칼에도 적용 가능한 것은 아니다.

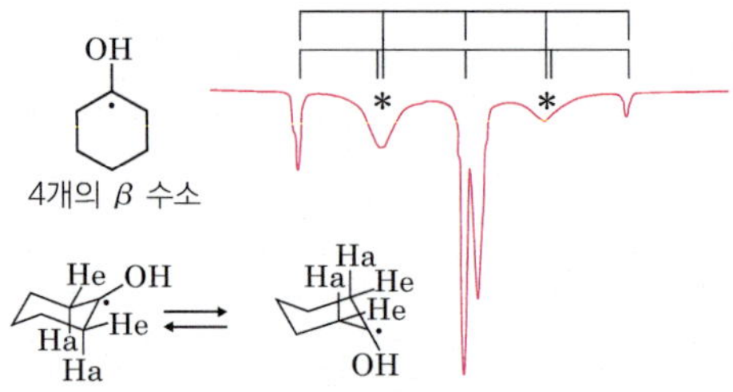

그림 7.28 광분해로 생긴 라디칼의 시간분해 ESR 스펙트럼

하향 신호는 라디칼의 알파 스핀이 과잉 상태를 나타낸다. 구조의 이성화로 선폭 교대라고 불리는 블로드닝이 *의 피크로 보인다.

7

7.8 끝에

X-밴드 ESR 분광기는 기기 분석을 위한 범용 장치로 널리 쓰이며 대학이나 연구소 등 여러 기관이 독자적으로 소유하고 있다. 그러나 그 외의 주파수의 ESR에 대해서는 개별 연구자 혹은 공동이용기관 등이 장치를 보수 관리하고 있는 경우가 많다. 특히 W-밴드 ESR은 초전도 자석을 이용하기 때문에 유지관리에 비용이 많이 든다. 따라서 공동이용기관에 계측을 의뢰하는 것이 원칙이다. 라디칼이나 삼중항 등, 상자성 종의 ESR 스펙트럼에 대해서는 그 형상을 시뮬레이션하는 애플리케이션 소프트웨어가 인터넷상(http://www.easyspin.org/download.html)에 공개되어 있다. 현재 널리 중용되고 있는 것에 Easy Spin이 있어, 무료로 구할 수 있다. 그러나 이것을 이용하려면, 유료 애플리케이션 소프트웨어인 Matlab이 필요하다.

【참고 문헌】

1) 大矢博昭, 山内淳, 『電子スピン共鳴』, 講談社サイエンティフィク (1989)
2) 工位武治編, 『電子スピンサイエンス & スピンテクノロジー—入門』, 米田出版 (2010)
3) 栗田雄喜生, 『電子スピン共鳴入門』, 講談社 (1975)
4) A. Carrington, A. D. MacLauchlan, 『化学者のための磁気共鳴』, 培風館 (1970)
5) N. M. Atherton, "PRINCIPLES OF ELECTRON SPIN RESONANCE." Elli's
6) 山内淳, 『磁気共鳴-ESR』, サイエンス社(2006)
7) 日本化学会編, 『第5版 実験化学講座9 物質の構造I 分光 (上)』, 丸善 (2005)
8) 桑田敬治, 伊藤公一, 『電子スピン共鳴入門』, 南江堂 (1978)
9) C.P. Slichter, 『磁気共鳴の原理』, シュプリンガー・フェアラーク東京 (1998)
10) 泉美治他監修 『第2版 機器分析のてびき2』, 化学同人 (1996), 9章

색 인

기기분석 핸드북 1 유기·분광분석편

초 판 2024년 4월 30일

저 자 오승호

발행인 오상환
편집인 이은숙

발행처 신일서적(주)
서울시 영등포구 도림로 310-1 신일빌딩 5층
등록일 2013년 4월 18일. 제2013-000039호
연락처 전화 02-834-9101 | 팩스 02-844-1853
이메일 shinil@shinilbooks.com
홈페이지 www.shinilbooks.com

정 가 22,000원

ISBN 979-11-91489-87-3 93470